清華
开发者书库

Cloud Storage Security

Foundations of Big Data Analysis and Computing

云存储安全

大数据分析与计算的基石

陈兰香◎著

Chen Lanxiang

清華大学出版社

北京

内容简介

本书系统而全面地介绍了云存储安全相关的关键技术及其最新研究成果。首先对云存储做一概述；然后从云存储安全体系结构说起，按照云存储安全的需求层次，依次介绍云存储虚拟化安全、云存储系统身份认证与访问控制、加密云存储系统、密文云存储信息检索、云存储服务的数据完整性审计、云存储数据备份与恢复等内容；最后介绍大数据时代的云存储安全。

云存储服务是大数据时代数据存储的基础，保障云存储安全是大数据分析与计算的基石。本书内容由浅入深，按照云存储安全的需求层次以及保障数据安全的逻辑层次，对关键技术逐一进行介绍。全书共分9章，每章都是从概述开始，根据需求逐步介绍，主要是最前沿的成果，然后对相关领域的研究工作进行总结，指出存在的问题及将来的研究方向。

本书作者长期从事云存储安全的相关研究工作，对该领域的前沿科研成果比较熟悉。本书内容极具参考价值，对于信息安全相关专业的本科生及研究生具有很好的指导意义，可以帮助他们全面系统地学习云存储安全领域的基础知识和前沿成果，建立保障大数据安全的存储体系。

本书可作为高等院校信息安全、网络空间安全、信息存储、计算机科学与技术、密码学与信息对抗等相关专业的本科生和研究生教材，也可作为通信工程师和计算机网络工程师的参考读物，对于从事信息安全领域研究工作的科研人员也有很好的指导意义和参考价值。

图书在版编目(CIP)数据

云存储安全：大数据分析与计算的基石/陈兰香著．—北京：清华大学出版社，2019(2020.6重印)
(清华开发者书库)
ISBN 978-7-302-53119-7

Ⅰ．①云…　Ⅱ．①陈…　Ⅲ．①计算机网络－信息存储－信息安全－研究　Ⅳ．①TP393.071

中国版本图书馆 CIP 数据核字(2019)第 100740 号

责任编辑：盛东亮　钟志芳
封面设计：李召霞
责任校对：梁　毅
责任印制：丛怀宇

出版发行：清华大学出版社
网　　址：http://www.tup.com.cn，http://www.wqbook.com
地　　址：北京清华大学学研大厦 A 座　　**邮　　编**：100084
社 总 机：010-62770175　　**邮　　购**：010-62786544
投稿与读者服务：010-62776969，c-service@tup.tsinghua.edu.cn
质量反馈：010-62772015，zhiliang@tup.tsinghua.edu.cn
课件下载：http://www.tup.com.cn，010-62795954
印 装 者：北京富博印刷有限公司
经　　销：全国新华书店
开　　本：186mm×240mm　　**印　　张**：15.75　　**字　　数**：364 千字
版　　次：2019 年 9 月第 1 版　　**印　　次**：2020 年 6月第 2 次印刷
定　　价：69.00 元

产品编号：081387-01

前言

PREFACE

图灵奖获得者吉姆·格雷(Jim Gray)在其获奖演说中指出：由于互联网的发展，未来18个月新产生的数据量将是有史以来数据量之和。从预言至今，数据量的增长基本符合这个定律。

人类社会产生的数据信息一方面来自于互联网；一方面来自于日常生产、生活及各种科学试验，例如科学计算和仿真、飞行动力学、核爆炸仿真、太空探测及医学影像等每天所产生的数据量更是大到惊人的程度。

根据易观智库发布的《中国大数据市场年度综合报告2016》中数据显示，2015年中国大数据市场规模达到105.5亿元，同比增长39.4%，预计未来3～4年，市场规模增长率将保持在30%以上。

云存储作为大数据时代的存储基础设施，其重要性不言而喻，特别是物联网技术的高速发展，其后的支撑平台也有赖于云存储技术。在已经实现的云存储服务中，数据安全和隐私保护问题一直令人担忧，并已经成为阻碍云存储发展和推广的主要因素之一。从现实情况看，云存储数据安全问题层出不穷。

2014年9月，黑客利用苹果iCloud云端系统的漏洞将其数据外泄；2015年4月，上海、重庆等超30个省市约5000万用户社保信息被泄露；2016年4月，土耳其方面爆发重大数据泄露事件，导致近5000万土耳其公民的个人信息遭到威胁；2017年2月，知名云安全服务商Cloudflare被曝泄露用户HTTPS网络会话中的加密数据长达数月；2018年1月，印度10亿公民身份数据库Aadhaar被曝遭到网络攻击，除了名字、电话号码、邮箱地址等信息之外，指纹、虹膜记录等极度敏感的信息均遭到泄露……各类安全事故不胜枚举。

为了推进云存储技术的快速发展与普及，本书全面、系统地介绍了云存储安全的发展历程和最新研究成果。

在信息安全的三要素(CIA三元组)——机密性(Confidentiality)、完整性(Integrality)、可用性(Availability)的基础上，作者认为应加入访问控制(Access Control)，将CIA延伸到CIAA，此四方面被认为是保障云存储安全的核心技术。因此，本书将围绕此四方面及其衍生的其他问题展开讨论，全书共分为9章。第1章对云存储进行概述，介绍云存储的兴起与存储安全面临的挑战；第2章建立云存储安全体系结构，围绕云存储系统安全体系结构说明本书的研究内容；第3章介绍云存储虚拟化安全；第4章介绍云存储系统身份认证与访问控制；第5章介绍加密云存储系统；第6章介绍密文云存储信息检索；第7章介绍云存储服务的数据完整性审计；第 8 章介绍云存储数据备份与恢复；第 9 章详细阐述大数据时代的云存储安全。

本书主要针对已有一定信息安全相关基础知识的读者，比如知道密码技术，能区分对称密码与公钥密码，知道当前使用的对称密码标准是什么以及常用的公钥密码技术；知道 Hash 算法、消息认证码(Message Authentication Code，MAC)等相关基础知识。关于密码技术的书籍和资料非常丰富，本书没有再介绍相关理论知识。

本书取材新颖，结构合理，不仅包括云存储安全技术的基础理论，而且涵盖了云存储安全技术的最新研究成果，力求使读者通过本书的学习了解本学科最新的发展方向。本书适合作为高等院校信息安全、网络空间安全、信息存储、计算机科学与技术、密码学与信息对抗等相关专业的本科生和研究生教材，也可作为通信工程师和计算机网络工程师的参考读物。

因为本书内容涉猎广泛，所以难免存在一些疏漏或考虑不周全、引用不全之处，但作者绝对是本着讲授本领域最新研究成果的想法，尽可能地介绍本书各部分内容的精华或卓越观点，通过通俗易懂、深入浅出的讲解，既可以实现传播知识的科普目标，也可将其作为“引子”为入门者抛砖引玉，以实现登堂入室之目的。因本人知识见闻有限，难免有“趋熟避生”之嫌，再或者“词不达意”“言不尽意”，让读者产生误解。希望读者能够谅解，并在方便之时让我知晓，使我有机会给予解释，同时交流学习，以待以后有机会更正。

非常希望此书能够做到开卷有益！

作者

2019 年 5 月

目录
CONTENTS

第 1 章

云存储概述

《三国演义》第一回："话说天下大势，分久必合，合久必分……"。数据存储系统也不例外，从传统分散式存储系统，发展到集中式存储，然后发展到现在的集中式云存储，又往分布式云存储系统方向发展……

云存储(Cloud Storage)是在云计算(Cloud Computing)概念上延伸和发展起来的，是指通过集群应用、网格技术和分布式文件系统等功能，将网络中大量不同类型的存储设备通过虚拟化软件集合起来协同工作，实现共同对外提供数据存储和业务访问功能。当云计算系统处理的核心是大量数据的存储和管理时，云计算系统就需要配置大量的存储设备，那么云计算系统就转变成云存储系统，所以云存储是一个以数据存储和管理为核心的云计算系统。

本章将从云存储的兴起讲起，详细介绍云存储的发展现状与趋势，然后详细说明为什么会存在安全问题，具体有哪些安全威胁，又有哪些需要解决的问题，解决了这些问题仍然面临怎样的挑战。

本章是为后续章节作一个铺垫。通过本章的介绍，用户可以了解到云存储安全技术要解决的问题；具体研究范围，后续章节将一一展开讨论。

1.1 云存储的兴起

云存储的兴起可以从一个趣闻说起。全球最大网上书店亚马逊(Amazon，www.amazon.com)是一个电子商务平台，早期的网络服务平台 Obidos 采用 C++语言编写，编译后的代码大小为 700MB，编译一次需要一天时间，使加入新功能变得越来越困难。后来，他们设计并实现了一个新的服务平台 Gurupa，采用基于 Perl 语言的 Mason 模板库，把所有功能以微服务的形式集成起来，但是性能不好。为了应对圣诞节的流量高峰期，亚马逊购买了大量服务器和 Cisco 交换机，用以实现负载均衡，以满足流量高峰时对性能扩展的需求。但是，节日过后的淡季，又不得不面临大量机器空闲的状况。为了不让资源闲置，亚马逊就把这些机器配置成服务来租赁，这就是最初的云计算的雏形。

利用已有的 IT 基础设施——硬件设备、服务器与交换机，组合配置成集计算、存储与网络于一体的资源池，一方面可为电子商务平台提供各类 IT 服务，满足各种负载的需求；另一方面还可将闲置的资源分解成一个个小单元用于租售，实现成本的分摊。正是看到了这一点，亚马逊利用虚拟化技术——云计算与云存储的核心技术，将闲置的 IT 资源进行分解，在其上构建了亚马逊网络服务系统（Amazon Web Services，AWS）。2002 年 7 月，亚马逊利用其分布在全球各地的数据中心，推出面向第三方的云计算服务 AWS，主要包括数据库服务、处理器资源租赁、网络存储、应用软件服务等。AWS 的迅速成长让其成为亚马逊的一项非常成功的新业务。

亚马逊的创始人 Jeff Bezos 在一次采访中说过：亚马逊作为电子商务公司，起初为了处理大量的货品库存和分配，积累并完善了他们的大数据计算技术。目前，亚马逊提供的服务包括：亚马逊弹性计算云（Amazon Elastic Compute Cloud，EC2）、亚马逊简单存储服务（Amazon Simple Storage Service，S3）、亚马逊 Web 服务（Amazon Web Services）、亚马逊简单数据库（Amazon SimpleDB）、亚马逊简单队列服务（Amazon Simple Queue Service）以及亚马逊内容分发网络（Amazon CloudFront）等。

回顾历史，任何事物的发展都存在一定的偶然性和必然性。在 Brad Stone 于 2013 年撰写的关于亚马逊历史最权威的 *The Everything Store：Jeff Bezos and the Age of Amazon*[1]一书中，可以归纳出影响亚马逊发展的历史必然性的几个因素[2]。

亚马逊的核心业务——电子商务有很强的季节性。2002—2003 年，公司发展进入了瓶颈期，如何有效配置兼顾扩展性与持续性的基础服务平台成为一个亟待解决的问题。而这个问题，在当时只有亚马逊才存在，其他公司如谷歌（Google）当时的营利模式主要是投放广告业务，所以亚马逊具备开发云计算服务所需要的发展动力和生存压力。

2002 年，Tim O'Reilly（O'Reilly Media 出版公司的创始人）拜访 Bezos，希望与亚马逊合作。合作没谈成，但 O'Reilly 的提议让 Bezos 意识到亚马逊的数据可以开放给第三方程序员使用，于是他组织了第一届亚马逊开发者大会，提出所有互操作要以 API（Application Programming Interface，应用编程接口）的方式提供数据和各种功能，而且 API 可以对外部人员开放，AWS 就是 API 化的服务平台，这种方式为后面的系统扩展性打下了良好的基础。

Bezos 当时对图书（*Creation：Life and How to Make It*）[3]（2001 年出版）非常着迷，并且让公司高管人手一册。此书作者 Steve Grand 无意中给亚马逊高管指出了一条解决 IT 资源配置的思路：把 IT 基础设施分成一个个小单元，让程序员可以自由配置与使用。因此，Bezos 马上组建研发团队来研究开发这样的小单元，这便是虚拟化思想的启蒙。

2004 年，亚马逊负责 IT 基础设施配置的 Chris Pinkham 希望回到老家南非。为了挽留他，亚马逊就在好望角设置了一个办公室，让 Pinkham 可以远程办公。为了能跟西雅图的总部一直保持连线，Pinkham 带领一个程序员 Chris Brown 开发了最早版本的 EC2 和 S3。

2006 年，亚马逊的董事会和硅谷风投并不看好 AWS，因为这看起来跟电子商务的主营业务完全没有关系，而且那时电子商务的主要产品——书籍一直在亏钱。按照董事会正常的商业逻辑，会否决上线 AWS 这样疯狂而大胆的新产品，但是在亚马逊的董事会上 Bezos 拥有极强的影响力；而且当时他已经成功地运营了极具前瞻性的众包产品土耳其机器人(Amazon Mechanical Turks)，向董事会证明亚马逊可以走出主营业务，开发出成功的新产品。这些因素使得 Bezos 可以说服董事会，继续发展 AWS。

最后也是最重要的一个因素是，Bezos 一直坚信亚马逊的价值在于提供近似于水电的基础设施服务，这样才可以更好地服务于用户。他认为成本应该越低越好，这与 Steve Jobs 的商业逻辑刚好相反：Jobs 是高价＋小量＋超额利润，而 Bezos 是超低价＋巨量＋微薄利润。在这样的思想指导下，AWS 一开始的价格非常低，因为 Bezos 没准备在短期内盈利，而且他刻意压低价格，不想引起潜在竞争对手的注意。而 Google 的主营业务——广告的利润非常高，在当时既没有压力也没有动力，更加没有说得过去的理由来介入一个看起来根本不赚钱的生意。Google 的 Eric Schmidt 说：他在两年里，发现很多新兴公司都在用同一家公司——亚马逊的服务，这才让他意识到亚马逊已经在下一盘很大的棋。

所有的科技进步都是在解决现实问题的同时提供更好的用户体验，亚马逊做到了，Bezos 非常注重客户体验。同时，亚马逊本身就有全球化的数据中心，这与是否存在 AWS 没有关系，但 AWS 服务将更多的客户带入亚马逊，因此 AWS 与传统的电子商务系统协同发展，相互促进，这也是亚马逊云计算技术得以突飞猛进的一个重要原因。

此后，微软的 Azure 和谷歌的应用引擎(App Engine)都在尝试亚马逊的这种商业模式。中国的百度云、阿里云等也赶上了这次云计算浪潮，目前也初具规模。

目前，信息存储系统还朝着无限的带宽、无限的容量和无限的处理能力(Infinite Bandwidth，Infinite Capacity，Infinite Processing Capability)，即 3I 的方向飞速发展，其目标是实现“Anytime，Anywhere，Anything”3A 目标，即可在任意时间、任意地点实现任意数据访问。存储产品不再是附属于服务器的辅助设备，而成为互联网中最主要的花费所在。信息技术正从以计算为核心的计算时代进入到以存储为核心的存储时代，网络化存储已经成为存储市场的热点。而目前的云存储服务是网络存储发展的必然趋势。

1.2 云存储发展现状

云存储是一个以数据存储和管理为核心的云计算系统，云存储与云计算息息相关。

1.2.1 定义、服务模型与分类

2011 年 9 月，美国国家标准与技术研究院(National Institute of Standards and Technology，NIST)[4]对云计算的定义、特征、服务模式和类型作了详细说明。

云计算是一种商业计算模型，它可以实现随时随地及随需应变的可配置的 IT 资源(例如，计算、存储、网络、服务器、应用)，资源能够快速供应并释放，使管理资源的工作量及与服务提供商的交互减小到最低限度。它将计算任务分布在大量计算机构成的资源池上，使各种应用系统能够根据需要获取计算力、存储空间和各种软件服务。它是并行计算(Parallel

Computing)、分布式计算(Distributed Computing)和网格计算(Grid Computing)的发展，或者说是这些计算机科学概念的商业实现。

有计算的地方便有存储，特别是在大数据时代，数据为王，通常需要将计算能力迁移到存储端，比如最近提出的 Near-Data Processing(近数据端处理)、In-Data Processing(在数据端处理)、Processing-in-Memory(在内存中处理)及 Processing-in-Storage(在存储中处理)，存储与计算越来越不可分离。因为数据量太大，将数据迁移到计算端的时间可能比直接将存储数据的设备使用卡车运送到计算端还要慢。

云计算的服务模型可以分为 3 种，如图 1-1 所示。

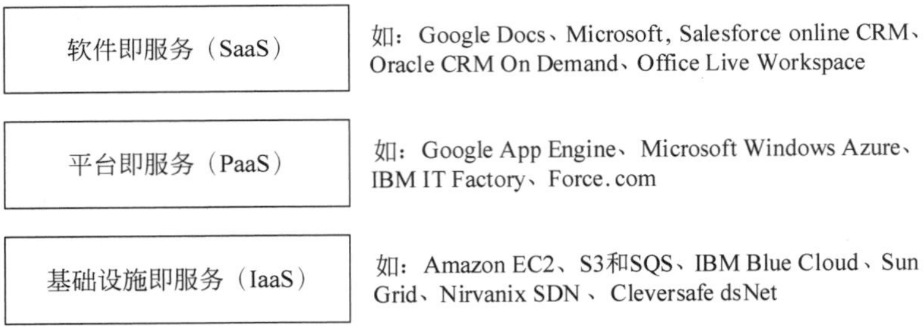

图 1-1 云计算的 3 种服务模型

- 软件即服务(Software as a Service，SaaS)：是一种通过互联网提供软件的模式，用户无须购买软件，可直接使用构建在云端的软件来管理企业经营活动。在这一方面，比较典型的有 Google Docs、Microsoft、Salesforce online CRM、Oracle CRM On Demand、Office Live Workspace 等。
- 平台即服务(Platform as a Service，PaaS)：用户使用云平台所支持的语言和工具，开发应用并部署在云平台上。用户不直接管理或控制包括网络、服务器、存储，甚至单个应用功能在内的底层云基础设施，但可以控制部署的应用程序，也有可能配置应用的托管环境。比如将软件开发平台作为一种服务，以 SaaS 的模式提交给用户。PaaS 的出现可以加快 SaaS 的发展，尤其是加快 SaaS 应用的开发速度。在这一方面，比较典型的有 Google App Engine、Microsoft Windows Azure、IBM IT Factory、Force. com 等。
- 基础设施即服务(Infrastructure as a Service，IaaS)：用户通过互联网可以获得完善的计算机基础设施服务。5G 是高效、高速的移动互联的基础设施，随着未来 5G 技术的发展，对基础设施服务的需求会日益增长。比如提供处理器、存储、网络等(虚拟)硬件资源给用户，用户可任意安装软件和开发环境，包括安装操作系统和应用程序。用户不管理或控制底层的基础设施，但可以控制操作系统、存储、部署的应用，也有可能选择网络构件(例如，主机防火墙)。在这一方面，比较典型的有亚马逊 EC2、S3 和 SQS、IBM Blue Cloud、Sun Grid、Nirvanix SDN、Cleversafe dsNet 等。

这 3 种模型从应用到平台再到架构，越来越底层，开发者获得的可操作性和灵活性也越来越大。通常说的云存储一般可分类到 IaaS，但对于云存储服务提供者，他们提供的 PaaS 和 SaaS 同样需要云存储技术来部署相应的平台。

按照部署方式，云计算可以分为私有云(Private Cloud)、社区云(Community Cloud)、公共云(Public Cloud)与混合云(Hybrid Cloud)4 种模式。

私有云是指构建在一个组织内部且为该组织或者信任该组织的用户提供服务的云，可以由该机构或第三方管理；社区云是指一些有着共同利益(如任务、安全需求、策略、规约考虑等)并打算共享基础设施的组织共同创立的云，可以由该机构或第三方管理；公共云是指若干企业和用户共享使用的一种云环境，由销售云服务的组织机构管理；混合云由两个或两个以上的云(私有云、社区云或公共云)组成，它们各自独立，但通过标准化技术或专有技术绑定在一起，云之间实现了数据和应用程序的可移植性。

云计算与云存储密不可分，因此云计算的定义、服务模型和分类同样适用于云存储。下面将介绍为什么需要云存储。

1.2.2 为什么需要云存储

据国际数据公司(International Data Corporation，IDC)2013 年的报告[5]显示，2012 年全球数据已经达到 2.8ZB(1ZB 等于 1 万亿 GB，2.8ZB 也就相当于 28 亿个 1TB 的移动硬盘)，而这个数值还在以每两年翻一番的速度增长，预计到 2020 年全球将总共拥有 40ZB 的数据量，如图 1-2 所示。

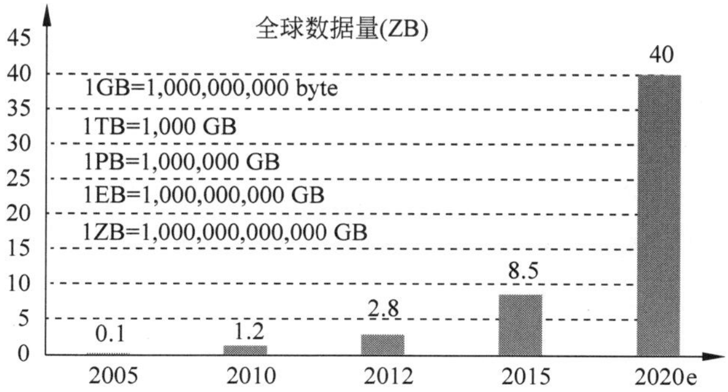

图 1-2 IDC 预测全球数据量增长趋势

而 2013 年中国的数据量占比为 13%，数据总量超过 0.8ZB(相当于 8 亿 TB)，2 倍于 2012 年，相当于 2009 年全球的数据总量。预计到 2020 年，中国产生的数据总量将是 2013 年的 10 倍，超过 8.5ZB。2013 全球数据分布如图 1-3 所示。

全球 IT 市场咨询公司 Springboard Research 于 2010 年 6 月 10 日发布了《中国云存储服务报告》(*China Cloud Storage Services Report*)[6]。报告显示，未来 5 年中国云存储服务市场的年复合增长率将达到 103%，平均每年市场价值翻一番。从图 1-4 中可以看出，中国云存储服务的市场价值将由 2009 年的 605 万美元快速增长至 2014 年的 2.0854 亿美元。

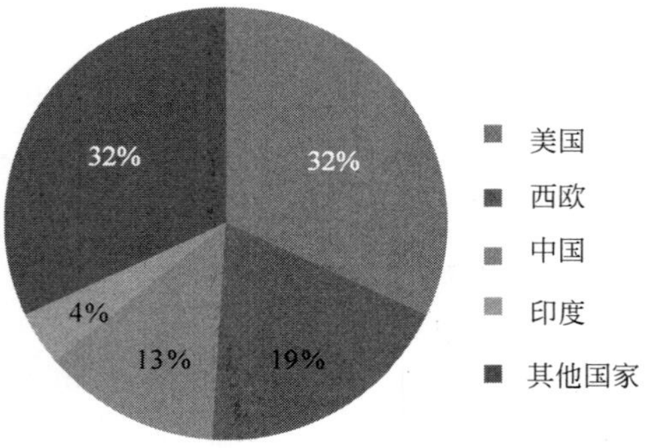

图 1-3　2013 全球数据分布

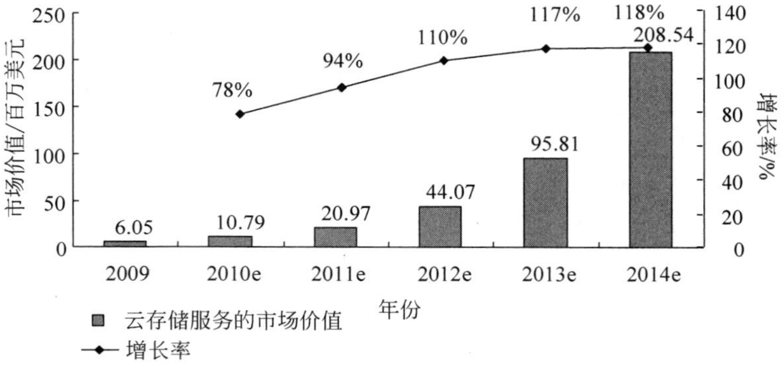

图 1-4　2009—2014 年中国云存储服务的市场价值

同时报告指出，尽管每月每 GB 的存储服务价格持续下降，但是云存储市场总容量的增长幅度更快，从而推动云存储市场整体规模在未来 5 年内的快速上涨。图 1-5 显示了 2009—2014 年中国云存储服务的存储容量需求，预计将从 2009 年的 0.6PB 上升到 2014 年的 66.29PB，增长了 110 倍以上。

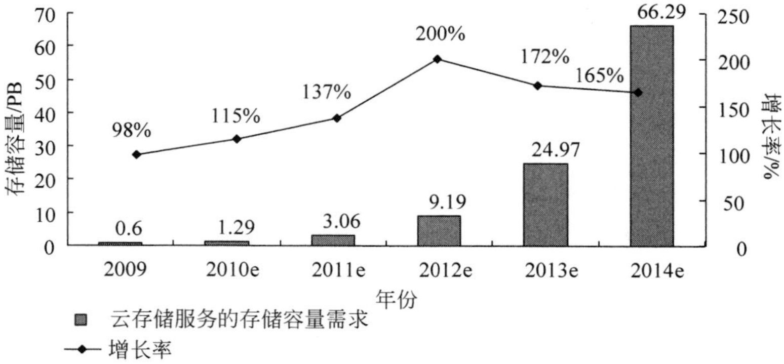

图 1-5　2009—2014 年中国云存储服务的存储容量需求

因为最新数据未公开，所以图示数据都是旧的数据，在本小节中只是以此说明数据量在呈指数级增长，中国在全球数据量的占比是比较高的，云存储市场潜力巨大。

根据 IBM 的调查统计报告[7]，企业的 IT 费用呈逐年上升趋势，如图 1-6 所示。该调查报告将 IT 费用分解为 3 个方面：新购置服务器的费用、服务器管理和维护费用、能源以及制冷设备的费用。在这 3 个方面中，服务器管理和维护费用开销最大，而且上升速度最快。为了保证业务高峰时 IT 系统的稳定性，企业实际部署的服务器的峰值工作量比平均值要高 2～10 倍，因此数据中心服务器的利用率一般只有 5%～20%。另外，在进行 IT 建设时，IT 工作人员花费 70%的时间和精力做基础架构、软件以及日常的维护工作，只有 20%或者更少的时间花在真正与业务相关的系统建设上。

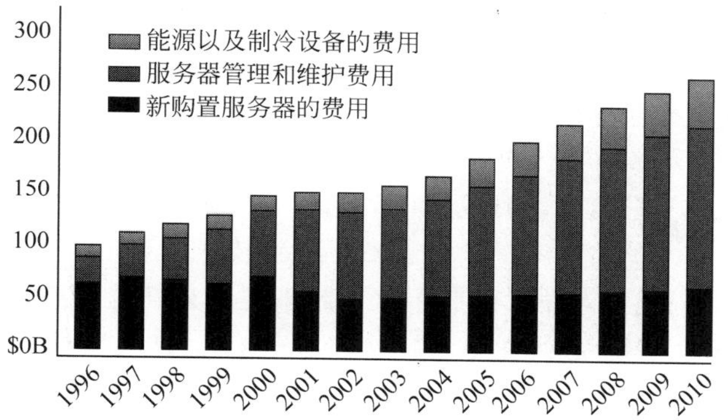

图 1-6 企业每年的 IT 费用统计与预测

虽然购置服务器和能源及制冷设备的成本相当，但是企业的管理和人员成本太高，利用率又太低。

选择云存储服务，一方面能够为企业的数据中心节省成本，还能够实现资源的集中共享，把空闲时段的资源补充到企业更需要的应用上去，也免去了日常的管理与维护费用，与其适配的能源及制冷设备亦可免去。源自云存储服务的规模经济性，可以实现更低的硬件成本、更低廉的电力价格、更低的管理费用，加上更高的利用率，使云存储服务的经济性提高达 30 倍[8]。

图灵奖获得者(Jim Gray)在其获奖演说[9]中指出：由于互联网的发展，未来每 18 个月新产生的数据量将是有史以来数据量之和。这说明人们对存储容量的需求是惊人的，存储市场具有无限的潜力。云存储是信息存储的一种趋势，它可为用户带来如下好处。

(1) 无须购置初始耗资较大的服务器，也免去了专业的服务器及数据管理人员，避免过大的初始投资，能源及制冷设备减少。

(2) 实现任意地点、任意时间、任意数据访问。

(3) 提供可用性、可维护性与扩展性保障。

(4) 保障法规遵从的需求。

(5) 实现数据长期保存。

云存储的主要特色是：容量规模大；使用多少，支付多少；上不封顶，下不设限。有了云存储，永远也不会出现存储空间不足的情况。对存储需求不可预测、需要廉价存储阵列或低成本长期存档的用户来说，按需购买存储容量的云存储与一次性购买整套存储系统相比显然会带来更多的方便和效益。另外，云存储在为用户节省初始投资的同时也节约了社会资源与能源。

1.2.3 现状与发展趋势

高德纳咨询公司(Gartner)是全球最权威的IT研究与顾问咨询公司之一，其研究范围覆盖全部IT产业，可从IT的研究、发展、评估、应用、市场等多个角度，为客户提供客观、公正的论证报告及市场调研报告，协助客户进行市场分析、技术选择、项目论证等。尤其是在投资风险和管理、营销策略、发展方向等重大问题上，利用其提供的重要咨询建议，决策者可以更科学合理地做出正确抉择。

技术成熟度曲线是Gartner为企业提供的一种用于评估新技术成熟度的经典工具，它将各种新科技的成熟演变速度及达到成熟所需的时间分成如下5个阶段。

(1) 技术萌芽期(Innovation Trigger)：当一项新技术诞生时，伴随着业界和媒体的关注，无论是大众还是业内人士对技术的期望值都越来越高。在这个阶段用户的需求和产品往往并不成熟，但会有大量的资金进入。

(2) 期望膨胀期(Peak of Inflated Expectations)：公众的期望值达到顶峰，有少量用户开始采用该项技术。

(3) 泡沫破裂期(Trough of Disillusionment)：过高的期望值和产品成熟度之间存在鸿沟，公众的期望值下降，出现负面评价，但成功并能存活的经营模式逐渐成长。

(4) 稳步爬升期(Slope of Enlightenment)：相关技术供应商不断完善自己的产品，加上用户需求的明确，产品在设计和应用场景上趋于成熟，最佳实践开始出现。

(5) 生产高峰期(Plateau of Productivity)：新技术产生的利益和潜力被市场所认可，开始出现产品间的价格竞争。

2017年7月，高德纳咨询公司(Gartner)发布了2017年度存储技术成熟度曲线[10]，如图1-7所示。该技术成熟度曲线是根据存储相关的硬件和软件技术的商用影响、采用率和成熟度进行评估，以便帮助用户决策在哪些方面以及何时对这些存储技术进行投资。

该报告将存储市场细分为共享加速存储、管理SDS(Software-Defined Storage，软件定义存储)、云数据备份、移动设备数据备份工具、文件分析、开源存储、复制数据管理、SDS基础设施和集成系统。集成系统包括超融合、数据清理、集成备份设备、存储集群文件系统、跨平台结构化数据归档、信息分散算法、对象存储、固态DIMM(Dual In-line Memory Module，双线内存模块)、新兴数据存储保护方案、混合DIMM、企业终端备份、云存储网关、灾备即服务、公共云存储、虚拟机备份与恢复、针对消息数据的SaaS归档、在线数据压缩、存储多租户技术、企业信息归档、自动化存储分层、基于网络的复制设备、连续数据保护(Continuous Data Protection，CDP)、重复数据删除、外部存储虚拟化和固态阵列。对比2016年度的存

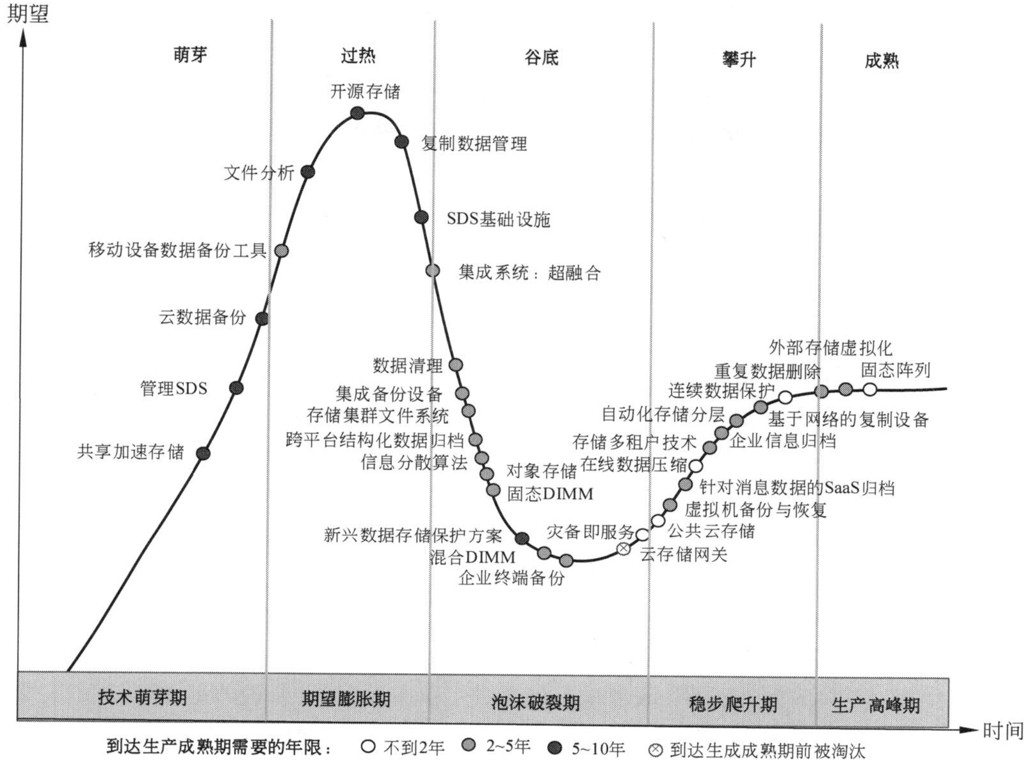

图 1-7　2017 年存储技术成熟度曲线

储技术成熟度曲线，报告中没有增加任何新兴技术。

在 2017 年的技术成熟度曲线中，与存储安全相关的技术包括：云数据备份（技术萌芽期）、移动设备数据备份工具（技术萌芽期）、新兴数据存储保护方案（泡沫破裂期）、灾备即服务（泡沫破裂期）、虚拟机备份与恢复（稳步爬升期）、连续数据保护（稳步爬升期）。其中的公共云存储正处在稳步爬升期，说明大众对云存储的认知度越来越高，相关技术供应商不断完善自己的产品，加上用户需求的明确，产品在设计和应用领域上趋于成熟，最佳实践开始出现。

云计算自从 2009 年在 Gartner 公司的新兴技术成熟度曲线中达到峰值以来，已经历了 8 年时间，其发展开始趋于理性，度过了“期望膨胀期”，进入“泡沫破裂期”。业界已不再热衷于炒作云计算的概念，而是将实现云计算规模化应用作为努力的方向。在 2017 年存储技术成熟度曲线中，公共云存储已经进入“稳步爬升期”，表明技术已经落地，进入实质生产阶段。

2017 年 2 月，全球各大 IT 企业发布财报显示，云计算的营业收入及份额在企业的总体比重中占据越来越重要的地位。其中，亚马逊的云业务实现营业 收入 174.6 亿美元，排在首位；谷歌 CEO 在财报会上表示 2017 年全年云计算收入约 40 亿美元，云计算成为其继广告收入后的第二大增长动力之一；阿里云2017年累计营业收入则超过了百亿元人民币。据Gartner公司的调研，IaaS市场收入预计将从2018年的458亿美元增长到2020年的724亿美元。

无论从技术的发展现状，还是企业的实际营业收入，云计算与云存储的发展都已经步入了"稳步爬升期"，并且在朝着"生产高峰期"发展。从目前的IT行业发展现状来看，云存储的发展趋势必然是一路畅通，原因总结如下(非仅限于此)。

1. 大数据发展需要云计算与云存储

2017年11月11日，淘宝和天猫商场实现1682亿元的销售额(淘宝公布数据)，11秒交易额突破1亿元，28秒交易额突破10亿元，3分01秒交易额突破百亿元，40分12秒破500亿元，9小时破1000亿……其背后功臣是阿里巴巴研发的阿里云计算及大数据处理平台。

大数据的规模效应给数据存储、数据管理以及数据分析带来极大的挑战，云计算与云存储作为大数据的支撑技术和基础平台，必然会得到IT企业的重视与大力发展。

2. 人工智能技术的发展需要云计算与云存储

人工智能、深度学习都是当前的热点研究领域，但它们能够大展身手的两个前提条件是：强大的计算能力和高质量的大数据。其中最有代表性的事件就是谷歌大脑(Google Brain)的建立，它是一个庞大的深度学习框架，拥有数万台高性能的计算机和顶级的图形处理器作为计算单元。

2012年6月，"谷歌大脑"在"看"了一千万段YouTube上的视频，然后自己"学习"到如何从视频中识别一只猫。今天，有深度学习的进步，有基于互联网的海量数据支撑，有谷歌强大的云计算平台，"谷歌大脑"正在帮助谷歌公司解决横跨多个领域的几乎所有人工智能的相关问题：谷歌的搜索引擎正在使用"谷歌大脑"优化搜索结果的排序，或直接回答用户感兴趣的知识性问题；谷歌的街景服务使用"谷歌大脑"智能识别街道上的门牌号，以进行准确定位；使用"谷歌大脑"的谷歌翻译平台在2016年连续取得翻译质量的革命性突破，将全世界一百多种语言的相互翻译质量提升了一个层次；谷歌自动驾驶汽车正是基于"谷歌大脑"对数百万英里的行驶记录进行分析，以改进驾驶策略，保证绝对安全……[11]

大数据技术的发展，给人工智能技术带来了曙光，而人工智能的发展也离不开云计算与云存储提供的强大的计算和数据处理能力。

3. 物联网的发展需要云计算与云存储

当前已经进入一个万物互联的时代，互联的万物又无时无刻不在产生大量的数据。同时，各国网络基础设施的发展、移动互联网的发展、即将到来的5G网络的普及、智能手机的广泛应用，进一步促进对云计算与云存储的需求。

为适应迅速增长的移动数据量，满足用户计算需求，云计算技术通过互联网提供了动态的数据接入、存储和计算服务。亚马逊AWS、谷歌Drive、百度开放云和阿里云等云存储服务应用纷纷推出各类智能终端接入的云存储解决方案，降低了智能手机等移动终端的存储开销，提供便利的数据接入和数据分享。

云存储可以实现任意地点、任意时间、任意数据访问及保障法规遵从的需求等。对存储需求不可预测、需要廉价存储的用户来说，按需购买存储容量的云存储与一次性购买整套存储系统相比显然会带来更多的方便和效益，且云存储在为用户节省投资的同时也节约了社会资源与能源。当用户将数据存放在云存储中，他们最关心的是数据是否安全；是否存在隐私泄露；数据是否完整无误；如果出现故障，是否可以恢复其数据等。

1.3　云存储安全

因为云存储的安全性、可靠性及服务水平等还存在众多问题亟待解决，所以云存储安全技术也得到了广泛关注。下文将分析云存储服务中为什么存在安全问题，然后详细介绍存在的安全威胁；为了应对这些威胁，需要解决哪些问题；如果解决了这些问题，仍然面临怎样的挑战。

1.3.1　为什么有安全问题

与传统存储相比，云存储，特别是公共云存储为什么会有更多的安全问题？总结起来，认为主要有如下几个原因[12]。

1. 云存储的租用商业模式

在传统存储系统中，数据用户拥有存储系统的完全控制权，而且存储资源完全由用户支配，不需要与其他用户共享。这种情况下，保障安全的重点是防范外部的攻击者。

而在公共云存储中，数据所有权和管理权分离，用户一旦将数据迁移到云上，就失去了对数据的直接控制权。存储资源由服务提供者控制，并且会通过虚拟化的方式将存储资源同时租给多个用户使用。此时不仅要防范外部的攻击者，内部威胁更为严重，比如恶意的云管理员、可利用的安全漏洞、不当的访问接口等。用户的隐私数据不仅可能暴露给云服务提供商，而且还可能暴露给包括竞争对手在内的其他用户。另外，在 PaaS 和 SaaS 中，因为对加密数据的处理技术还不成熟，一般以明文形式处理，从而导致其中的敏感数据直接暴露给云服务提供商和同一机器上的其他租户。

2. 虚拟化技术的采用

虚拟化技术是云计算与云存储的关键支撑技术。通过虚拟化，一方面可以将一些零散的资源整合到一个资源池，比如早期 Google 将成千上万台 PC 通过集群系统整合到一起，作为他们的后台服务器；另一方面，可以将强大的资源分解成一个个小单元，为不同用户提供服务，比如目前的公共云存储服务，就是将大量的存储资源通过虚拟化分解成一个个逻辑的存储服务器提供给不同用户使用。

虚拟化技术相当于云计算与云存储平台的操作系统，是资源能够动态伸缩并得到充分利用的关键。通过对 CPU、内存、硬盘等硬件资源的虚拟化，同一台物理机上可以同时运行多台虚拟机。尽管这些共享着相同硬件资源的虚拟机在虚拟机监控器（Virtual Machine Monitor，VMM）或 Hypervisor（虚拟机管理程序）的管理下彼此隔离，但攻击者仍然可以通过旁路侦听、虚拟机逃逸、流量分析等攻击手段从一台虚拟机上获取其他虚拟机上的数据。

作为虚拟化的核心技术，Hypervisor 运行在比操作系统特权还高的最高优先级上。它可以捕获 CPU 指令，为指令访问硬件控制器和外设充当中介，协调所有 CPU 资源分配。一旦 Hypervisor 被攻击破解，在 Hypervisor 上的所有虚拟机将无任何安全保障。

虚拟机动态地被创建、被迁移，其安全措施必须相应地自动创建、自动迁移。因为虚拟机可以在两层网络中任意迁移，在迁移的过程中其安全防护更加困难。虚拟机的安全措施如果没有自动创建，会导致虚拟机的管理密钥被盗而使相应的服务遭受攻击。因此，虚拟化技术带来了极大的安全威胁。因为其权限太大，还没有很好的防护手段。

3. 多租户共享

多租户共享同一云服务提供商的 IT 资源，也是导致云架构不安全的一大隐患。特别是在 SaaS 云模型中，如 Google Docs 中同一个应用进程可以同时为多个租户所用。这些租户的数据一般存放在同一张数据表中，采用标签进行区分。虽然可利用访问控制技术来确保每个租户只能访问自己的数据，但恶意租户利用系统漏洞或旁路攻击等方法仍然可以获得其他用户的数据[13]。另外，在 SaaS 服务模式中，数据以明文形式处理，云服务器可以读取内存中租户的数据。

4. 云计算的安全悖论

很多中小企业缺乏信息安全管理技术与基础设施，迫切需要寻求一种安全的数据处理与存储平台，那么公共云计算与云存储服务便是一个最佳的选择。因为强大的云计算服务提供商可以利用最先进的安全技术来保障其 IT 基础设施，包括硬件、系统、软件与网络等的安全，同时为用户数据提供更完备的安全保障。但如上所述，公共云计算与云存储反而带来了更多的安全问题，即有很好的安全却又反而不安全。

同时，恶意的用户也可以利用强大的云计算资源发起攻击，而且还将自己隐蔽在合法的用户中。正如随着互联网和摄像头的普及，一方面让犯罪分子无处遁形，另一方面也让用户的个人隐私暴露无遗。

以上总结了云存储存在安全问题的几个原因，下文将对主要的云存储安全威胁进行介绍。

1.3.2 云存储安全威胁

2010 年 9 月，发现 Google 员工利用职权查看了多个用户的隐私数据；2011 年 3 月，Google 邮箱再曝大规模用户数据泄露；2011 年 4 月，Amazon 的 EC2 云计算服务被黑客租用，对 Sony PlayStation 网站进行了攻击，造成大规模用户数据的泄露；2012 年 8 月，苹果公司的 iCloud 云服务受到黑客攻击，黑客暴力破解用户密码后，删除了部分用户资料，而云平台并未备份用户数据，从而导致用户数据的丢失，并致使用户 Gmail 和 Twitter 账号被盗；2014 年 8 月，美国版“艳照门”iCloud 数据外泄；2014 年 9 月，黑客利用苹果 iCloud 云端系统的漏洞将其数据外泄；2014 年 10 月，美国资产规模最大的银行——摩根大通由于计算机系统遭到网络攻击，7600 万家庭和 700 万小企业的相关信息被泄露；2015 年 4 月，上海、重庆等超 30 个省市约 5000 万用户社保信息被泄露；2015 年 6 月，工商银行快捷支付被曝存在严重漏洞，发生许多工行储户存款被盗事件；2015 年 9 月，亚马逊 AWS 云服务发生宕机事件，给其数家互联网公司客户带来了巨大的影响；2015 年 10 月，网易邮箱过亿用户信息被泄露；2016 年 4 月，土耳其方面爆发重大数据泄露事件，直接导致近 5000 万土耳其公民的个人信息遭到威胁；2017 年 2 月，知名云安全服务商 Cloudflare 被曝泄露用户 HTTPS 网络会话中的加密数据长达数月……此类事件不胜枚举。

随着金融支付等业务的广泛应用，云存储系统承载了大量的用户金融支付和私人文件等非常敏感的数据。因此，云存储的安全性成为制约其未来发展的关键因素。

如前所述，云存储是一个以数据存储和管理为核心的云计算系统，所以云计算的安全威胁一样适用于云存储。

为了让企业了解云计算的安全问题，以便采取适合的安全策略，云计算安全联盟(Cloud Security Alliance，CSA)发布了“2016 年云计算安全的 12 大威胁”[14]。以下是云安全联盟列出的 12 个最重要的云安全问题(按照调查结果的严重程度排列)。

1. 数据泄露

数据作为企业的重要资产，很容易成为黑客攻击的目标。它可能涉及任何不适合公开发布的信息，包括个人身份信息、个人健康信息、财务信息、商业机密和知识产权等。一旦发生数据泄露，企业有可能会收到巨额罚款或面临法律诉讼，甚至是刑事指控，也会造成品牌形象下跌和业务流失，会对企业造成持续的不良影响甚至破产。数据泄露风险并不是云计算独有的，但它始终是云计算用户的首要考虑因素。

2. 身份、凭证和访问控制不善

数据泄露和一些攻击通常都是因为身份验证、弱口令和管理松散等问题引起的。云计算安全联盟表示，网络犯罪分子伪装成合法用户、运营人员或开发人员，可以读取、修改和删除数据，获得管理权限，在用户传输数据过程中盗取数据，甚至发布恶意软件。

美国第二大医疗保险公司 Anthem 数据泄露事件中，超过 8 千万客户记录被盗，就是用户凭证被盗的结果。Anthem 没有采用多因子身份验证，因此一旦攻击者获得了凭证，进出系统如入无人之境。

3. 不安全的访问接口和应用程序接口(API)

云计算提供商提供了一组客户使用的软件用户界面(User Interface，UI)和应用程序接口(Application Programming Interface，API)来方便用户与云服务器的交互。访问接口和 API 通常都可以从公网访问，因此成为系统的对外接口，也最容易成为被攻击的目标。

不安全的访问接口和有漏洞的 API 将使企业面临很多安全问题，机密性、完整性、可用性和可靠性都会受到考验。云计算安全联盟称，从身份验证和访问控制，到数据加密和行为监测，都依赖这些访问接口和 API，因此这些访问接口和 API 的安全性至关重要。

4. 系统漏洞

系统漏洞是指攻击者可以用来入侵系统，窃取数据、控制系统或破坏服务操作的程序漏洞。因为云存储的多租户特性，不同用户使用相同的存储基础设施，并且允许访问共享内存和资源，导致存在安全风险。

云计算安全联盟表示，操作系统组件中的漏洞使得所有服务和数据面临的安全风险最大。虽然修复系统漏洞的开支比其他 IT 支出要多一些，但在部署基础设施的过程中修复漏洞的开支，会比因为漏洞而遭受攻击的损失少得多。

5. 账户劫持

劫持账户是一种常见的攻击方法，比如利用网络钓鱼、诈骗、软件漏洞等劫持合法账户，然后进行一系列的非法操作。比如窃听用户行为，当进行支付动作时，将用户重定向到非法网站。而且，有些云服务还共享访问凭证，从而出现一个服务的账户被劫持，会导致其他的服务也不安全。

另外，在云存储环境下，合法账户被劫持后，攻击者可以访问云存储服务的关键区域。它的目标可能并不是被劫持的用户，而是与之相邻的其他用户，从而危及其他用户数据的机密性、完整性与可用性。

6. 内部威胁[15]

计算机安全应急响应组（Computer Emergency Response Team，CERT）是专门处理计算机网络安全问题的组织。早在 2000 年，该组织即已开展内部威胁检测项目。根据 CERT 的定义，内部威胁是指一个或多个现在或以前的公司员工、外包商或合作伙伴，具有对网络、系统或数据的访问权限，故意滥用或误用自己的权限损害公司信息或信息系统的机密性、完整性与可用性[16]。

内部威胁是云计算安全面临的最严重的挑战之一。2013 年“斯诺登事件”即由内部人员公开内部数据，从而引起媒体广泛关注，而这只是内部威胁的冰山一角。SailPoint 安全公司曾做过一个安全调查，受访者中 20%的人表示只要价钱合适便会出卖自己的工作账号和密码。美国计算机安全协会（CSI）和联邦调查局（FBI）在 2008 年的报告中指出，内部安全事件所造成的损失明显高于外部安全事件。2015 年普华永道的调查指出，中国内地与香港特别行政区的企业信息安全事件中 50%以上是由内部人员造成的。

云计算安全联盟表示，虽然有些威胁的严重程度是有争议的，但在某一点上是有共识的，即内部威胁是一个真正的威胁。怀有恶意的内部人员（如系统管理员）可以访问潜在的敏感信息，可以更多地访问更重要的系统，并最终访问数据。仅依靠云服务提供商提供安全措施的系统将面临更大的风险。

7. 高级持续性威胁

高级持续性威胁（Advanced Persistent Threats，APT）攻击，也称针对性攻击，是一种寄生的网络攻击方式，它渗透到目标公司 IT 基础设施中，建立自己的立足点，从中窃取数据。常见的渗透方式包括网络钓鱼、U 盘预载恶意软件、通过被黑的第三方网络等。APT 混入正常网络流量，因此很难被侦测到。对此，除了云服务提供商要应用高级安全策略阻止 APT 渗透进他们的基础设施，云用户也要经常检测自己的账户是否存在 APT 行为。

8. 数据丢失

当出现火灾或地震等自然灾害、遭受攻击和服务器损坏等各种意外情况时，都可能导致客户数据的永久丢失。相应的法律法规通常会规定公司必须保留审计记录和其他文件的时限，若此类数据丢失，就会造成严重的监管后果。

随着云服务技术的成熟，由服务提供商失误导致的永久数据丢失已经比较少见了，倒是恶意黑客会利用删除云端数据的方式来危害公司。对于云服务提供商来说，多地分布式部署其云服务平台，建立好的数据备份与恢复机制，遵循业务持续性和灾难恢复最佳实践，都是最基本的防止永久数据丢失的方法。

9. 对拟采用的服务调研不足

企业在没有完全理解云环境及其相关风险的情况下，就购置云服务，会存在很多商业、金融、技术、法律和合规风险。企业是否需要将其数据和应用迁移到云环境，怎样选择服务提供商，都要进行充分的调研，尤其要仔细审查服务提供商的资质和合同中的责任条款。

云计算安全联盟表示，企业管理层在制定战略时，要对云计算技术和服务提供商进行评估和考量，而且应制定一个良好的考量策略，明确他们要承担的风险。

10. 滥用云服务

云服务可以帮助企业减少初始投资和管理成本，但同时，它也可能被攻击者用来开展违法活动，比如利用云计算资源破解密钥、利用云计算资源来定位用户、发起分布式拒绝服务(Distributed Denial of Service，DDoS)攻击、发送垃圾邮件和钓鱼邮件、托管恶意内容等。

服务提供商要能够识别各种类型的云服务滥用情况，比如通过检测流量识别 DDoS 攻击，企业也要确保服务提供商拥有服务滥用的报告机制和预防机制。

11. 拒绝服务

这种威胁也属于滥用云服务的一种，恶意用户占用大量的云计算资源，如 CPU、内存、磁盘空间或网络带宽，导致合法用户不能正常访问其数据或应用。

针对拒绝服务(Denial of Service，DoS)攻击，需要云服务提供商有较好的攻击检测与预防机制，当出现攻击时，有办法抵御攻击并能快速恢复正常服务。

12. 共享架构中的技术漏洞

云计算服务提供商通过共享基础架构、平台和应用程序来实现多租户共享资源，在节省大量成本的同时，也带来了客户的数据安全风险。在对各类资源进行隔离中可能存在的各类技术漏洞，可能在所有交付模式中被攻击者利用。

2016 年 4 月，欧洲议会投票通过了商讨 4 年之久的《一般数据保护条例》(*General Data Protection Regulation*，GDPR)。该法规包括 91 个条文，共计 204 页。该条例将于 2 年后，即 2018 年 5 月 25 日正式生效。新条例的通过意味着欧盟对个人信息保护及其监管达到了前所未有的高度，可称为史上最严格的数据保护条例。非欧盟成员国的公司(包括免费服务)只要满足下列两个条件之一：①为了向欧盟境内可识别的自然人提供商品和服务而收集、处理他们的信息。②为了监控欧盟境内可识别的自然人的活动而收集、处理他们的信息。这些公司就受到 GDPR 的管辖。这个条例将对中国企业的数据管理和信息安全，以及数据收集、处理和交易产生重大影响。

对于一般性的违法，罚款上限是 1000 万欧元或企业上一年度全球营业收入的 2%(两者中取数额大者)；对于严重的违法，罚款上限是 2000 万欧元或企业上一年度全球营业收入的 4%(两者中取数额大者)。

我国于 2017 年 6 月 1 日起施行《中华人民共和国网络安全法》和最高人民法院、最高人民检察院《关于办理侵犯公民个人信息刑事案件适用法律若干问题的解释》，以加强网络安全和个人隐私保护。其中规定，非法获取、出售或者提供公民个人信息 5000 条以上、违法所得 5000 元以上可入罪。

针对信息安全领域的法律法规建设是应对云存储安全威胁的一项有力举措。

1.3.3 需要解决的几个问题

综上所述，根据云存储中安全问题的根源和云计算的 12 大安全威胁，总结出要保障云存储安全需要解决的几个问题。

1. 云存储安全体系结构

安全是一项系统工程，需要系统化的方法和机制来保障全面的安全。云存储提供的是可伸缩的数据服务，无法清晰地定义安全边界及保护设备，这给制定并实施云存储的安全保护措施增加了难度。因此，对云存储安全体系结构要有明确的定义和界限划分，使其能够清晰地描述安全体系结构的层次、各层之间的接口、各层需要采取的安全机制，以及可以保障哪些方面的安全，从而形成一套保障安全的系统化的体系结构。

2. 云存储虚拟化安全

如上所述，虚拟化是安全问题的根源之一。因其权限大，管辖范围广，在云存储安全风险中占据了很大比重。对不同的云用户来说，云存储系统是一个相同的物理系统，而不再像传统网络一样有物理的隔离和防护边界，由此虚拟系统被越界访问等无法保证数据隔离性的问题也就难以避免。因此，云存储虚拟化安全就是要保障数据的安全隔离，防范各类系统漏洞和侧信道攻击。

3. 云存储系统访问控制

云存储服务面临的威胁，首先来自于身份认证和访问控制问题。作为云存储服务的访问入口，它们一旦被攻破，就犹如城门失守，入侵者必将长驱直入，直接威胁到云存储的安全。因此，云存储系统的访问控制，包括系统的认证与授权，需要根据云存储系统的应用需求，有较完备的安全策略和实施方法。

4. 云存储数据机密性保障

在信息安全的三要素中，数据机密性是排在第一位，其重要性不言而喻。在云存储服务中，因为数据存储在云服务器上，用户失去了对数据的完全控制权，那么要保障数据的机密性，通常就是在数据上传到云服务器之前，对数据进行加密处理。云环境下有着海量的数据，因此需要轻量级的快速加密算法；数据加密后，传统的信息检索机制不再适用，需要相应的密文搜索算法；同时也需要支持密文处理的加密算法，因为存在一些诸如密文数据的共享、密文数据挖掘、密文数据去重等问题需要解决。

5. 云存储数据完整性保障

数据上传到云服务器后，怎样保障数据不被篡改或删除？怎样检测到这些不法行为？因此，需要一些数据完整性保障机制，可以实现数据持有性验证，检测到数据是否被篡改；

如果篡改,又怎样进行恢复。

6. 云存储数据备份与恢复

云存储系统也要考虑极端情况下的数据安全,比如地震、洪水、火灾等可能的天灾人祸带来的数据安全风险。在灾难发生时如何避免数据服务中断及数据丢失等问题,通常是通过各种备份技术来保障系统的可靠性和数据的恢复。

7. 云存储入侵检测

云存储系统作为一个公共数据中心,具有多客户连接、高交互性、数据安全保障要求高等特点,对入侵、攻击、病毒和恶意软件十分敏感,有必要对云存储中的数据流进行实时、主动的检测和防御。

8. 云存储应用最佳安全实践

要保障云存储应用安全,通常有一些安全规则,它们需要从日常实践中进行归纳与总结,还包括制定云存储服务安全标准,从而实现云存储服务安全、健康地发展。

针对这些需要解决的问题,本书将逐一进行讨论,结合已有的技术和最新的研究成果,提出以上问题的一般解决方案。不过,除了上述需要解决的问题,在云存储服务中仍然面临一些目前还无较好解决办法的挑战。

1.3.4　面临的挑战

上一小节提出的几个问题可以通过各种技术手段来解决,但对于云存储,仍然存在一些目前还没有较好技术手段可以解决的问题。这些人们面临的挑战列举如下(非仅限于此)。

1. 数据的可信删除

云存储服务的用户可能某天不需要这个服务了,怎样保障她/他的数据被完全彻底地删除?对于传统存储,因为用户拥有 IT 基础设施的完全控制权,可以利用技术手段,将服务器上的数据彻底删除。但在云存储服务中,当某个用户离开该云服务后,她/他使用过的磁盘会租赁给其他用户。如上所述,通常数据删除只是在文件系统中将相应的文件索引删除,而没有进行物理上的数据删除。即当用户删除硬盘上的数据时,并没有将数据真正从计算机的硬盘上删除,只是删除了相应文件的索引。即使对磁盘进行格式化,也只是为操作系统创建一个新的索引,将磁盘的扇区标记为未使用,其之前的数据记录并没有被删除,因此仍然可以恢复磁盘上之前存放的数据。

在云存储环境下,还没有很好的技术手段可以保证云服务提供商会彻底删除离开该服务的用户的数据。

2. 数据外包模式下的内部威胁

当数据外包存储在云上,云服务器的管理员客观上就具备了偷窥和泄露用户数据的能力,如何保证云存储服务的内部管理人员不偷窥、不泄露、不破坏用户的数据,成为一个极具挑战性的问题,也成为近年来学术界和工业界共同关注的热点。

3. 数据迁移风险

经济时代,行业市场瞬息万变,一些云服务提供商可能因为各类原因停止提供云存储服务,或者用户对当前的云服务提供商的服务或用户条款产生不满,希望换一家云服务提供商,这时用户就需要将其数据迁移,那么原来存储在云服务器上的数据便会成为一个极大的安全隐患。

4. 加密数据的处理

在传统的存储系统中,一般采用加密方式来确保存储数据的安全性和隐私性。在 IaaS 云服务模式中,如果用户只是用来存放数据,那么加密数据是没有问题的;但在 PaaS 和 SaaS 云模式中,用户需要在云端对数据进行处理,如果数据被加密,各种处理操作将变得困难。这也是云存储面临的一个安全悖论:加密数据可以保障数据的安全性和隐私性,但却让数据不能在云端进行各类处理操作。

1.4 本章小结

本章从云存储的兴起讲起,详细介绍了云存储的发展现状与趋势。具体来说,包括云计算与云存储的定义、服务模型和分类,用数据说明了为什么需要云存储,从技术成熟度曲线角度介绍了云存储的发展现状,从未来的需求角度说明了云存储的发展趋势。接下来,针对大家普遍关心的云存储的安全性,详细说明了为什么会有云存储安全问题,并总结了 CSA 报告的 12 大云计算安全威胁。针对这些安全问题和威胁,提出需要解决的几个问题,从而引出本书将要详细介绍的云存储安全技术。除了可以使用技术手段解决的这些安全问题,本章也进一步指出了云存储仍然面临的挑战。

本章作为全书的基础,为下文做铺垫,引出本书将重点介绍的一些云存储安全技术,在下文中将逐一详细讲解。

参考文献

[1] Brad Stone. The Everything Store: Jeff Bezos and the Age of Amazon [M]. London: Bantam Press, 2013.

[2] 杨昆. 为什么 AWS 云计算服务是亚马逊先做出来,而不是 Google? [EB/OL]. 2005[2018-4-15]. https://www.zhihu.com/question/20058413/answer/325838352.

[3] Steve Grand. Creation: Life and How to Make It [M]. Cambridge: Harvard University Press, 2001.

[4] Peter Mell, Timothy Grance. The NIST Definition of Cloud Computing, NIST Special Publication 800-145 [S]. 2011[2018-2-1]. http://csrc.nist.gov/publications/nistpubs/800-145/SP800-145.pdf.

[5] IDC. Annual Reports [EB/OL]. 2013[2018-4-15]. https://www.idc.co.za/financial-results/2013-annual-report/.

[6] Springboard Research. China Cloud Storage Services Report [EB/OL]. 2010[2018-4-15]. http://www.springboardresearch.com/NewsDetail.aspx? CID=1005.

[7] New Economics of Cloud Computing, IBM Corporate Strategy analysis of IDC data, 2009.

[8] 刘鹏. 首届中国云计算大会报告: 3G 时代的云计算 [R]. 2009[2018-4-15]. http://www.ciecloud.net/.

[9] Jim Gray. What Next? A Few Remaining Problems in Information Technology [R]. 1998[2018-4-15]. http://research.microsoft.com/～gray/talks/Gray_Turning_FCRC.pdf.

[10] Gartner. Hype Cycle for Storage Technologies [EB/OL]. 2017[2018-4-15]. https://www.gartner.com/technology/research/hype-cycles/.

[11] 李开复，王咏刚. 人工智能[M]. 北京：文化发展出版社，2017：75-77.

[12] 冯朝胜，秦志光，袁丁. 云数据安全存储技术[J]. 计算机学报，2015，38(1)：150-163.

[13] Kamara S，Lauter K. Cryptographic Cloud Storage [C]. In Proceedings of the 14th International Conference on Financial Cryptography and Data Security，Berlin，Germany，2010：136-149.

[14] Cloud Security Alliance. The Treacherous Twelve：Cloud Computing Top Threats in 2016 [EB/OL]. 2017[2018-4-15]. https://cloudsecurityalliance.org/artifacts/the-treacherous-twelve-cloud-computing-top-threats-in-2016/.

[15] 王国峰，刘川意，潘鹤中，等. 云计算模式内部威胁综述[J]. 计算机学报，2017，40(2)：296-316.

[16] Cappelli D M，Moore A P，Trzeciak R F. The CERT Guide to Insider Threats：How to Prevent，Detect，and Respond to Information Technology Crimes [M]. Boston：Addison-Wesley Professional，2012.

第2章

云存储安全体系结构

“万丈高楼平地起”需要牢固的根基与框架设计，在研究云存储安全时，也需要首先制定良好的体系结构。如同计算机网络中的分层体系结构让计算机网络协议的设计变得清晰与明白，在云环境下云存储安全体系也是采用分层式结构。

2.1 云存储安全体系

本节介绍云存储安全体系。首先阐述云存储系统的层次模型；然后在对应层次模型下，介绍云存储系统安全体系结构。

2.1.1 云存储系统层次模型

与传统的存储系统相比，云存储系统不仅包括硬件，还包括由存储设备、计算设备、网络设备、服务器、应用软件、公共访问接口和客户端程序等多个部分组成的复杂系统。各部分以存储设备为核心，通过应用软件来对外提供数据存储和业务访问功能。云存储系统的体系结构可分为物理资源层、虚拟化层、基础管理层、应用接口层和访问层，如图2-1所示。

（1）物理资源层：作为云存储最基础的部分，存储设备可以是FC光纤通道存储设备、NAS和SAN等IP存储设备，也可以是SCSI或SAS等DAS存储设备。数量庞大的云存储设备分布在不同地域，彼此之间通过广域网、互联网或者FC光纤通道网络连接。所有物理资源构成一个集存储、计算与网络设备以及数据库等于一体的物理资源仓库。

（2）虚拟化层：对存储、计算与网络设备进行逻辑虚拟化，将各类资源划分为统一规格的存储、计算与网络单元，构成存储、计算、网络以及数据等资源池，以分配给用户。

（3）基础管理层：基础管理层是云存储最核心的部分，通过集群系统、分布式文件系统和网格计算等技术，实现云存储中多个存储设备之间的协同工作，对外提供良好的数据访问性能。

（4）应用接口层：包括公用API接口、应用软件以及网络接入等。不同的云存储运营单位可以根据实际业务类型，开发不同的应用服务接口，提供不同的应用服务。任何一个授权用户通过网络接入、用户认证和权限管理接口等方式登录云存储系统，都可以享受云存储服务。

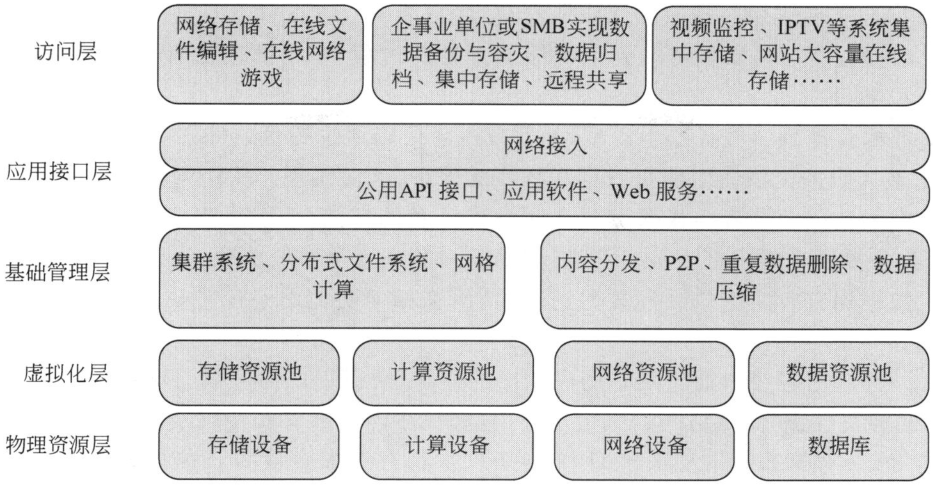

图 2-1 云存储系统的体系结构组成

(5) 访问层：利用云存储服务提供商访问层所提供的不同访问类型和访问方式，用户可享受诸如个人空间服务、运营商空间租赁、企事业单位或 SMB 的数据灾备与远程共享，以及视频监控、IPTV 和视频点播等各种应用服务。

2.1.2 云存储系统安全体系结构

通常，云存储系统的体系结构如图 2-2 所示，数据拥有者将数据存放到云服务提供者的存储云上，然后通过各类轻量型设备访问云上的数据；也可以通过一些访问控制方式，将数据与其他用户共享。

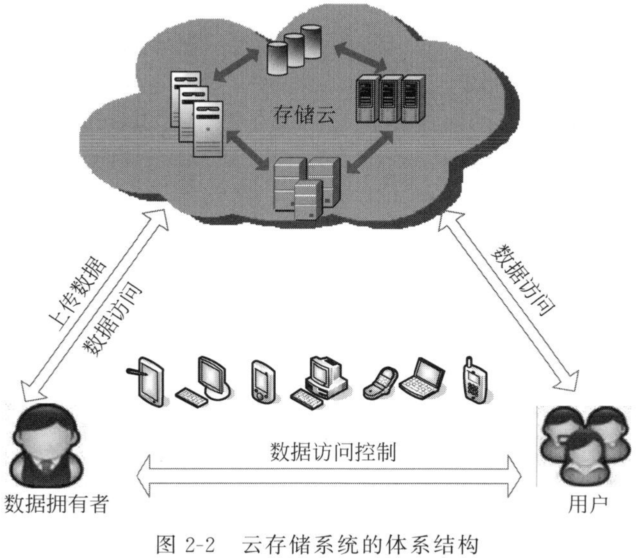

图 2-2 云存储系统的体系结构

在数据拥有者或用户与云存储服务器交互的过程中，存在以下安全风险。

(1) 数据拥有者将数据传输到云存储服务器的过程中，外部攻击者可以通过网络窃听的方式盗取数据。

(2) 数据存储到云服务器上以后，外部攻击者可以通过钓鱼软件、木马和无授权的访问等方式来破坏服务提供者对用户数据和程序的保护，从而实现非法访问。

(3) 由于数据拥有者的数据存放在服务提供者的存储介质上，失去了对数据的物理控制权，云服务提供者的内部人员可能滥用权限，对数据安全造成威胁。

(4) 数据拥有者向用户授权数据访问时，面临如何防范恶意用户以及保障交互过程安全的问题。

(5) 外部攻击者可以通过观察用户发出的请求，获得用户的习惯、目的等隐私信息。因此，从数据的发送、存储到访问的整个过程中，都存在内外部的安全风险。

另外，在云存储系统的层次模型中，各个层次都存在安全威胁。在物理资源层，云服务提供商的物理设施可靠吗？当灾难(停电、地震、水灾、火灾等)发生造成物理设备损坏时，用户的数据是否可用？是否存在对设备的攻击？在虚拟化层，虚拟化的环境与平台安全吗？对于虚拟化的多租户及平台共享，是否有对应的安全措施？在基础管理层，系统安全能不能得到保障？有安全性评价标准吗？在应用接口层，云提供的应用可信吗？在数据访问层，数据的安全有保证吗？云服务提供商会不会滥用用户的数据？用户应该使用何种安全保障强度的云服务？

只有将物理环境、硬件设备、硬件技术、软件技术等综合起来，才能实现完整的安全性。因此，自底层到顶层，存在物理安全、虚拟化安全、数据安全以及应用安全。从信息安全的角度来看，在传统三要素(CIA 三元组)——机密性(Confidentiality)、完整性(Integrality)、可用性(Availability)的基础上，作者认为有必要加入访问控制(Access Control)，将其延伸到 CIAA。这 4 个方面被认为是保障云存储安全的核心技术。

具体到目前对云存储安全的研究，云存储系统安全体系结构如图 2-3 所示。

在物理资源层，一方面要保障物理环境安全，将云中心建立在一个适宜的环境中；另一方面也要保障物理设备安全，有电磁防护、门禁系统、机房监控系统等。

在虚拟化层，因为虚拟化使原有信息系统的边界不复存在，因此虚拟机安全便成为云存储安全的关键。为实现虚拟机安全监控、虚拟机安全迁移、虚拟机安全隔离以及虚拟机安全镜像等，需要适当的系统隔离技术保障多租户的数据与应用安全，需要安全的远程管理技术，需要对系统进行状态监控并及时维护升级。

基础管理层是云存储最为核心的部分，也是最复杂的部分。基础管理层大量采用了集群管理技术和分布式存储系统的成熟方法，在实现良好的可扩展性的同时，也满足了可用性及性能的需求，可提供数据分块存储、建立数据索引、数据加密、密钥管理、密文搜索和完整性证明。此外，它还负责重复数据删除、容灾备份等任务。容灾备份技术指的是在磁盘故障或者天灾等意外和灾难发生的时候，能够通过自身的一些特殊的机制，进行故障的检测与恢复，最小化灾难和意外带来的影响，使用户能够不受影响地照常使用数据服务，保证云存储

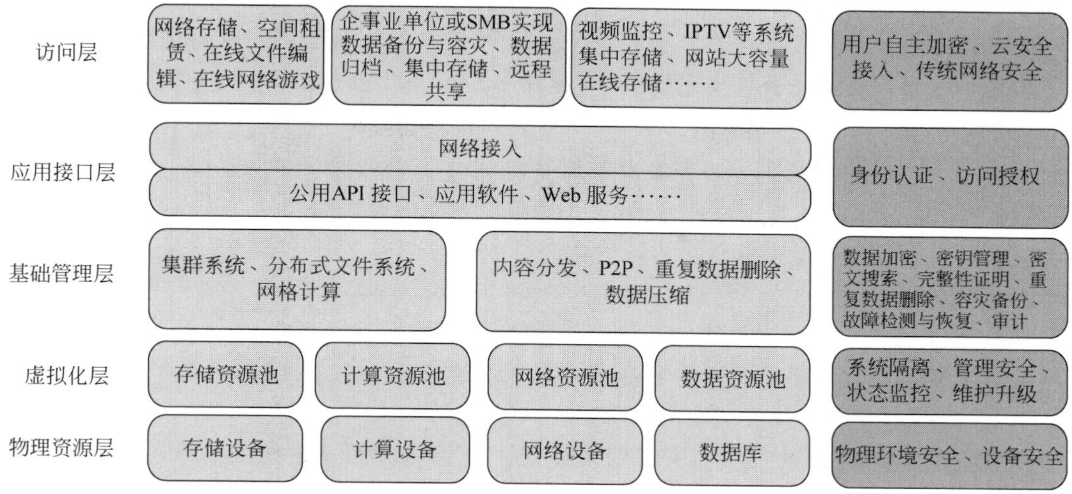

图 2-3　云存储系统安全体系结构

数据自身的安全和稳定。

云存储应用安全建立在身份认证和对资源的权限控制基础上。在应用接口层，要防止攻击者以非法手段窃取用户口令和身份信息，要对来访者有适当的权限访问控制与管理机制。比如，在 Web 服务中，要重点关注数据传输安全、身份认证与鉴别、访问控制以及抵抗拒绝服务攻击等方面。

为了保障数据拥有者对数据的控制权，用户可以在数据访问层自主加密数据，然后通过应用接口层的服务接口将加密数据存储到云服务器。同时，需要采用传统的网络安全技术保障传统边界安全，包括防火墙与病毒防护技术等。因为传统防火墙技术无法有效对抗更隐蔽的攻击行为，如欺骗攻击和木马攻击，而且传统病毒防护软件无法对木马、邮件类病毒、蠕虫进行全网整体的防护。在云存储的多租户共享环境下，将有大量的终端用户接入，如何防范不安全的接入是云存储中安全接入的重要任务。

而更加笼统地划分，云存储的安全威胁主要包括内部威胁和外部威胁两个方面。其中以内部威胁更难防范，主要包括远程管理风险、恶意的内部员工、操作失误、云基础框架中的软硬件错误等。外部威胁是指通过云服务器与用户之间的交互接口，利用软硬件以及管理上的漏洞对系统进行入侵与攻击。

2.2　数据生命周期中的安全风险

用户将其数据存放到云存储服务器，从数据的产生、数据存储、数据利用、数据共享、数据迁移直至数据销毁，就是数据的生命周期。

用户数据在云服务器上静态存储时，可能因为容灾备份，数据有多个副本存储在服务器上。数据被利用时，可能存在于内存、网络或磁盘缓存等介质中。在数据生命周期中的每个阶段，数据安全都面临着不同的安全威胁，因此需要对应的安全机制来抵御。

1．数据产生

数据产生阶段由数据拥有者生成数据，但还未存储到云服务器。通常认为这个阶段的数据是安全的，但为了保障后续数据安全，需要对数据进行一些处理，比如对数据进行加密、建立索引、生成完整性验证标签、为数据添加属性（数据类型、安全级别等）等。在数据产生阶段，用户必须了解自身数据的安全属性，才能根据需要设置对应的安全策略及进行必要的预处理。

2．数据存储

将数据存储到云存储服务器，面临以下安全风险。

（1）用户失去对数据的物理控制权，数据存放位置不确定，与哪些用户共享物理资源不可知，以及对数据的隔离机制也知之甚少。

（2）数据存储在云服务器上，有内部人员威胁，云服务器可能被病毒破坏、被木马入侵，因此数据存在丢失和篡改的风险。

（3）云服务器可能遭受自然灾害、战争等不可抗力因素的破坏，对用户数据造成不可挽回的损失。

因此，将数据保存到云平台上，要考虑静态数据的隐私性、机密性、完整性、可用性与可靠性等。目前保障以上安全性的机制有数据加密存储、建立密文索引实现密文搜索、生成可验证标签对数据实施完整性验证、对数据进行远程容灾备份等。因为云存储下大量的用户以及海量的数据，所以对用户数据的加密一般采用对称密码算法。

3．数据利用

数据利用是指用户将数据存储后，可以定期或不定期地访问数据，并可能对数据进行增加、删除或修改等更新操作，也可以对数据进行检索以及进行完整性验证等。在数据利用阶段，存在以下的安全风险。

（1）非法访问风险：如果云服务提供商没有严格的访问控制与授权机制，可能让攻击者有机会非法访问、篡改或破坏用户的数据，甚至使合法用户不能正常地访问其数据。

（2）数据传输安全：用户通过网络远程访问数据，在数据传输过程中，可能会遭受攻击者拦截或篡改数据。

（3）服务质量（Quality of Service，QoS）保证：用户使用云数据时，会对数据的传输性能有一定的要求，但因为用户是通过网络访问数据，会受到网络环境等外部条件的限制，而不一定能够达到用户期待的服务质量，满足用户的需求。

4．数据共享

数据共享是指用户将其存储在云服务器上的数据与第三方共享。在数据共享过程中存在较多的安全风险。除了以上网络安全风险外，重点要防范数据访问控制与授权风险，即与第三方共享数据时可能造成的非法访问数据的风险。这就需要数据拥有者及云服务提供商协同提供合理的访问控制与授权机制，使得只有被授权的第三方可以访问数据。

5. 数据迁移

数据迁移是指将很少使用或不使用的数据迁移到一个单独的存储设备(如磁带或光盘)进行长期保存的存档过程。在数据迁移准备阶段,要对待迁移数据的属性有详细的了解,包括数据的存储方式、数据量、数据的时间跨度等。在数据迁移过程中,要制定详细的迁移策略。在数据迁移完成后,还要对数据进行校验,数据校验的结果是判断数据迁移是否成功的重要依据。对数据进行校验的内容包括数据格式、数据完整性与一致性等方面。

在数据迁移过程中要注意以下问题。

(1) 平滑过渡：无论是同构数据迁移还是异构数据迁移,要考虑迁移过程中,用户仍然可以访问数据,如何实现不同格式数据服务可以在用户无感知的情况下做到平滑迁移是要注意的问题。

(2) 出错处理：在数据迁移过程中发生错误要怎么处理是迁移过程中要注意的问题,要求在迁移准备阶段做好错误预判,并在实施阶段设计错误追踪方案及相应的解决方案。

(3) 数据迁移测试：要保障数据迁移完成后数据的正确性、完整性与可用性。

在数据迁移阶段,云数据除了面临和数据存储阶段类似的安全风险外,还面临如下安全风险。

(1) 大规模数据迁移造成数据的可用性问题：当迁移的数据量非常大时,数据迁移过程可能需要花费几个月甚至几年的时间,这样长时间的迁移过程,随时有可能影响数据的使用。

(2) 合规性风险：某些特殊数据对归档使用的存储介质以及时间期限有一些特殊规定,而云服务提供商不一定能满足这些特殊要求,造成数据的合规性风险。

6. 数据销毁

对于自主控制的存储,数据销毁很容易做到,可一旦将数据存储到云上后,数据销毁却成为一件非常困难的事情。通常,计算机删除数据时,并没有将数据从计算机的硬盘上真正地删除,只是删除了文件相应的索引,使得用户不能通过文件系统访问该文件。而对硬盘进行格式化操作时,也并没有将磁盘上数据删除,而只是重新创建文件系统并创建新的索引,将磁盘的扇区标记为未使用过。因此,攻击者仍然可以在获取硬盘后利用一定的数据恢复方式来还原被删除的数据。

同时,因为云服务提供商不一定是可信的,用户无法确信云服务器是否真正地删除了数据。因此,对于用户的敏感数据,通常需要加密后再存储到云服务器上,可以避免因为云服务器不可信带来的数据销毁问题。对于云服务提供商,为了完成数据销毁,可以采用磁盘擦写的方式来删除用户的数据。

2.3 保障云存储安全的几个原则

云存储安全除了以上从技术角度提出的安全体系结构,提供整套的保障安全的技术方案,还需要建立安全目标验证、安全服务等级测评相关的安全标准与测评体系,以及自上而下的安全监督管理制度体系。在文献[1]中，陈驰等人对云计算安全建设原则已经作出总结，本节结合新的研究工作再次总结了设计安全云存储系统时需要遵循的一些安全原则。

（1）要有合理的安全假设。最好的安全假设是除自己以外的所有实体都是不可信的，因为假设云存储服务器是不可信的，所以数据拥有者需要对数据加密存放，提取数据时还要进行数据完整性验证。此外，在系统实现时的密码算法可由用户根据数据的敏感度选择相应强度的加密算法。

（2）保障整体性原则。正如“木桶原理”所述，短板最终容易成为众矢之的，即使其他部位安全强度再高，也没有意义。因此，根据云存储系统安全体系结构，制定全生命周期的安全方案，各个部位及环节都需要有完备的安全设计。

（3）熟悉安全标准与法规，保障数据的合规性。尽可能选择本地化服务，要考虑云服务器的物理位置，最好是在可以控制的界限内，比如在企业内部、在国家内部等。

（4）对选择的云存储服务提供商要有足够的了解，包括云存储服务提供商的信誉、服务质量、服务器的可用性与可靠性，甚至还要了解服务器的具体地理位置，双方的服务协议尽可能具体和细化。同时，根据数据的敏感度选择云存储服务提供商及安全机制。

（5）对于非常重要的数据，可以考虑建立混合云框架，结合私有云和公共云，可以提供所有云计算的优势，同时对敏感数据实现重点保护。也可以结合多云存储，以避免单服务提供商可能造成“厂商锁定”。

（6）CSA 建议采用深度防御策略，包括在所有托管主机上应用多因子身份认证，启用基于主机和基于网络的入侵检测系统，应用最小特权、网络分段概念，实施共享资源补丁策略等。

（7）尽可能做长远的考虑。虽然目前一些云服务提供商拥有较好的利润率，但并不意味着将来也一直如此。因此，业务连续性和灾难恢复也是用户需要考虑的问题。

另外，还有尽量提供多重安全保护、技术与管理并重等。从技术的角度，将数据交给有专业信息安全人员管理的云存储服务器会比存储于本地更安全。文献[2]从加密存储、安全审计和密文访问控制 3 个方面对云数据安全存储的最新研究进展分别进行了评述。关于云存储安全的综述文献可以参考文献[3-9]。

2.4 本章小结

本章首先介绍了云存储系统的层次模型以及该模型下的云存储系统安全体系结构；然后对数据生命周期以及各个阶段的安全风险进行分析；最后结合系统安全体系结构及生命周期安全风险，总结了保障云存储安全的几个原则。

参考文献

[1] 陈驰，于晶．云计算安全体系[M]．北京：科学出版社，2014．

[2] 冯朝胜，秦志光，袁丁．云数据安全存储技术[J]．计算机学报，2015，38(1)：150-163．

[3] 薛矛，薛巍，舒继武，等. 一种云存储环境下的安全存储系统[J]. 计算机学报，2015，38(5)：987-998.

[4] 李晖，孙文海，李凤华，等. 公共云存储服务数据安全及隐私保护技术综述[J]. 计算机研究与发展，2014，51(7)：1397-1409.

[5] Chunming Rong，Son T. Nguyen，Martin Gilje Jaatun. Beyond Lighting：A Survey on Security Challenges in Cloud Computing [J]. Computers and Electrical Engineering，2013，39：47-54.

[6] 林闯，苏文博，孟坤，等. 云计算安全：架构、机制与模型评价[J]. 计算机学报，2013，36(9)：1765-1784.

[7] 傅颖勋，罗圣美，舒继武. 安全云存储系统与关键技术综述[J]. 计算机研究与发展，2013，50(1)：136-145.

[8] 冯登国，张敏，张妍，等. 云计算安全研究[J]. 软件学报，2011，22(1)：71-83.

[9] 薄明霞，陈军，王渭清. 云计算安全体系架构研究[J]. 信息网络安全，2011，8：79-81.

第3章

云存储虚拟化安全

在云计算与云存储平台上，资源高度集中，多租户共享物理资源，并且租户可部署应用软件，导致云服务提供商无法保证自身平台的安全性，用户失去了对数据的物理控制权，平台上大量的系统软件和应用软件带来严重的安全隐患。

作为云平台的支撑技术——虚拟化技术，经常漏洞百出。目前主流的虚拟化系统，如Xen、KVM、VMware等都存在很多安全漏洞；云平台上租户部署的商业操作系统与应用软件的安全漏洞则数以千计。

虚拟化安全在云存储系统中至关重要。本章首先介绍虚拟化技术及分类，从虚拟化技术带来的安全挑战说起，阐述存在的攻击方法及其对应的安全机制；最后指出仍然有待研究的问题和未来的发展方向。

3.1 云存储虚拟化技术

最早的虚拟化技术可以追溯到20世纪60年代的IBM M44/44X[1]以及IBM 360/370系列主机[2-4]，它们最初是用来解决IBM第三代架构和操作系统中多道程序的弱点。近几十年来，虚拟化技术取得了飞速的发展，已经在服务器虚拟化、桌面虚拟化、应用虚拟化中得到了广泛的应用，可以支持各类安全计算平台[5,6]、内核调试[7,8]、服务器加固[9,10]、移动平台[11,12]以及多操作系统[13]等。

通常，虚拟化服务是在客户操作系统和底层硬件之间的软件层中实现的。该软件层接收来自操作系统的请求，执行相关指令，并且将结果返回给操作系统。这一层通常称为虚拟机监视器(Virtual Machine Monitor，VMM)[14]，可以实现各项任务之间的隔离。

虚拟化技术还可以用于系统安全防护。由于VMM的权限高于客户操作系统的权限，因此VMM可有效发现与防御客户操作系统内核中的恶意行为。Overshadow[15]、InkTag[16]、TrustPath[17]以及AppShield[18]等，都是在x86平台上使用虚拟化技术保护系统安全的重要工作。

本章重点介绍云存储环境下的虚拟化技术，本节将对云存储虚拟化技术的基本概念、分类以及虚拟化给云存储带来的安全挑战进行分析与介绍。

3.1.1 虚拟化技术概述

云计算与云存储依赖虚拟化技术实现各类资源的动态分配、灵活调度、跨域共享，从而极大地提高资源利用效率，并使得 IT 资源能够真正成为公共基础设施，在各行各业得到广泛应用。

维基百科对虚拟化的定义为：虚拟化是将计算机物理资源如服务器、网络、存储资源及内存等进行抽象与转换后，提供一个资源的统一逻辑视图，使用户可以更好地利用这些资源。这些资源的新的虚拟视图不受原物理资源的架设方式、地理位置或底层资源的物理配置的限制。

因此，可以说虚拟化是一种整合或逻辑划分计算、存储以及网络资源来呈现一个或多个操作环境的技术，通过对硬件和软件进行整合或划分，实现机器仿真、模拟、时间共享等[19]。通常虚拟化将服务与硬件分离，使得一个硬件平台中可以运行以前要多个硬件平台才能执行的任务，同时每个任务的执行环境是隔离的。虚拟化也可以被认为是一个软件框架，在一台机器上模拟其他机器的指令[20]。

目前广泛使用的虚拟化架构主要有两种类型，根据是否需要修改客户操作系统，分为全虚拟化（Full Virtualization）和半虚拟化（Para-Virtualization）。全虚拟化不需要对客户操作系统进行修改，具有良好的透明性和兼容性，但会带来较大的软件复杂度和性能开销。半虚拟化需要修改客户操作系统，因此一般用于开源操作系统，可以实现接近物理机的性能。两种虚拟化技术的基本结构如图 3-1 所示。

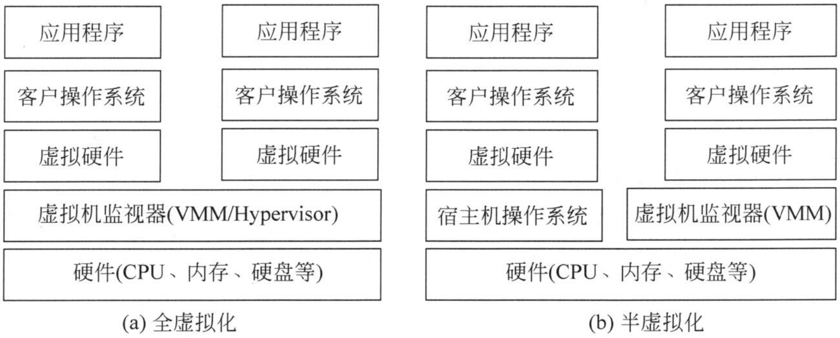

图 3-1 虚拟化平台的两种基本结构

在两种基本结构中，虚拟机监视器（Virtual Machine Monitor，VMM）或虚拟机管理程序（Hypervisor）是虚拟化的核心部分。VMM 是一种位于物理硬件与虚拟机之间的特殊操作系统，主要用于物理资源的抽象与分配、I/O 设备的模拟以及虚拟机的管理与通信，可以提高资源利用效率，实现资源的动态分配、灵活调度与跨域共享等。早在 1974 年，Popek 等人[21]就提出了 VMM 的 3 个本质特征。

（1）VMM 提供了与原机器本质上相同的程序执行环境。

(2) 运行在该环境中的程序的性能损失很小。

(3) VMM 拥有对系统资源的完全控制。

为了提高性能,只有特权指令需要通过 VMM 来执行,所有非特权指令都直接在硬件上执行。这些特权指令通常是访问硬件组件或改变系统关键数据结构的指令。处理器需要在管理模式中运行,从而能够执行这些特权指令。

在全虚拟化架构中,VMM 直接运行在物理硬件上,通过提供指令集和设备接口来提供对上层虚拟机的支持。全虚拟化技术通常需要结合二进制翻译[22-24]和指令模拟[25-28]技术来实现。大多数运行在客户操作系统中的特权指令被 VMM 捕获,VMM 在这些指令执行前捕获并模拟这些指令。对于一些用户模式下无法被捕获的指令,将通过二进制翻译技术处理。通过二进制翻译技术,小的指令块被翻译成与该指令块语义等价的一组新的指令。

在半虚拟化架构中,VMM 作为一个应用程序运行在客户操作系统上,利用客户操作系统的功能实现硬件资源的抽象和上层虚拟机的管理。半虚拟化技术需要对客户操作系统进行修改,特权指令被替换为一个虚拟化调用(Hypercall)来跳转到 VMM 中。虚拟域可以通过 Hypercall 向 VMM 申请各种服务,如 MMU(Memory Management Unit,内存管理单元)更新、I/O 处理、对虚拟域的管理等。VMM 为客户操作系统提供了一些系统服务的虚拟化调用接口,包括内存管理、设备使用及终端管理等,以确保全部的特权模式活动都从客户操作系统转移到 VMM 中。

硬件辅助虚拟化是全虚拟化的硬件实现。由于虚拟化技术应用广泛,主流硬件制造商在硬件层面提供了虚拟化支持,例如 Intel 的 VT[29]、AMD-V[30]和 ARM 的 VE(Virtualization Extension)[31]。当客户操作系统执行特权操作时,CPU 自动切换到特权模式;完成操作后,VMM 通知 CPU 返回客户操作系统继续执行当前任务。硬件虚拟化已被广泛应用于服务器平台。

硬件辅助虚拟化不同于半虚拟化需要对操作系统进行修改,同时也不需要二进制翻译和指令模拟技术,因此比全虚拟化和半虚拟化技术效率都要高。而半虚拟化技术通过改变客户操作系统的代码来避免调用特权指令,从而减少了二进制翻译和指令模拟带来的动态开销,因此通常半虚拟化比全虚拟化速度更快。但是半虚拟化需要维护一个修改过的客户操作系统,因此也将带来一定的额外开销。

在虚拟化系统中,有一个特权虚拟域 Domain 0。它是虚拟机的控制域,相当于所有 VMs 中拥有 root 权限的管理员。Domain 0 在所有其他虚拟域启动之前要先启动,并且所有的设备都会被分配给这个 Domain 0,再由 Domain 0 管理并分配给其他的虚拟域,Domain 0 自身也可以使用这些设备。其他虚拟域的创建、启动、挂起等操作也都由 Domain 0 控制。此外,Domain 0 还具有直接访问硬件的权限。Domain 0 是其他虚拟机的管理者和控制者,可以构建其他更多的虚拟域,并管理虚拟设备;它还能执行管理任务,比如虚拟机的休眠、唤醒和迁移等。

在 Domain 0 中安装了硬件的原始驱动,担任着为 Domain U 提供硬件服务的角色,如网络数据通信(DMA 传输除外)。Domain 0 在接收数据包后,利用虚拟网桥技术,根据虚拟网卡地址将数据包转发到目标虚拟机系统中。因此，拥有 Domian 0 的控制权限就控制了上层所有虚拟机系统，这也致使 Domain 0 成为攻击者的一个主要目标。

Xen 是由英国剑桥大学计算机实验室开发的一个开放源代码虚拟机监视器，它在单个计算机上能够运行多达 128 个有完全功能的操作系统。Xen 把策略的制定与实施分离，将策略的制定，也就是确定如何管理的相关工作交给 Domain 0；而将策略的实施，也就是确定管理方案之后的具体实施，交给 Hypervisor 执行。在 Domain 0 中可以设置对虚拟机的管理参数，Hypervisor 按照 Domain 0 中设置的参数去具体地配置虚拟机。

作为云计算与云存储平台的支撑技术，虚拟化为云存储带来极大的优势。

(1) 利用虚拟化技术，云存储资源以服务的方式提供给用户，可以极大地提高资源利用效率，从而降低成本，节约能源消耗。

(2) 可以实现资源的动态分配与灵活调度，从而可以根据实际需要实时进行配置，可满足不断变化的业务需求。

(3) 可以利用专业的安全服务提高安全性。个人用户很难有专业的安全知识，但云服务提供商可以提供专业的安全解决方案。

(4) 使得云存储具有更高的可扩展性，可动态调整资源粒度，并动态进行扩展。

(5) 更强的互操作性，云存储可以实现平台无关性，也可以满足各种接口和协议的兼容性。

(6) 云服务提供商具备实现容灾备份的条件，可以改善灾难恢复效率。

3.1.2 虚拟化技术分类

按照被虚拟资源的类型，虚拟化技术可分为存储虚拟化、网络虚拟化、服务器虚拟化、桌面虚拟化和应用虚拟化。

1. 存储虚拟化

存储网络工业协会(Storage Networking Industry Association，SNIA)对存储虚拟化的定义如下。

(1) The act of abstracting，hiding or isolating the internal function of a storage (sub) system or service from applications，compute servers or general network resources for the purpose of enabling application and network independent management of storage or data.(通过对存储(子)系统或存储服务的内部功能进行抽象、隐藏或隔离，使存储或数据的管理与应用、服务器、网络资源的管理分离，从而实现应用和网络的独立管理。)

(2) The application of virtualization to storage services or devices for the purpose of aggregating，hiding complexity or adding new capabilities to lower level storage resources. Storage can be virtualized simultaneously in multiple layers of a system，for instance to create HSM-like systems.(对存储服务或设备进行虚拟化，能够在对下一层存储资源进行扩展时进行资源合并、降低实现的复杂度。存储虚拟化可以在系统的多个层面实现，比如建立类似于分级存储管理(Hierarchical Storage Management，HSM)的系统。)

存储虚拟化旨在将具体的存储设备或存储系统与服务器操作系统分离，通过对具体存储设备或存储系统进行抽象，形成存储资源的逻辑视图，为存储用户提供统一的虚拟存储池。存储虚拟化可以屏蔽存储设备或存储系统的复杂性，简化管理，提高资源利用效率；特别对于异构的存储环境，可以显著改善资源的管理成本，向用户提供透明的存储访问。

存储虚拟化包括以下 3 种方式。

(1) 基于主机的存储虚拟化：采用基于软件的方式实现资源的管理。由于不需要任何额外硬件，实现简单，设备成本低。但由于管理软件在主机上运行，会占用主机的计算资源，扩展性相对较差；同时，可能由于不同存储厂商软硬件的兼容性带来互操作性转换开销。

(2) 基于存储设备的存储虚拟化：通过设备自身的功能模块实现虚拟化。对于用户来说，配置与管理简单，用户也可以与存储设备提供商协调管理方法。但由于不同存储厂商功能模块的差异，对于异构的网络存储环境，会带来额外的管理成本。

(3) 基于网络的存储虚拟化：在网络设备上实现存储虚拟化功能。该方式也存在异构操作系统和多供应商存储环境之间的互操作性问题。

2. 网络虚拟化

网络虚拟化是指对网络设备进行虚拟化，即对传统的路由器、交换机等设备进行扩展，在一个物理网络上模拟出多个相互隔离的逻辑网络，使得不同用户使用独立的网络资源时间片，从而提高网络资源利用效率，实现弹性的网络。

网络虚拟化采用基于软件的方式，从物理网络元素中分离网络流量。通常包括虚拟局域网和虚拟专用网。虚拟局域网可以将一个物理局域网划分成多个虚拟局域网，也可以将多个物理局域网的节点划分到一个虚拟局域网中，使得虚拟局域网中的通信类似于物理局域网，并对用户透明；虚拟专用网对网络连接进行了抽象，允许远程用户连接单位内部的网络，感觉就像在单位网络中一样。

网络虚拟化平台不仅可以实现物理网络到虚拟网络的"一虚一"映射，也能实现物理网络到虚拟网络的"多虚一""一虚多"映射。此处的"一虚多"是指单个物理交换机可以虚拟映射成多个虚拟租户网中的逻辑交换机，从而被不同的租户共享；"多虚一"是指多个物理交换机和链路资源被虚拟成一个大型的逻辑交换机，即租户眼中的一个交换机可能在物理上由多个物理交换机连接而成。

欧洲电信标准组织(ETSI)从服务提供商的角度还提出了网络功能虚拟化(Network Functions Virtualization，NFV)，一种软件和硬件分离的架构，利用虚拟化技术将网络节点的功能分成几个功能模块，然后以软件的方式实现，使得网络功能不再局限于硬件架构。文献[32]对网络功能虚拟化技术进行了综述，详细分析并比较了典型的解决方案，总结了它们的优势与开销。

3. 服务器虚拟化

服务器虚拟化是指将虚拟化技术应用在服务器上，将服务器物理资源抽象成逻辑资源，让用户不再受限于物理资源。服务器虚拟化的逻辑结构如图 3-2 所示。

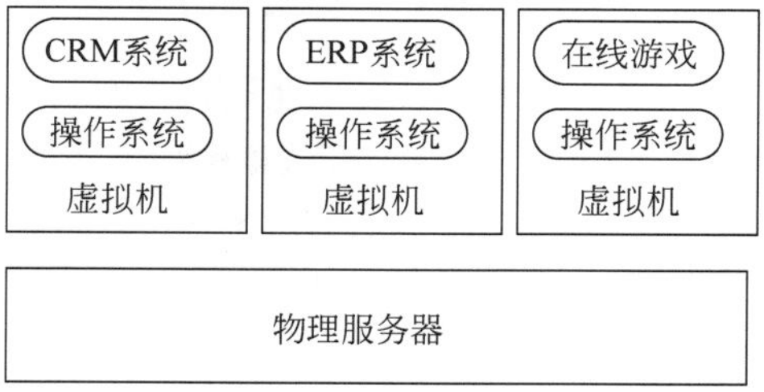

图 3-2 服务器虚拟化的逻辑结构

服务器虚拟化主要分为 3 种："一虚多""多虚一"和"多虚多"。"一虚多"是指一台服务器被虚拟成多台服务器，即将一台物理服务器分割成多个相互独立、互不干扰的虚拟环境；"多虚一"就是多台独立的物理服务器被虚拟为一台逻辑服务器，使多台服务器相互协作，处理同一个业务；"多虚多"则是将多台物理服务器虚拟成一台逻辑服务器，然后再将其划分为多个虚拟环境，即多个业务在多台虚拟服务器上运行。

常用的服务器虚拟化平台包括 VMware 的 vSphere、微软的 Hyper-V、剑桥大学的 Xen、Qumranet 公司的 KVM 等。

4. 桌面虚拟化

桌面虚拟化是指将计算机的终端系统（也称为桌面）进行虚拟化，用户可以通过任何设备，在任何地点、任何时间通过网络访问属于个人的桌面系统。

桌面虚拟化可以实现多种方式接入，支持个性化桌面、支持多虚拟机、支持主流操作系统、支持网络存储空间的动态分配，使桌面系统的灵活性、安全性、可控制性和可管理性得到了保障。但从虚拟化桌面系统的整体安全角度来看，在接入、传输、管理与服务、数据存储和用户等各个方面，都会产生安全风险，忽略任何一个细节都会导致全局的安全问题。

5. 应用虚拟化

应用虚拟化是指将应用程序从底层操作系统分离出来，支持虚拟桌面与应用软件虚拟化间的无缝集成。应用虚拟化为应用程序提供了一个虚拟的运行环境，把应用对底层的系统和硬件的依赖抽象出来，可以解决版本不兼容的问题。

应用虚拟化把应用程序的人机交互逻辑与计算逻辑分离开来。在用户访问一个虚拟化后的应用时，用户计算机只需要把人机交互逻辑传送到服务器端，服务器端便会为用户开设独立的会话空间，应用程序的计算逻辑在这个会话空间中运行，然后把变化后的人机交互逻辑传送给客户端，并且在客户端相应设备展示出来，从而使用户获得如同运行本地应用程序一样的访问感受，因此极大地方便了应用程序的部署、更新和维护。

应用虚拟化通常采用"沙盒"技术实现安全性，它在计算机系统内部构建了一个独立的虚拟空间，当发现程序的可疑行为时让程序继续运行，直至确定为病毒才终止，然后执行"回滚"机制，将病毒的痕迹和动作抹去，将系统恢复到正常状态。由于病毒一直是在虚拟空间运行，所以不会对真实的计算机系统产生破坏。

3.1.3 虚拟化带来的安全挑战

虚拟化技术可以极大地提高资源利用效率、节约社会资源与能源，这与当前全球倡导的节能减排、绿色环保、保护生态、节约资源、改善环境、构建人与自然和谐的地球系统不谋而合。

尽管虚拟化技术有很多优势，但是也带来了很多的安全问题。因为云存储中的虚拟化技术是建立在网络服务之上，因此所有网络安全问题在云存储中都存在。本章主要讨论虚拟化技术本身带来的安全问题。虚拟化技术带来的安全挑战总结如下。

(1) 在虚拟化环境下，不同虚拟主机间的网络及逻辑边界被模糊化，传统互联网环境下的网络防火墙、网络入侵检测防护技术失去了作用。实现虚拟机间高效的安全隔离是一大安全挑战。

(2) 虚拟化环境下，“一虚多”“多虚多”导致攻击者可以利用已有的虚拟主机使用权限，对同一虚拟化平台和网络上的其他虚拟主机进行非法访问、嗅探和攻击等。实现虚拟机间高效的认证与访问控制是一大安全挑战。

(3) 虚拟化平台在传统的“网络—系统—应用”的架构上增加了虚拟机监视器(VMM)或虚拟机管理程序(Hypervisor)，从而增加了一层软件栈，其软件本身存在的安全漏洞以及增加的攻击点，会导致更多的安全风险。因此，如何更加精确、有效地配置与管理 VMM 或 Hypervisor 的特殊权限是一大安全挑战。

(4) 虚拟化平台下存在的安全漏洞及网络入侵在不同虚拟机之间容易扩散，导致单台虚拟机的安全问题可能影响整个虚拟化平台。如果虚拟机隔离不当，就有可能出现非法访问其他虚拟机或窃听虚拟机间通信的情况。如何有效限制各类攻击的扩散及最小化影响相邻虚拟机是一大安全挑战。

(5) 当某一虚拟存储资源被一个虚拟机使用过后并重新分配给其他虚拟机时，新的虚拟机可能获取前一虚拟机的数据，从而导致数据泄露风险。如何有效限制同一虚拟资源被重复利用时带来的安全风险是一大安全挑战。

3.2 针对虚拟化的安全攻击

2018 年 11 月上映了一部很火爆的好莱坞大片，名字叫作《毒液》(*VENOM*)，讲的是一种外星生物入侵人体的故事。现实的计算机网络中，也有毒液病毒攻击的存在。2015 年 5 月，一个名为“毒液”(VENOM)的 QEMU 漏洞使数以百万计的虚拟机处于网络攻击风险之中。VENOM 是 Virtualized Environment Neglected Operations Manipulation，虚拟环境中被忽视的业务操作的缩写，这是一种能够影响 QEMU 软盘控制器驱动程序的漏洞。QEMU 是一个指令级模拟器的自由软件实现，被广泛用于各大 GNU/Linux 发行版，包括 Debian、Gentoo、SUSE、RedHat 和 CentOS 等。该漏洞可以从受感染的非特权虚拟机获得宿主机的代码执行权限，进入同一宿主机上的其他虚拟机当中，获取对宿主机网络的访问权限，并尝试获得证书等敏感信息，实现虚拟机逃逸攻击。攻击者可以使监控程序崩溃，并能够获得目标机器以及其上运行的所有虚拟机的控制权，它可以执行任意代码，从而威胁到全球各大云服务提供商的数据安全。

2015年8月，安全漏洞CVE-2015-6815通过构造恶意的数据流造成虚拟机的拒绝服务，并持续占用CPU资源，从而破坏宿主机及虚拟机的正常服务。2015年10月，安全漏洞“破天”利用PV模式运行的非特权虚拟机实现虚拟机逃逸，从而控制Hypervisor、Domain 0以及宿主机上的虚拟机。2016年4月，安全漏洞“传送门”(Dark Portal)利用越界读写内存漏洞，可以在宿主机中执行恶意命令。该漏洞存在于Xen和KVM系统的QEMU模块中的VGA显卡组件，攻击者可以利用该漏洞在虚拟机中发动攻击，控制宿主机中的进程执行恶意代码。

攻击者经常利用虚拟机与一些设备的依赖关系，如视频适配器、软盘控制器、IDE控制器、键盘控制器和网络适配器等，来获得对物理机的访问，然后利用系统中存在的漏洞实施攻击。以上VENOM就是利用软盘控制器驱动程序的漏洞实施攻击。更多安全漏洞可以参考中国国家信息安全漏洞共享平台公布的数据[33]。本节将对虚拟化环境下的攻击方法进行分类，介绍一些常用的虚拟机攻击方法。

3.2.1 虚拟机攻击分类

上一小节列出了虚拟化技术带来的安全挑战，具体而言，从攻击的角度，可以将攻击方式分类如下[34]。

1. 虚拟机跳跃

虚拟机跳跃(VM Hopping)是指攻击者利用一台虚拟机通过某种方式获取同一个VMM上的其他虚拟机的访问权限。例如，在同一物理机上的虚拟机A通过获取虚拟机B的IP地址或宿主机的控制权，监控虚拟机B的流量，进行流量攻击等操作，使虚拟机B离线，造成通信中断，停止服务。虚拟机的物理资源被多租户共享是出现这种攻击方式的根源所在。

2. 虚拟机逃逸

虚拟机逃逸(VM Escape)是一种常见的虚拟机攻击方式。正常情况下，同一虚拟化平台下的客户虚拟机之间不能互相监视或影响其他虚拟机及其进程，但虚拟化漏洞的存在或隔离方式的不正确可能会导致隔离失效，使得非特权虚拟机获得Hypervisor的访问权限，并入侵同一宿主机上的其他虚拟机，这种攻击方式称为虚拟机逃逸。虚拟机逃逸与虚拟机跳跃攻击的不同之处在于，虚拟机逃逸攻击需要获取Hypervisor的访问权限甚至是入侵或破坏Hypervisor。

多租户技术是云计算与云存储的关键技术，在基于多租户技术系统架构中，多个租户或用户的数据会存放在同一个存储介质上甚至同一数据表里。尽管云服务提供商会使用一些数据隔离技术(如数据标签、访问控制)来防止对混合存储数据的非授权访问，但攻击者利用漏洞攻击、旁路攻击等方法仍然可以实现非授权访问[35]。2009年3月，Google Docs就发生过不同用户之间文档的非授权交互访问。

3. 远程管理缺陷

虚拟化平台管理人员通常使用远程管理平台通过 Hypervisor 提供的接口对虚拟机进行管理，如 VMware 的 vCenter、XenServer 的 XenCenter。集中管理降低了管理复杂度，但可能带来如跨站脚本攻击、SQL 注入等危险。

内部人员可以通过管理工具对虚拟机进行恶意操作，例如虚拟机转存（Dump）、快照（Snapshot）和迁移（Live Migration），甚至虚拟镜像备份。按攻击层次可以将攻击对象分为 Hypervisor、客户操作系统（GOS）和应用软件，其中 Hypervisor 和 GOS 是主要的攻击目标。内部攻击比外部攻击更易实施、成功率更大，而且不易被发现，因此带来的威胁和危害更难控制。

4. 拒绝服务攻击

拒绝服务攻击是指攻击者利用各种攻击方法造成目标机不能正常提供服务。同一物理机上的虚拟机共享资源，如果攻击者利用一台虚拟机获得宿主机的所有资源，导致其他虚拟机没有资源可用，就会造成虚拟化环境下的拒绝服务攻击。

5. 虚拟机迁移攻击

虚拟机迁移时，需要先迁移虚拟机的内存等状态信息，并传输虚拟机副本到新的物理机上恢复运行，攻击者有较多的时间获取敏感信息，而且若被迁移的虚拟机存在安全漏洞，迁移到的物理机安全性又不高，则很容易遭受攻击。由于攻击对象并非真实虚拟机，因此较难溯源攻击者的身份。

6. 虚拟机监视器攻击

在虚拟化环境中，虚拟机监视器是核心，控制着整个虚拟化平台。由于虚拟机监视器的权限较高，其安全问题显得尤其重要，一旦被攻破，将造成整个虚拟化平台的崩溃。

在虚拟化软件栈中，VMM 具有最高权限和较小的可信计算基，从而能为虚拟化系统提供安全监控和保护，但同时也引入了新的软件层，带来新的安全风险。尽管这些共享着相同硬件资源的虚拟机在 VMM 的控制下彼此隔离，但攻击者仍然可以通过流量分析、旁路攻击等攻击手段从一台虚拟机上获取其他虚拟机上的数据[36]。

3.2.2 虚拟机攻击方法

以上是关于虚拟机攻击方式的分类，但具体到攻击方法，主要包括以下一些攻击方法[37]。

1. 窃取服务攻击

公共云计算或云存储环境一般采用多种弹性计费模式，通常根据 CPU、虚拟机的运行时间，存储空间的大小，网络流量等进行费用计算。而这种计费模式的周期性采样与低精度的时钟调度策略使得攻击者可以利用虚拟层调度机制的漏洞，使系统管理程序错误地检测 CPU、虚拟机的使用时间，实现窃取服务攻击（Theft-of-Service Attack）。常规的虚拟机调度机制没有对调度的正确性进行检查，使得攻击者可以以隐蔽的方式占用他人的云服务资源。

2012年，Varadarajan等人[38]提出的资源释放型攻击（Resource-Freeing Attack，RFA）能够将合法用户的虚拟机资源非法转移到攻击者的虚拟机，从而达到与窃取服务攻击类似的攻击效果。目前还没有可以完全避免这类攻击的可行方案。在RFA攻击中，攻击者通过耗尽目标虚拟机的某些关键资源，使目标虚拟机终止正在进行的服务并释放已占用的资源，攻击者利用新释放的资源来改善自身的性能。他们在Amazon EC2平台上的实验结果表明，攻击者借助RFA攻击可以获得13%的性能提升。

Gruschka和Jensen[39]利用监视机制来对比分析攻击者与合法实例之间的差异以识别窃取服务攻击，从而保护虚拟机安全。Zhou等人[40]则通过修改调度机制来防御此类攻击，他们提出的方法有效地兼顾了计算效率、公平性与I/O响应能力。另外一种防御此类攻击的方法是实施虚拟机最小化策略，包括对可信计算基[41]和虚拟机软件[42]的最小化，可以减少受攻击面同时保护用户隐私。这些方法没有检测调度的正确性，或者是检测的准确性比较低，都无法有效抵御RFA攻击。

2. 恶意代码注入攻击

当前的虚拟机系统通常使用远程管理平台通过Hypervisor提供的接口对虚拟机进行管理，那么攻击者就可以利用恶意实例代替系统服务实例处理正常的服务请求，从而获得特权访问能力，实施恶意代码注入攻击（Malware Injection Attack）。对于一个基于HTTP/HTTPs的远程管理平台，攻击者就可以利用HTTP的漏洞来进行恶意代码的攻击。例如，Xen的XenAPI HTTP接口就存在跨站脚本攻击（Cross-Site Scripting，XSS）漏洞，攻击者可以通过浏览器执行恶意代码脚本。这些恶意代码可以泄露证书信息和用户数据，导致虚拟机异常。

与传统Web应用环境不同，云计算环境的虚拟化特征加剧了恶意代码注入攻击的安全威胁。云端的服务迁移、虚拟机共存等操作使得恶意代码的检测工作异常困难，目前仍然缺少对云服务实例完整性的有效检查方法。

现有防御恶意代码注入攻击的关键是对包含恶意实例的计算节点的检测。Liu等人[43]针对PE（Portable Executable，可移植的可执行文件）文件格式设计了可追溯的检测方案，在Hadoop平台上实验检测了恶意实例所在的主机。他们的方案具有较高的检测率和较低的误报率，但该方案的检测开销比较大，而且在检测过程中存在泄露隐私的风险。Jarabek等人[44]提出一种轻量级云移动终端反恶意软件系统，可以改善移动端恶意代码的检测效率。Wei等人[45]提出一种基于确定有限状态机（Deterministic Finite state Automaton，DFA）的评估技术来检测加密文件的内容真实性，同时用于恶意代码扫描。这些方法没有检查实例的完整性，或者检测的开销很大，可检测的恶意代码种类也比较有限。

3. 交叉虚拟机边信道攻击

虚拟机之间利用共同访问的资源来实施恶意的攻击，称为交叉虚拟机边信道攻击（Cross VM Side Channels Attack）。交叉虚拟机边信道攻击要求攻击者与目标虚拟机使用相同的物理机，或者在地理位置上接近，因为在相同的物理机上执行一些任务，或者能够接近物理机，使得攻击者有机会获取目标虚拟机的行为，得到一些可用于攻击的信息。比如，攻击者可以借助恶意虚拟机访问共享硬件和缓存，然后执行预定的安全攻击，如计时边信道攻击[46]、能量消耗边信道攻击[47]、高速隐蔽信道攻击[48,49]等，最终导致目标虚拟机的用户数据泄露。因为攻击者拥有使用物理机的权限，因此此类攻击一般难以留下痕迹或引发警报，能够很好地躲避检测。

边信道攻击可以分为 3 种方式：基于时间驱动（Time Driven）[50]、基于轨迹驱动（Trace Driven）[51,52]和基于访问驱动（Access Driven）[53,54]。基于时间驱动的攻击是攻击者重复地检测被攻击者的加密操作所使用的时间，然后通过差分分析等技术推断出密钥等信息。基于轨迹驱动的攻击通过持续地对设备的电能损耗、电磁发射等情况进行监控，获取到其敏感信息，但是这类边信道攻击需要攻击者能够物理接近攻击目标。基于访问驱动的攻击是攻击者在执行加密操作的系统中运行一个应用，这个应用用于监控共享 Cache 的使用情况，从而获取密钥信息。基于访问驱动的攻击的优势是不需要攻击者得到受害者精确的时间信息。基于 Cache 的边信道攻击不需要获取 Hypervisor 等特权，也不需要利用系统漏洞，只需通过对时间损耗、电源损耗以及电磁辐射等特性的监测和统计，就可以获取到其他客户虚拟机的数据。

Aviram 等人提出的计时边信道攻击[46]通过测量不同计算任务的执行时间，可以成功获取用户与服务器的身份信息。Hlavacs 等人提出的能量消耗边信道攻击[47]利用能量消耗日志开展攻击，可以帮助攻击者快速识别目标虚拟机系统管理程序的类型。2012 年，Wu 等人[48]在虚拟化 x86 系统中基于 Cache 的边信道攻击实现了高速隐蔽信道攻击，使得攻击者能够在数秒或数分钟内从当前流行的加密方法（RSA、AES 和 DES）中获取到受害者的密钥信息。2015 年，Liu 等人[49]围绕最后一级缓存（Last-Level Cache，LLC）提出了一种新型隐蔽信道攻击，它无需依赖共享内存以及操作系统或虚拟机系统管理程序的漏洞，就可以达到较高的攻击成功率。Inci 等人[55]则是通过 LLC 来检测主机托管，在 Amazon EC2 平台上完整恢复了 2048 比特的 RSA 私钥。

现阶段针对交叉虚拟机边信道攻击的典型防御策略有密钥划分机制[56]和最小运行时间担保机制[57]。密钥划分机制将用户密钥划分为随机份额，并以周期性更新的方式将各个密钥份额存储于不同的虚拟机，有效防范利用交叉虚拟机边信道攻击窃取加密密钥的攻击行为。最小运行时间担保机制优化虚拟机调度机制以降低缓存共享的安全风险，规定在最小运行时间限制内不能预先占用 CPU 资源。

4. 定向共享内存攻击

定向共享内存攻击（Targeted Shared Memory）以物理机或虚拟机的共享内存或缓存为攻击目标，可以造成用户数据泄露或云服务器信息泄露；也可以利用他进行其他类型的攻击，比如可以进行恶意代码注入攻击与边信道攻击。

2011 年，Rocha 和 Correia[58]提出一个结合内部攻击访问虚拟机的内存转储数据的攻击方案，可以导致系统当前运行状态与用户隐私信息的泄露。Molina 等人[59]提出一个可以解决内存耗尽故障攻击的方案。目前抵抗此类攻击的方法是根据日志文件来监控内存。与直接监控内核例程的方法相比，这种检测方法的检测效果不是很好，而且会干扰对共享内存的正常访问。

5. 虚拟机回滚攻击

虚拟机回滚攻击（VM Rollback Attack）是指通过非法恢复虚拟机状态快照，使系统回滚到之前的状态而带来的安全攻击，它可能导致用户数据泄露，破坏云基础设施，并且可以隐藏攻击痕迹。

在云计算与云存储的虚拟化环境中，管理程序可能由于系统维护的原因，挂起虚拟机并保存系统状态快照。而且，VMM 提供了备份、快照和还原的功能，如果系统发生故障，可以通过快照进行数据恢复与还原，从而保障系统的正常运行。但是，这些管理和可靠性保障机制却带来了一系列的安全隐患。首先，一些安全协议是依赖于线性时间的，重新访问以前的系统状态会违反这些协议，可能导致虚拟机受到新的攻击；其次，进行系统还原后，之前的系统漏洞又再次全部出现，而且重新激活之前被封锁的账号和密码，导致很多的安全风险。

2012 年，Szefer 等人[60]提出禁用挂起恢复功能，从而抵御虚拟机回滚攻击。Antunes 等人[61]和 Xia 等人[62]提出利用虚拟机审计日志和状态快照的哈希值作为合法性的判断条件，而无需禁用系统管理程序的基本功能。但是，该方案依赖于用户的交互，需要终端用户的参与及协调，从而降低了灵活性，同时也干扰管理程序功能。

6. 基于虚拟机的 Rootkit 攻击

Rootkit 的概念最早出现在 UNIX 中，是指一些收集工具，能够获得管理员级别的计算机或网络访问权限。

攻击者利用 Rootkit 隐藏自己的踪迹，通过保留 root 访问权限，在虚拟机系统中留下后门，这种攻击就称为基于虚拟机的 Rootkit 攻击（Virtual Machine based Rootkit，VMBR）[63-65]。VMBR 攻击会在 VMM 启动之前将程序代码写入内存并运行，一旦攻击者得逞，那么所有虚拟机系统都将在攻击者的控制范围之内。VMBR 攻击属于虚拟机逃逸[66]的攻击类别，虚拟机通过应用程序，绕过 VMM 的监控而直接访问 Domain 0，从而获取 Domain 0 的特权，而一旦获取到了 Domain 0 的控制权后，就可以控制所有虚拟机。VMBR 攻击是利用所发现的漏洞来实施的，如 VMware Workstation 6 中的安全漏洞 CVE-2007-4496[67]，通过用户授权进行内存访问并运行恶意代码。同时，被控制虚拟机还可以利用共享内存通信方式对 VMM 进行病毒分析。

在虚拟机中，如果 Hypervisor 被 Rootkit 控制，Rootkit 就可以得到整个物理机的控制权。Rootkit 的本质不在于获取更多的权限，而是在一个已经被攻击的系统上隐藏攻击者的存在。它通过把恶意程序放在虚拟机上，可以做到对目标机的完全监控，同时目标机完全不会知情。

VMBR 使用一个独立的服务执行各种攻击。它对目标系统的攻击主要分为 3 种：一种不需要和目标系统交互，例如垃圾电子邮件的发送、DDoS 攻击、网络钓鱼等；第二种恶意服务需要监视目标系统的数据和事件，通过修改 VMM 的设备模拟软件就能记录下所有系统级的数据，比如用户的操作、网络流量等，整个过程不需要修改客户操作系统，所以目标机完全不知情；第三种利用虚拟机欺骗有管理员权限的用户执行安装程序来实现，通过写好的后门和病毒程序让用户执行来控制其他虚拟机。

微软公司和密歇根大学的研究人员实现了一种 VMBR 攻击方法 SubVirt[64]。SubVirt 依赖商用的虚拟化软件，如 VMWare 或 Virtual PC，来构建虚拟化环境。在 SubVirt 注入之前，目标操作系统直接运行在硬件之上；注入之后，则目标操作系统上移，建立在虚拟化软件 VMM 上的一个虚拟机上。VMBR 的组件由虚拟化软件 VMM、主机操作系统以及其上运行的恶意软件组成。恶意程序运行在 VMM 或主机操作系统中，与目标操作系统隔离开，从而使得目标操作系统中的入侵检测软件无法发现和修改该恶意程序。同时，VMM 能够掌握目标操作系统上的所有事件和状态，当 VMBR 修改这些事件和状态时，由于它完全控制了面向目标操作系统和应用程序的虚拟硬件，目标操作系统将无法发现这些修改。

检测及防御 VMBR 攻击的方法如下。

(1) 计时的方法，通过检测一个指令的执行时间，判断该指令是否存在 VMBR 攻击。Rhee 等人[68]提出利用预设的安全策略，通过监视内核的内存访问来防御动态数据内核 VMBR 攻击；Riley 等人[69]提出了通过内存影子来检测内核 VMBR 攻击。

(2) 通过可信模块(Trusted Platform Module，TPM)来保护 VMM[70,71]。通过启动过程的完整监测，可以防止 Rootkit 的隐蔽植入。TPM 的设计不但可以抵御 VMBR 的攻击，也可以防御其他破坏 VMM 完整性的攻击。

7. DMA 攻击

在虚拟机中有一种数据传输不受 VMM 控制，它就是 DMA(Direct Memory Access，直接内存访问)传输。DMA 攻击就是在 DMA 传输过程中将恶意代码输入到目标机，从而实现攻击的。

在 DMA 传输时，虚拟机通过 Domain 0 与硬件建立 DMA 连接，Domain 0 将数据控制权交由虚拟机进行数据传输。在数据传输的过程中，数据将直接从网卡传输到目的虚拟机中，能够极大地提高大数据量的传输效率。但是，这种数据传输方式为攻击者攻击系统提供了捷径，攻击者可以利用 DMA 传输将恶意代码或病毒文件等传入没有安全防范的目标机中，实现其攻击目标。

除了上述的虚拟机攻击方法，虚拟机中的隐蔽通道也是较难解决的安全问题之一。虚拟机中的隐蔽通道通常是系统和用户不知道的传输通道，比如基于 CPU 负载的隐蔽通道[72]，攻击者利用 CPU 负载传输私密数据流，既能很隐蔽地传输数据，又能成功地避免检测，Salaun[73]研究了虚拟机 Xen 上可能存在的隐蔽通道，从 XenStore 的机制、共享协议、驱动加载、数据传输等方面分析了可能存在的隐蔽通道。隐蔽通道的建立和数据传输通常需要"同伙的存在"，即接收者和发送者的存在。Cheng 等人[74]根据这一特征，在中国墙(Chinese Wall)安全模型上进行了改进，利用限制冲突集数据传输来防御隐蔽通道。

恶意代码注入攻击、交叉虚拟机边信道攻击、定向共享内存攻击和虚拟机回滚攻击都会造成敏感信息泄露或未授权访问私有云资源。以数据泄露为例，攻击者可以通过边信道和虚拟机逃逸等攻击方式窃取其他虚拟机的数据。在此需要强调的是，这些安全威胁并不是独立存在的，它们可以相互依托并相互转化。据文献[34]统计，虚拟化平台的漏洞主要是权限许可和访问控制、信息泄露以及缓冲区溢出，而传统环境下的安全漏洞主要是拒绝服务、跨站脚本与SQL注入漏洞。

3.3 虚拟机安全机制

针对以上攻击方法，虚拟机必须采取相应的安全机制。本节重点介绍虚拟机访问控制和虚拟机隔离这两种最常见的安全机制。

3.3.1 虚拟机访问控制

访问控制通过限制主体对客体的访问权限与范围，保证客体不被非法访问。云存储服务支持海量的用户接入，每个用户都有为其提供服务的虚拟机，如何区分不同用户对不同虚拟机的访问权限，需要通过虚拟机的访问控制机制来实现。

在虚拟化软件栈中，从VMM、客户操作系统到应用软件，高优先级的软件层能够无限制地访问低优先级软件层的代码和数据，这种机制威胁着整个软件栈的安全。因此，需要利用访问控制机制来阻止非法用户访问受保护的数据资源，同时允许合法用户访问受保护的数据资源。

另外，很多应用需要进行虚拟机间的通信，可能带来非法访问、边信道攻击等安全风险。云存储的动态弹性计算，虚拟机可以根据性能进行动态的迁移，也需要研究迁移过程中对数据的访问控制。文献[75]和[76]都对虚拟机中的访问控制技术做了详细的阐述。

虚拟机的访问控制策略一般有以下两种方案：一种是每个虚拟机各自部署访问控制策略；一种是集中式存储访问控制策略。第一种方案的可扩展性比较差，管理烦琐；第二种方案将访问控制策略部署在Hypervisor上，可以实现统一配置与管理。

王于丁等人[75]将虚拟机下多租户的访问控制分为以下3类进行介绍。

1. 通过多租户的隔离实现访问控制

通过对多租户的隔离实现访问控制，主要是利用虚拟机下的隔离机制，增加访问控制策略并执行访问控制。

2010年，Hao等人[77]提出将网络访问控制策略集中存储在一个中心服务器上，在转发交换机上强制执行。客户网络的隔离通过虚拟局域网来实现，当分组是发往同一个虚拟局域网时，则不执行访问控制策略而直接发往目的地虚拟机，以避免因访问控制带来不必要的额外开销；若分组是发送到不同的虚拟局域网，则根据访问控制策略进行判定转发。

2013年，Factor等人[78]提出一个逻辑隔离多租户的方案SLIM(Secure Logical Isolation for Multi-tenancy)，可以极大地提高系统物理隔离的安全性。SLIM采用租户资源、云存储系统以及租户之间逻辑隔离的原则，在OpenStack上实验验证了方案的有效性。

Li等人[79]提出利用云服务提供商和租户的安全职责分离实现多租户访问控制，云服务提供商负责租户的添加、删除和管理以及相关的安全问题，而由租户自己来管理自身的访问控制。比如，在PaaS服务模型中，云服务提供商提供一个安全的计算平台和开发环境，租户自己要确保应用程序安全可靠；在IaaS服务模型中，云服务提供商为客户提供可信的基础设施，租户自己要确保相关的实例和镜像安全。

Almutairi等人[80]提出一种分布式安全架构，该架构由3部分组成，即虚拟资源管理器(Virtual Resource Manager，VRM)、访问控制机制(采用基于角色的模型)和云服务提供商。由云服务提供商在多租户环境中实施的服务等级协议(Service Level Agreement，SLA)，云间的通信、租户在同一层或不同层的通信以及内部云通信都采用这种分布式安全架构，他们还对这种安全架构进行了安全性证明。

2. 利用RBAC模型进行访问控制

基于角色的访问控制(Role-Based Access Control，RBAC)是一种经典的访问控制模型，它将用户分类为不同的角色，给予不同角色不同的权限。

Tang等人[81]提出在多租户认证系统的基础上引入RBAC访问控制模型，增加对不同租户的信任条件，并对多租户之间的信任进行形式化分析。

Yang等人[82]提出并设计了基于角色的多租户访问控制方案(Role-Based Multi-Tenancy Access Control，RB-MTAC)，基于用户的身份管理来确定适合的角色。该方案可以有效地管理租户的访问权限来实现应用程序的独立和数据的隔离，并可以提高云环境中多租户服务的安全性和隐私性。

3. 通过Hypervisor实现虚拟机的访问控制

Hypervisor在虚拟机中具有较高的权限，可以利用对Hypervisor的信任，由Hypervisor来实现对虚拟机的访问控制。

Lucian等人[83]提出一种基于Hypervisor的多租户访问控制机制CloudPolice。他们给出了一种处理可伸缩性的方法，可以让Hypervisor动态地协调它所承载的虚拟机的访问控制策略。Hypervisor根据源虚拟机到目的虚拟机之间的具体通信状况来确定访问控制策略的分布，这些访问控制策略包括租户隔离、租户间通信、租户间公平共享服务和费率限制等。该方法的主要思想是：当数据流到来的时候，由Hypervisor在数据流到达目的虚拟机之前，发送一个访问控制策略数据包，来检测该数据流是否符合访问策略，如果不符合，则请求源Hypervisor停止或减少这种类型的数据流。该方法具有较好的伸缩性和健壮性。

Anil等人[84]比较了基于虚拟化的多租户架构与基于操作系统多租户的架构，两种架构都可以在虚拟机的Hypervisor上隔离用户，并通过一个共享的操作系统实现强制访问控制。研究表明，基于操作系统多租户的架构可以更加有效地管理虚拟机的安全。

目前的虚拟化技术已经比较成熟，多租户之间的访问控制策略一般和虚拟机内部结构和工作状态紧密相关，需要全面了解CPU虚拟化、内存虚拟化、I/O虚拟化的技术，才能在此基础上更好地改善其安全性。

上述方案利用访问控制来对内存的安全进行防护，Szefer和Lee[60]提出的HyperWall则利用CIP(Confidentiality and Integrity Protection)表对恶意Hypervisor和直接内存访问(DMA)攻击进行防范。

HyperWall利用CIP表对每个物理页标注Hypervisor和DMA的访问权限，并为CIP

表提供一个可信的执行环境和存储区域。当 Hypervisor 或 DMA 访问内存时，HyperWall 会检查 CIP 表，查看其是否有权进行访问。在虚拟机运行过程中，用户也可以进行虚拟机安全验证，查看是否存在非法访问自己虚拟机的内存，从而为入侵检测系统和恶意行为检测等提供依据。不过，HyperWall 要求用户熟悉虚拟机系统的内存部署，能正确设定每个页面的访问权限，同时也存在数据残留问题，即对于异常终止的虚拟机，不能对其内存进行安全回收。此外，HyperWall 保护的对象是客户虚拟机，对于虚拟机内部的安全威胁则是无能为力的。

Elwell 等人[85]提出一种非包含性的(独占)内存访问权限机制(Non-Inclusive Memory Permissions，NIMP)。与 HyperWall 的思路不同，NIMP 的保护对象可细化到应用程序，主要是防止跨层攻击，使得高特权层的软件只能按照低特权层软件预期的访问规则进行访问，以满足用户的安全需求。在 NIMP 中，每个物理页拥有一个 2 字节的权限位集合，其中的 9 bits 用来表明 Hypervisor、内核和进程对该页的访问权限，这些访问权限是在分配页面的时候由安全硬件模块依据权限规则设定的。访存指令会对该权限规则进行相应扩展，添加该访存指令应具有的访存权限，从而保证了低特权层(如 GOS)的内存页不能被高特权层软件(如 Hypervisor)访问。在 CPU 的特殊 Cache 中存在 7 条权限转换规则，以此保证权限不能被非法转换。

这两种方案都需要对内核进行修改，HyperWall 需要修改 Hypervisor，而 NIMP 对进程、GOS 和 Hypervisor 都要修改。NIMP 只是一种特殊类型的方案，该方案针对的是特定攻击类型，并不能作为通用方案防护大部分攻击。而且，在 NIMP 方案中，可以实现跨域访问攻击。假设同一宿主机中运行的两个虚拟机，其系统分别为 GOS1 和 GOS2。GOS1 的指令具有读写(RW)权限，而 GOS2 的内存页的内核权限是 RW。利用重映射使得 GOS1 可以访问 GOS2 的页，从而实现跨域访问。Payne 等人[86]提出分层的访问控制模型，用以简化访问控制模块中的主客体关系链。

3.3.2　虚拟机隔离

早在 1973 年，Lampson[87]就认识到了隔离的重要性，而且在早期的计算机设计中，比如 Multics[88]和 Cambridge CAP 计算机中已经使用硬件特性实现地址隔离。随着对计算机系统的安全性要求越来越高，组件隔离成为计算机系统的一项基本的安全策略，也是实现更高级别系统安全策略的基础。比如在处理器内有保护内存的硬件，如内存管理单元(Memory Management Unit，MMU)，可以分配不同的虚拟地址给不同的进程以实现进程隔离。操作系统或管理程序可以利用这些硬件组件和自身的软件技术，在软件组件之间实现一种隔离策略。比如操作系统内核必须与驻留的应用程序隔离，这样操作系统就可以控制和实施 I/O 资源的访问控制策略。如果没有这种隔离，一个恶意的应用程序就可以破坏内核，进而阻止内核运行任何其他的安全服务或者窃取其中的安全敏感信息[89]。

在多租户以及多实例的虚拟化环境中，虚拟机之间的隔离程度是虚拟化平台的安全性指标之一。通过隔离机制，虚拟机之间独立运行、互不干扰。

文献[90]对系统安全隔离技术做了详细的阐述，其中将系统隔离从实现的层次划分为3类，即硬件隔离技术、软件隔离技术及系统级隔离技术。但具体到虚拟机隔离技术，我们将其分为两类，即硬件隔离技术与系统级隔离技术。

1. 硬件隔离技术

硬件隔离技术利用硬件本身提供完整性监控保护，从而为虚拟化环境提供一个非常安全的隔离运行环境。为了保证系统中敏感信息的安全，在进行系统安全设计时，考虑使用专用的硬件模块来提供一个相对安全的硬件隔离环境。在此安全环境中，可以执行敏感程序、实施访问控制、对敏感数据进行加密处理等。可以要求所有程序的运行要通过此模块的认证，这样就可以将系统中的敏感数据、密钥等存储在此模块中。

使用硬件技术实现隔离，一般由处理器或与主处理器连接的专用设备提供隔离功能。通常，有两种实现硬件隔离的方案，一种是在进行芯片设计时设计一个专门的硬件模块来处理安全事务，一种是在进行芯片设计时在芯片内集成一个专门的硬件模块。

第一种方案包括通常使用的智能卡以及手机中使用的SIM(Subscriber Identification Module，用户身份识别模块)卡。在当前智能计算时代，几乎人人手中都持有至少一个智能设备，其中最广泛使用的智能卡在移动网络中作为用户身份的标识，也作为信用卡的安全组件，可以实现各种类型的安全认证。另外一种实现隔离的计算设备是经典的IBM 4758加密协处理器，可以在通用计算机中处理金融类高安全性应用中的数据加解密，将其非易失性存储隔离在防止篡改的空间内。

第二种方案在芯片设计时在芯片内集成一个专门的硬件模块，又可以分为两类：一类是管理加密操作和密钥存储的硬件安全模块；另一类是专门为安全子系统设计的通用处理器——通过在主处理器中内置通用处理引擎，来专门为安全子系统提供专用的安全处理模块。该方案主要是使用定制的硬件逻辑来阻止未授权软件对系统敏感资源的访问。

IO内存管理单元(Input/Output Memory Management Units，IOMMU)[91]可以将设备DMA地址转换到物理地址，限制设备只能访问得到授权的部分内存。因此，操作系统可以利用IOMMU来隔离设备的驱动程序，虚拟机也可以利用IOMMU来限制硬件对虚拟机的直接访问。

硬件隔离技术也存在一些局限性，因为修改硬件是一个长期的任务，需要产业界达成一致共识才可能实现。

2. 系统级隔离技术

系统级隔离技术是结合硬件的安全扩展和可信软件在系统中构建一个相对安全可靠的可信执行环境(Trusted Execution Environment，TEE)[92]，以将可信程序或敏感数据保护在该隔离环境中，同时也可以限制恶意代码的扩散。

2008年，Chen等人[15]提出OverShadow，利用VMM为虚拟机中的指定程序提供了一个私密运行空间，在这个运行空间中运行的程序，其内存是不能被操作系统或其他程序访问的。这种内存的隔离性保证了数据在内存中的高度私密性，即使整个OS受到损坏也能为应用数据提供保护。另一方面，程序使用的数据在磁盘上的存储是密文形式的。虚拟机监控器在读写数据时会分别为数据进行解密和加密。结合了上述两项保护,用户数据在存储设备和内存中都得到了虚拟机监控器的保护。

Azab 等人[93]提出一种基于 TrustZone 的实时内核保护机制(TrustZone-based Real-time Kernel Protection,TZ-RKP),采用某种技术来限制普通程序对某些特权系统功能的控制,可以有效地阻止修改或注入二进制文件的攻击,也可以阻止修改系统内存布局的攻击。

Sun 等人[94]提出一种基于 TrustZone 隔离环境的保护动态口令(On Time Password,OTP)安全的机制 TrustOTP,能够在 OS 遭受损害甚至毁坏的情况下保护 OTP 的完整性。Li 等人[95]基于 TrustZone 平台提出一种在线移动广告认证的安全机制 AdAtterster。Yang 等人[96]基于 TrustZone 机制提出一种安全有效的直接匿名认证(Direct Anonymous Attestation,DAA)机制 DAA-TZ。这些研究都是利用系统级安全隔离环境来隔离 OS 中的敏感应用,防止其中敏感操作和关键数据遭受恶意攻击。以上研究表明,基于系统级隔离环境实现应用程序的保护已然是一种比较行之有效的方法。

Steinberg 等人[97]提出一个简单的瘦虚拟化架构 NOVA,通过减少攻击面来改善系统的整体安全性。Lacombe 等人[98]在硬件虚拟化的基础上提出了一个轻量级的虚拟机 Hytux,它拥有比 Linux 内核更高的权限,从而能保证 Hytux 中的防护系统内核的安全机制免遭恶意攻击。

Lange 等人[99]基于先进的微内核提出一个通用操作系统框架 L4Android,它允许虚拟机与安全应用并行运行,同时确保了它们之间的安全隔离。Klein 等人[100]提出一个对操作系统内核进行验证的形式化方法 seL4,用于检验由于软件漏洞等产生的一些安全隐患。该方法可以对微内核的某些安全性质进行全面、严格的检查。

Ren 等人[101]提出为安全敏感型应用提供一个安全执行环境的方案 AppSec,能够根据应用程序的意图保护用户的私有数据和人机交互数据。AppSec 将系统中应用分为高特权和低特权两种类型,只有受保护的高特权进程能够访问到自身窗口中的数据。AppSec 利用隔离机制防止用户与系统设备交互的数据被恶意内核截获,并且能够在运行时通过存储在 Hypervisor 中的哈希值对共享动态链接程序进行验证,保证共享动态链接库不被篡改。

Rutrowska 等人[102]提出一种利用 x86 系统的 CPU 系统管理模式(System Management Mode,SMM)来监控虚拟机完整性的机制 HyperGuard。Wang 等人[103]提出一个硬件辅助的完整性监视器 HyperCheck,利用 x86 系统的 CPU SMM 安全地生成和传输被保护主机的状态信息到外部服务器,可以检测出影响 Xen 虚拟机和传统操作系统完整性的 Rootkit,从而保护主机的 VMM 的完整性。与 HyperGuard 相比,HyperCheck 有更好的监控性能。

Azab 等人[104]提出一个度量系统中运行的 Hypervisor 或其他最高权限软件层的完整性的系统架构 HyperSentry。HyperSentry 通过引入一个与 Hypervisor 隔离的组件来评估运行的 Hypervisor 的完整性,而且可以保存度量上下文,从而可以恢复一个成功的完整性度量所涉及的输入信息。Lengyel 等人[105]提出一个基于 TrustZone 的多层次安全的隔离环境,用于检测 Hypervisor 的完整性。它可以对关键组件载入及运行时的完整性进行验证，也可以对虚拟机异常状态进行自查。

这些系统都可以对内核和虚拟机的完整性执行周期性检查，但是所有的攻击都只能在攻击发生后才能被检测到，如果一些恶意程序具有隐藏功能，那么以上系统都检测不到。因此，合理的检测系统应该能在攻击发生之前就可以进行预判，从而阻止攻击的发生。

McCune 等人[106]提出一个基于可信平台模块（Trusted Platform Module，TPM）的隔离系统 Flicker，该系统具有很小的可信计算基（Trusted Computing Base，TCB），可以用来执行敏感代码并提供了执行代码的远程认证功能，但是具有较大的性能开销。

为了改善 Flicker 的性能，他们又提出一个专用的 Hypervisor，记作 TrustVisor[107]。它利用硬件虚拟化的特性和 TPM 为进程和内核提供一个隔离的运行环境，称为 PAL（Pieces of Application Logic，应用程序逻辑块）。PAL 可以保证其内数据的完整性和机密性。TrustVisor 能够对应用进程的敏感代码和数据进行细粒度的保护，而且 TrustVisor 很小巧，可以方便地进行形式化验证，同时也减小了可信计算基的大小。在 Iso-X[108]中也采用了这样的思想。隔离执行环境的缺点是需要由程序开发者指定隔离域，这需要程序员有良好的编程习惯和编程素养。

以 Docker[109]为代表的容器技术，作为一个开源的引擎，能为任何应用创建一个轻量级、可移植的及自给自足的容器。在最小化需要运行的容器上，开发者需要权衡容器与系统之间的分离度，而虚拟机与主机的分离性比容器会更高。Docker 可以从操作系统内部为应用程序提供隔离的运行空间，是一种操作系统层的虚拟化。在 Docker 中，每个容器独享一个完整用户环境空间，且一个容器的变动不会影响其他容器的正常运行。

沙箱（SandBox）[110]技术按照严格的安全策略来限制不可信进程或不可信代码运行的访问权限，因此它能用于执行未被测试或不可信的应用。沙箱内的应用需要访问系统资源时，它首先会发出读系统资源的请求，然后系统会核查该资源是否在它所操作的权限范围内，如果核查通过则完成读请求，否则系统会拒绝其操作。沙箱能为不可信应用提供虚拟化的内存、文件系统和网络资源等，也正是由于其内的资源被虚拟化，它能将不可信应用的恶意行为限制在有限的机制内，这样能防止不可信应用可能损害其他应用甚至是威胁系统的安全。

以上是系统级隔离技术的相关研究工作。相比而言，硬件隔离技术可以很好地将敏感数据保护在可靠的物理设备中，并可以采用更加先进的防篡改技术，但是纯硬件加密模块会增加系统的功耗并且需要在芯片上增加专门的模块，通用安全处理器则因为需要与主处理器通信而影响系统性能，因此硬件隔离技术会影响系统的性能。系统级隔离技术不需要重新设计硬件，因此开发成本小且周期短，对系统的性能影响也较小。

3.3.3 其他安全机制

由于操作系统的功能非常强大，其实现机制也很复杂，那么区分哪些程序是正常或异常的也是一件比较困难的事情。Hofmann 等人[16]提出一种基于虚拟化的安全框架 InkTag，通过验证客户操作系统的行为，保证即使是恶意的 GOS 也能够安全地执行高敏感进程

(High Assurance Process，HAP)。InkTag 通过基于半虚拟化的验证机制强制 GOS 为 Hypervisor 和应用程序提供验证自身行为的相关信息，利用超级调用在切换的过程中对 HAP 的上下文进行保护，并对内存页进行完整性检查和机密性保护。在运行的过程中，InkTag 可以限制 GOS 对 HAP 寄存器数据的修改，从而保证 HAP 的控制流完整性不会被 GOS 破坏。InkTag 并没有采取将 HAP 数据/代码与 GOS 隔离的机制，而是提出了一种基于属性的访问控制机制(Attribute Based Access Control)，让用户灵活地设置针对 HAP 的访问控制策略，从而保护他们自己的数据机密性和完整性。但是 InkTag 需要对 GOS 进行更改，同时需要重新编写 HAP，使其支持超级系统调用，这样可能会导致与其他系统的兼容性问题。此外，由于 GOS 与 Hypervisor 交互的接口，造成 Hypervisor 被攻击的可能；同时如果 GOS 拒绝将信息传递给 Hypervisor，则会形成 DoS 攻击。

在提高虚拟机可靠性的镜像备份以及备份去冗方面，也有一些研究工作。在文献[111]中，徐继伟等人提出一种基于遗传算法的虚拟机镜像自适应备份策略，即针对不同的虚拟机镜像备份策略，分别建立资源需求模型，根据系统当前资源占用情况自适应地进行策略规划，从而最小化备份时间。Jin 等人[112]提出一个虚拟机镜像系统中的去冗余方案，他们的实验表明在虚拟机镜像去冗余中变长切分和定长切分的效果相近。Fu 等人[113]采用“源”去冗余(Source Deduplication)方案在私有云计算环境中实现了虚拟机备份，备份数据先在“源”端进行聚合再传输到备份端。Jayaram 等人[114]分析了虚拟机镜像的相似性，指出虚拟机镜像具有小范围相似的特点。Zhang 等人[115]针对大规模的虚拟机镜像去冗余提出了一种低开销可扩展的解决方案，其核心思想是在实际的存储中进行重复数据检测，而不是内联去冗余。该方法将数据索引进行划分，在不同虚拟机之间执行去冗余。

针对虚拟机系统中存在的网络方面的威胁，如拒绝服务攻击，Lakshmi 等人[116]提出了一种新的 I/O 虚拟架构，为每个虚拟机配置一个虚拟网卡，虚拟机可以通过自身的网卡驱动与虚拟网卡直接进行通信，然后通过 VMM 监视每个虚拟机的数据流。这样可以防御诸如 DMA 的无控制漏洞和 DoS 攻击等威胁；与此同时，也可以提高网络性能。

Catuogno 等人[117]提出一种基于 TCB 的可信虚拟域(Trusted Virtual Domain，TVD)的设计和实现，通过安全策略和 TVD 协议实现可靠性。在交叉平台架构下，实现 TVD 的生命周期管理，并在 Xen 和 L4 微内核平台上实现原型系统。Berger 等人[118]则通过软件方法设计了基于硬件 TPM 的虚拟 TPM 来保证多个虚拟机的可靠性。Ruan 等人[119]设计了一种通用可信虚拟平台架构(Generalized Trusted Virtualized Platform architecture，GTVP)，将控制域划分为管理、安全、设备、操作系统成员及通信 5 个子域，每个子域都完成相应的功能，以实现安全以及负载均衡的目标。

程川[120]提出了一种基于 Xen 的信任虚拟机安全访问机制，为用户提供了一种有效的安全访问敏感数据的模式。其核心思想是利用虚拟机的隔离性，为数据应用提供一个专用的隔离环境，同时利用可信计算技术保证该虚拟平台配置状态的可信性。

Jansen 等人[121]提出利用传统的安全技术如入侵检测技术，并通过虚拟化来提高系统的安全性和独立性。首先在安全主域配置入侵检测系统，通过对客户机的用户命令信息和内核内存所获取的信息进行比较以判断是否为入侵，然后通过设置保护模块获取客户机系统调用、进行进程等事件管理，实现完整性保护。张志新等人[122]提出了基于 Xen 的入侵检测服务，通过在 VMM 层设置入侵检测系统，可以监控到所有对操作系统的入侵，同时将系统放置在一个独立于操作系统之外的受保护的空间内，增强了入侵检测系统的独立性和检测能力。

朱民等人[123]针对虚拟化软件栈不同软件层的安全威胁、攻击方式和威胁机理进行了分析，并针对这些安全威胁，以可信基为视角，从基于虚拟机监控器、基于微虚拟机监控器、基于嵌套虚拟化和基于安全硬件等类别分析比较了国内外相关安全方案和技术，并指出了当前仍然存在的安全问题。另外，针对云计算和虚拟化的安全问题的研究工作还可以参考文献[124-126]等。

另外，在实施安全策略的过程中应坚持以下原则。

(1) 正确配置虚拟机监视器并对客户虚拟机进行监控，及时发现入侵和攻击并阻止它们。

(2) 远程管理程序的连接采用动态身份认证和防 SQL 注入技术，防范对管理程序的攻击。同时，虚拟机的管理应仅限于企业的关键工作人员，这些人员要有较好的职业操守和安全意识。

(3) 保持虚拟机系统及管理程序安装最新升级或补丁，要定期进行检查或自动升级，从而防范攻击者利用已知的漏洞对系统及管理程序发起攻击。

(4) 对虚拟机的资源进行约束，防止单个虚拟机独占所有物理资源，造成拒绝服务攻击。

(5) 将资源进行再分配时，建议对存储区域进行重写覆盖，因为前虚拟机的数据存于内存或硬盘上，分配给别的虚拟机时，需要将这些数据进行重写覆盖。

(6) 云服务提供商应该提供较好的虚拟机备份机制，定期创建备份。

(7) 在虚拟机迁移过程中，检查迁移虚拟机的环境，对虚拟机内存等状态信息和虚拟机副本进行保护。此外，在虚拟机进行迁移、暂停并重新启动时，建立对安全性进行明确定义和记录的策略。

3.4 存在的问题与未来发展方向

当前虚拟化的安全性研究主要集中在对 Hypervisor 的保护、对虚拟机的隔离以及对虚拟机的内部系统与应用的保护。在针对虚拟化平台的攻击中，很多是利用云基础设施在系统管理程序中存在的缺陷与漏洞，采取不同的攻击方式以获取操作权限或窃取敏感数据。目前，在云存储虚拟化安全方面的研究已经取得非常丰富的研究成果，但仍然存在以下问题。

(1) 在实际应用中，虚拟机动态增加，造成虚拟机回收与清理困难，形成一些僵尸虚拟机、幽灵虚拟机和虚胖虚拟机，造成对虚拟机的管理困难。比如，弃用的僵尸虚拟机消耗着资源，被删除的虚拟机副本占据存储资源，过度配置的虚拟机没有得到充分利用。

(2) 不可信的云内部人员带来的内部威胁。因为云内部人员可能拥有过高的访问权限，而且他们的行为不受防火墙和入侵检测系统的限制，在利益驱动下可能会侵犯用户的隐私，窃取用户的数据。以 Xen 为例，管理员可以对用户的虚拟机进行快照和 Dump 备份，甚至可以监听用户的网络。内部威胁的防范是件困难的事情，难以从技术层面解决。

(3) 针对虚拟化自身的安全威胁，当前的云服务提供商通常采用被动打补丁的方式解决。然而，这不仅给用户带来了不便，而且这种方式也只能防范已公布的漏洞，对于零日攻击或潜在的漏洞仍然无能为力。

(4) 异常检测技术通常难以抵御特殊类型的安全攻击，如资源释放型攻击和高速隐蔽信道攻击等。

(5) 用户离开某个云虚拟化平台，其数据是否被彻底删除，是一个难以证明的问题。

对于虚拟化自身的安全问题，要减少攻击面，并对虚拟化平台自身进行完整性保护。针对内部威胁，要让虚拟机的管理过程对用户可见，同时设计能够独立于云服务提供商的安全防御策略，从而有效限制内部人员滥用权限。对于数据残留问题，需要加强法律法规建设。防御窃取服务攻击需要结合基础设施的差异，设计适用于不同管理程序的虚拟机监控方案，同时要考虑安全机制对云平台性能的影响。

3.5 本章小结

本章介绍了云存储虚拟化安全的相关研究工作。首先对云存储虚拟化技术的分类以及带来的安全挑战进行阐述；然后重点介绍了针对虚拟机的攻击方法，以及针对这些攻击方法有哪些安全机制，主要是虚拟机访问控制和虚拟机隔离；最后总结仍然存在的问题以及进一步的研究方向。

参考文献

[1] Belady L. A Study of Replacement Algorithms for Virtual-Storage Computer [J]. IBM Systems Journal, 1966, 5(2): 78-101.

[2] Seawright L H, Mackinnon R A. VM/370: A Study of Multiplicity and Usefulness [J]. IBM Systems Journal, 1979, 18(1): 4-17.

[3] Creasy R J. The Origin of the VM/370 Time-sharing System [J]. IBM Journal of Research & Development, 1981, 25(5): 483-490.

[4] Gum P H. System/370 Extended Architecture: Facilities for Virtual Machines [J]. IBM Journal of Research & Development, 1983, 27(6): 530-544.

[5] Garfinkel T, Ptaff B, Chow J, et al. Terra: A Virtual Machine-based Platform for Trusted Computing [J]. ACM SIGOPS Operating Systems Review, 2003, 37(5): 193-206.

[6] Huang J B, Ding Y, Fang F. Virtualization and Cloud Computing [C]. In Proc. of the Asia-Pacific

Conf. on Information Network and Digital Content Security, 2011: 83-86.

[7] Zeng S, Hao Q. Network I/O Path Analysis in the Kernel-based Virtual Machine Environment Through Tracing [C]. In Proc. of the Int'l Conf. on Information Science and Engineering, 2009: 2658-2661.

[8] Wang J, Niphadkar S, Stavrou A, et al. A Virtualization Architecture for in-depth Kernel Isolation [C]. In Proc. of the 43rd Hawaii Int'l Conf. on System Sciences, 2010: 1-10.

[9] Whitaker A, Shaw M, Gribble S D. Scale and Performance in the Denali Isolation Kernel [J]. ACM SIGOPS Operating Systems Review, 2002, 36(SI): 195-209.

[10] Perez R, Doom L V, Sailer R. Virtualization and Hardware-based Security [J]. IEEE Security & Privacy, 2008, 6(5): 24-31.

[11] Yu K L, Chen Y, Mao J J, et al. ARM-MuxOS: A System Architecure to Support Multiple Operating Systems on Single Mobile Device [J]. Computer Science, 2014, 41(10): 7-11.

[12] 李舟军，沈东，苏晓菁，等. 基于 ARM 虚拟化扩展的安全防护技术[J]. 软件学报, 2017, 28 (9): 2229-2247.

[13] Wisniewski R W, Inglett T, Keppel P, et al. mOS: An Architecture for Extreme-scale Operating Systems [C]. In Proc. of the 4th Int'l Workshop on Runtime and Operating Systems for Supercomputers, 2014: 1-8.

[14] Rosenblum M, Garfinkel T. Virtual Machine Monitors: Current Technology and Future Trends [J]. Computer, 2005, 38(5): 39-47.

[15] Xiaoxin Chen, Tal Garfinkel, E. Christopher Lewis, et al. Overshadow: A Virtualization-based Approach to Retrofitting Protection in Commodity Operating Systems [C]. In Proceedings of the 13rd International Conference on Architectural Support for Programming Languages and Operating Systems (ASPLOS XIII), ACM, NY, USA, 2008: 2-13.

[16] Hofmann O S, Kim S, Dunn A M, et al. InkTag: Secure Applications on an Untrusted Operating System [C]. In Proceedings of the 18th International Conference on Architectural Support for Programming Languages and Operating Systems, 2013: 253-264.

[17] Zhou Z W, Gligor V D, Newsome J, et al. Building Verifiable Trusted Path on Commodity x86 Computers [C]. In: Proc. of the IEEE Symp. on Security and Privacy, 2012: 616-630.

[18] Cheng Y Q, Ding X H, Deng R H. Efficient Virtualization-based Application Protection against Untrusted Operating System [C]. In: Proc. of the 10th ACM Symp. on Information, Computer and Communications Security, 2015: 345-356.

[19] Nanda S, Chiueh T C. A Survey on Virtualization Technologies [R]. RPE Report, 2005: 1-42.

[20] Smith J E, Nair R. The Architecture of Virtual Machines [J]. Computer, 2005, 38(5): 32-38.

[21] Popek G J, Goldberg R P. Formal Requirements for Virtualizable Third Generation Architectures [J]. Communications of the ACM, 1974, 17(7): 412-421.

[22] Sites R L, Chernoff A, Kirk M B, et al. Binary Translation [J]. Communications of the ACM, 1993, 36(2): 69-81.

[23] Baraz L, Devor T, Etzion O, et al. IA-32 Execution Layer: A Two-phase Dynamic Translator Designed to Support IA-32 Applications on Itanium-based Systems [C]. In Proceedings of the 36th Annual IEEE/ACM International Symposium on Microarchitecture, Washington, DC, USA, 2003: 191-201.

[24] Gadi Haber. Introduction to Binary Translation [EB/OL]. 2010[2018-4-15]. https://moodle.

technion. ac. il/enrol/index. php.

[25] Reshadi M, Dutt N, Mishra P. A Retargetable Framework for Instruction-set Architecture Simulation [J]. ACM Transactions on Embedded Computing Systems,2006,5(2): 431-452.

[26] Braun G,Nohl A,Hoffmann A,et al. A Universal Technique for Fast and Flexible Instruction-set Architecture Simulation [J]. IEEE Transactions on Computer-Aided Design of Integrated Circuits and Systems,2006,23(12): 1625-1639.

[27] Reshadi M,Mishra P,Dutt N. Instruction Set Compiled Simulation: A Technique for Fast and Flexible Instruction Set Simulation [C]. In Proc. of the 40th Annual Design Automation Conference,2003: 758-763.

[28] Suzuki A,Oikawa S. Implementing a Simple Trap and Emulate VMM for the ARM Architecture [C]. In Proc. of the IEEE Int'l Conf. on Embedded and Real-Time Computing Systems and Applications,2011: 371-379.

[29] Neiger G,Santoni A,Leung F,et al. Intel Virtualization Technology: Hardware Support for Efficient Processor Virtualization [J]. Intel Technology Journal,2006,10(3): 167-177.

[30] Strongin G. Trusted Computing Using AMD "Pacifica" and "Presidio" Secure Virtual Machine Technology [J]. Information Security Technical Report,2005,10(2): 120-132.

[31] Varanasi P,Heiser G. Hardware-supported Virtualization on ARM [C]. Asia-pacific Workshop on Systems,2011: 51-55.

[32] 周伟林,杨芫,徐明伟. 网络功能虚拟化技术研究综述[J]. 计算机研究与发展,2018,55(4): 675-688.

[33] 国家计算机网络应急技术处理协调中心. 中国国家信息安全漏洞共享平台(CNVD)[EB/OL]. 2018[2018-10-10]. http://www.cnvd.org.cn/flaw/statistic.

[34] 王文旭，张健,常青,等. 云计算虚拟化平台安全问题研究[J]. 信息网络安全,2016 (9): 163-168.

[35] Kamara S, Lauter K. Cryptographic Cloud Storage [C]. International Conference on Financial Cryptography and Data Security,2010: 136-149.

[36] Bauman E,Ayoade G,Lin Z. A Survey on Hypervisor-Based Monitoring: Approaches,Applications, and Evolutions [J]. ACM Computing Surveys,2015,48 (1): 1-33.

[37] 张玉清，王晓菲,刘雪峰,等. 云计算环境安全综述[J]. 软件学报,2016,27 (6): 1328-1348.

[38] Varadarajan V, Kooburat T, Farley B, et al. Resource-Freeing Attacks: Improve Your Cloud Performance (at Your Neighbor's Expense) [C]. In Proc. of the 19th ACM Conf. on Computer and Communications Security (CCS 2012),New York,2012: 281-292.

[39] Gruschka N,Jensen M. Attack surfaces: A Taxonomy for Attacks on Cloud Services [C]. In: Proc. of the 3rd IEEE Int'l Conf. on Cloud Computing,2010: 276-279.

[40] Zhou F F,Goel M,Desnoyers P,et al. Scheduler Vulnerabilities and Coordinated Attacks in Cloud Computing [J]. Journal of Computer Security,2013,21(4): 533-559.

[41] Li M,Zha Z L,Zang W Y,et al. Detangling Resource Management Functions from the TCB in Privacy-preserving Virtualization [C]. In Proc. of the 19th European Symp. On Research in Computer Security (ESORICS 2014),2014: 310-325.

[42] Szefer J,Keller E,Lee R B,et al. Eliminating the Hypervisor Attack Surface for a More Secure Cloud [C]. In Proc. of the 18th ACM Conf. on Computer and Communications Security (CCS 2011), 2011: 401-412.

[43] Liu S T,Chen Y M. Retrospective Detection of Malware Attacks by Cloud Computing [C]. In Proc.

of the Int'l Conf. on Cyber-Enabled Distributed Computing and Knowledge Discovery, 2010: 510-517.

[44] Jarabek C, Barrera D, Aycock J. ThinAV: Truly Lightweight Mobile Cloud-based Anti-malware [C]. In Proc. of the 28th Computer Security Applications Conf. ,2012: 209-218.

[45] Wei L, Reiter M K. Ensuring File Authenticity in Private DFA Evaluation on Encrypted Files in the Cloud [C]. In Proc. of the 18th European Symp. on Research in Computer Security (ESORICS 2013), 2013: 147-163.

[46] Aviram A, Hu S, Ford B, et al. Determinating Timing Channels in Compute Clouds [C]. In Proc. of the 2010 ACM Workshop on Cloud Computing Security, 2010: 103-108.

[47] Hlavacs H, Treutner T, Gelas J P, et al. Energy Consumption Side-Channel Attack at Virtual Machines in a Cloud [C]. In Proc. of the 9th IEEE Int'l Conf. on Dependable, Autonomic and Secure Computing, 2011: 605-612.

[48] Wu Z Y, Xu Z, Wang H N. Whispers in The Hyper-Space: High-Speed Covert Channel Attacks in the Cloud [C]. In Proc. of the 21st USENIX Security Symp. ,2012: 159-173.

[49] Liu F F, Yarom Y, Ge Q, et al. Last-Level Cache Side-Channel Attacks Are Practical [C]. In Proc. of the IEEE Symp. on Security and Privacy (S&P 2015), 2015: 605-622.

[50] Weiss M, Heinz B, Stumpf F. A Cache Timing Attack on AES in Virtualization Environments [C]. International Conference on Financial Cryptography and Data Security, 2012: 314-328.

[51] Yarom Y, Falkner K. FLUSH+RELOAD: A High Resolution, Low Noise, L3 Cache Side-Channel Attack [C]. Usenix Conference on Security Symposium, 2014: 719-732.

[52] Xu Y, Cui W, Peinado M. Controlled-Channel Attacks: Deterministic Side Channels for Untrusted Operating Systems [C]. In Proc. of the IEEE Symp. on Security and Privacy, 2015: 640-656.

[53] Irazoqui G, Inci M S, Eisenbarth T, et al. Wait a Minute! A fast, Cross-VM Attack on AES [C]. In Proc. of the 17th International Workshop on Recent Advances in Intrusion Detection, 2014: 299-319.

[54] Irazoqui G, Eisenbarth T, Sunar B. S $ A: A Shared Cache Attack That Works across Cores and Defies VM Sandboxing - and Its Application to AES [C]. In Proc. of the 36th IEEE Symposium on Security and Privacy, 2015: 591-604.

[55] Inci M S, Gulmezoglu B, Irazoqui G, et al. Seriously, Get Off My Cloud! Cross-VM RSA Key Recovery in a Public Cloud [EB/OL]. IACR Cryptology ePrint Archive Report, 2015[2018-10-15]. https://eprint.iacr.org/2015/898.pdf.

[56] Pattuk E, Kantarcioglu M, Lin Z Q, et al. Preventing Cryptographic Key Leakage in Cloud Virtual Machines [C]. In Proc. of the 23rd USENIX Security Symp. (SEC 2014), 2014: 703-718.

[57] Varadarajan V, Ristenpart T, Swift M. Scheduler-Based Defenses Against Cross-VM Side-channels [C]. In Proc. of the 23rd USENIX Security Symp. (SEC 2014), 2014: 687-702.

[58] Rocha F, Correia M. Lucy in the Sky without Diamonds: Stealing Confidential Data in the Cloud [C]. In Proc. of the 41st IEEE/IFIP Int'l Conf. on Dependable Systems and Networks Workshops, 2011: 129-134.

[59] Molina J, Mishra S. Addressing Memory Exhaustion Failures in Virtual Machines in a Cloud Environment [C]. In Proc. of the 43rd IEEE/IFIP Int'l Conf. on Dependable Systems and Networks, 2013: 1-6.

[60] Szefer J, Lee R B. Architectural Support for Hypervisor-Secure Virtualization [C]. In Proc. of the

17th International Conference on Architectural Support for Programming Languages and Operating Systems, 2012: 437-450.

[61] Antunes N, Vieira M. Defending against Web Application Vulnerabilities [J]. Computer, 2012, 45 (2): 66-72.

[62] Xia Y B, Liu Y T, Chen H B, et al. Defending against VM Rollback Attack [C]. In Proc. of the 42nd IEEE/IFIP Int'l Conf. on Dependable Systems and Networks Workshops (DSNW 2012), 2012: 1-5.

[63] Price M. The Paradox of Security in Virtual Environments [J]. Computer, 2008, 41(11): 22-28.

[64] King S T, Chen P M, Wang Y M, et al. SubVirt: Implementing Malware with Virtual Machines [C]. In Proc. of IEEE Symposium on Security and Privacy, 2006: 314-327.

[65] Wen Y, Huang M, Zhao J, et al. Implicit Detection of Stealth Software with a Local-Booted Virtual Machine [C]. International Conference on Information Sciences and Interaction Sciences, 2010: 152-157.

[66] Wang Z, Jiang X. HyperSafe: A Lightweight Approach to Provide Lifetime Hypervisor Control-Flow Integrity [C]. In Proc. of IEEE Symposium on Security and Privacy, 2010: 380-395.

[67] MITRE Corporation. Common Vulnerabilities and Exposures List [EB/OL]. 2018[2018-10-15]. http://cve.mitre.org/.

[68] Rhee J, Riley R, Xu D, et al. Defeating Dynamic Data Kernel Rootkit Attacks via VMM-Based Guest-Transparent Monitoring [C]. International Conference on Availability, Reliability and Security, 2009: 74-81.

[69] Riley R, Jiang X, Xu D. Guest-Transparent Prevention of Kernel Rootkits with VMM-Based Memory Shadowing [C]. International Symposium on Recent Advances in Intrusion Detection, 2008: 1-20.

[70] Gebhardt C, Dalton C I, Brown R. Hypervisors: Preventing Hypervisor-Based Rootkits with Trusted Execution Technology [J]. Network Security, 2008(11): 7-12.

[71] Zhang S, Xu C, Long Y. Study on Terminal Trusted Model Based on Trusted Computing [C]. International Conference on Internet Technology and Applications, 2011: 1-4.

[72] Okamura K, Oyama Y. Load-based Covert Channels between Xen Virtual Machines [C]. ACM Symposium on Applied Computing, 2010: 173-180.

[73] Salaün M. Practical Overview of a Xen Covert Channel [J]. Journal in Computer Virology, 2010, 6 (4): 317-328.

[74] Cheng G, Jin H, Zou D, et al. A Prioritized Chinese Wall Model for Managing the Covert Information Flows in Virtual Machine Systems [C]. In Proc. of the 9th International Conference for Young Computer Scientists, 2008: 1481-1487.

[75] 王于丁,杨家海,徐聪,等. 云计算访问控制技术研究综述[J]. 软件学报,2015,26(5): 1129-1150.

[76] 柯文浚,董碧丹,高洋. 基于 Xen 的虚拟化访问控制研究综述[J]. 计算机科学,2017,44 (s1): 24-28.

[77] Hao F, Lakshman T V, Mukherjee S, et al. Secure Cloud Computing with A Virtualized Network Infrastructure [C]. In: Proc. of the 2nd USENIX Conf. on Hot Topics in Cloud Computing, 2010: 1-7.

[78] Factor M, Hadas D, Hamama A, et al. Secure Logical Isolation for Multi-Tenancy in Cloud Storage [C]. In Proc. of the 29th Symp. on Mass Storage Systems and Technologies (MSST), 2013: 1-5.

[79] Li X Y, Shi Y, Guo Y, et al. Multi-Tenancy based Access Control in Cloud [C]. In Proc. of the 2010

Int'l Conf. on Computational Intelligence and Software Engineering (CiSE), 2010: 1-4.

[80] Almutairi A A, Sarfraz M I, Basalamah S, et al. A Distributed Access Control Architecture for Cloud Computing [J]. IEEE Software, 2012, 29(2): 36-44.

[81] Tang B, Sandhu R, Li Q. Multi-tenancy Authorization Models for Collaborative Cloud Services [C]. International Conference on Collaboration Technologies and Systems, 2013: 2851-2868.

[82] Yang S J, Lai P C, Lin J. Design Role-Based Multi-tenancy Access Control Scheme for Cloud Services [C]. International Symposium on Biometrics and Security Technologies, 2013: 273-279.

[83] Anil K, Moitrayee G, Roman P, et al. A Comparison of Secure Multi-Tenancy Architectures for Filesystem Storage Clouds [C]. In Proc. of the 12nd Int'l Middleware Conf, 2011: 1-20.

[84] Lucian P, Minlan Y, Steven Y K, et al. CloudPolice: Taking Access Control out of the Network [C]. In Proc. of the 9th ACM SIGCOMM Workshop on Hot Topics in Networks (Hotnets-IX), ACM, NY, USA, 2010: 1-6.

[85] Elwell J, Riley R, Abu-Ghazaleh N, et al. A Non-Inclusive Memory Permissions Architecture for Protection against Cross-Layer Attacks [C]. International Symposium on High PERFORMANCE Computer Architecture, 2014: 201-212.

[86] Payne B D, Sailer R, Perez R, et al. A Layered Approach to Simplified Access Control in Virtualized Systems [J]. ACM SIGOPS Operating Systems Review, 2007, 41(4): 12-19.

[87] Lampson B W. A Note on the Confinement Problem [J]. Communications of the ACM, 1973, 16 (10): 613-615.

[88] Saltzer J H. Protection and Control of Information Sharing in Multics [J]. ACM SIGOPS Operating Systems Review, 1973, 7(4): 119.

[89] Srivaths Ravi, Anand Raghunathan, Paul Kocher, et al. Security in Embedded Systems: Design Challenges [J]. ACM Transactions on Embedded Computing Systems, 2004, 3(3): 461-491.

[90] 郑显义，史岗，孟丹. 系统安全隔离技术研究综述[J]. 计算机学报，2017，40 (5): 1057-1079.

[91] Willmann P, Rixner S, Cox A L. Protection Strategies for Direct Access to Virtualized I/O Devices [C]. In Proc. of the Usenix Technical Conference, 2008: 15-28.

[92] Ahmed Azab, Kirk Swidowski, Rohan Bhutkar. SKEE: ALight Weight Secure Kernel Level Execution Environment for ARM [C]. Proceedings of the Network & Distributed System Security Symposium, 2016: 1-15.

[93] Azab A M, Ning P, Shah J, et al. Hypervision Across Worlds: Real-time Kernel Protection from the ARM TrustZone Secure World [C]. ACM Sigsac Conference on Computer and Communications Security, 2014: 90-102.

[94] Sun H, Sun K, Wang Y, et al. TrustOTP: Transforming Smartphones into Secure One-Time Password Tokens [C]. ACM Sigsac Conference on Computer and Communications Security, 2015: 976-988.

[95] Li W, Li H, Chen H, et al. AdAttester: Secure Online Mobile Advertisement Attestation Using TrustZone [C]. International Conference on Mobile Systems, Applications, and Services, 2015: 75-88.

[96] Yang B, Yang K, Qin Y, et al. DAA-TZ: An Efficient DAA Scheme for Mobile Devices Using ARM TrustZone [C]. Proceedings of the 8th International Conference Trust and Trustworthy Computing, 2015: 209-227.

[97] Udo Steinberg and Bernhard Kauer. NOVA: a microhypervisor-based secure virtualization

architecture [C]. In Proceedings of the 5th European Conference on Computer Systems, New York, NY, USA, 2010: 209-222.

[98] Éric Lacombe, Vincent Nicomette, Yves Deswarte. Enforcing kernel constraints by hardware-assisted virtualization [J]. Journal in Computer Virology, 2011, 7(1): 1-21.

[99] Matthias Lange, Steffen Liebergeld, Adam Lackorzynski, et al. L4Android: a Generic Operating System Framework for Secure Smartphones [C]. In Proceedings of the 1st ACM Workshop on Security and Privacy in Smartphones and Mobile Devices, ACM, New York, NY, USA, 2011: 39-50.

[100] Gerwin Klein, Kevin Elphinstone, Gernot Heiser, et al. seL4: Formal Verification of an OS Kernel [C]. In Proceedings of the ACM SIGOPS 22nd Symposium on Operating Systems Principles (SOSP '09), ACM, NY, USA, 2009: 207-220.

[101] Ren J, Qi Y, Dai Y, et al. AppSec: A Safe Execution Environment for Security Sensitive Applications [C]. ACM Sigplan/sigops International Conference on Virtual Execution Environments, ACM, 2015: 187-199.

[102] Rutrowska J, Wojtczuk R. Preventing and Detecting Xen Hypervisor Subversions [R]. Technical Report: Blackhat Briefings, USA, 2008.

[103] Wang J, Stavrou A, Ghosh A. HyperCheck: A Hardware-Assisted Integrity Monitor [C]. Proceedings of the 13rd International Symposium on Recent Advances in Intrusion Detection, 2010: 158-177.

[104] Azab A M, Ning P, Wang Z, et al. HyperSentry: Enabling Stealthy In-Context Measurement of Hypervisor Integrity [C]. Proceedings of the 17th ACM Conference on Computer and Communication Security, 2010: 38-49.

[105] Lengyel T K, Kittel T, Pfoh J, et al. Multi-tiered Security Architecture for ARM via the Virtualization and Security Extensions [C]. In Proc. of the 25th International Workshop on Database and Expert Systems Application, 2014: 308-312.

[106] McCune J M, Parno B J, Perrig A, et al. An Execution Infrastructure for TCB Minimization [C]. Proceedings of the ACM European Conference on Computer Systems, 2008: 315-328.

[107] McCune J M, Li Y, Qu N, et al. TrustVisor: Efficient TCB Reduction and Attestation [C]. In Proc. of the 31st IEEE Symposium on Security and Privacy, 2010: 143-158.

[108] Evtyushkin D, Elwell J, Ozsoy M, et al. Iso-X: A Flexible Architecture for Hardware-Managed Isolated Execution [C]. Proceedings of the 47th International Symposium on Microarchitecture, 2014: 190-202.

[109] Merkel D. Docker: Lightweight Linux Containers for Consistent Development And Deployment [J]. Linux Journal, 2014(239): 1-3.

[110] Justin Cappos, Armon Dadgar, Jeff Rasley, et al. Retaining Sandbox Containment Despite Bugs in Privileged Memory-Safe Code [C]. In Proc. of the 17th ACM Conference on Computer and Communications Security, NY, USA, 2010: 212-223.

[111] 徐继伟,张文博,王焘,等. 一种基于遗传算法的虚拟机镜像自适应备份策略[J]. 计算机学报, 2016, 39(2): 351-363.

[112] Jin K, Miller E L. The Effectiveness of Deduplication on Virtual Machine Disk Images [C]. Proceedings of the Israeli Experimental Systems Conference (SYSTOR'09), 2009: 1-12.

[113] Fu Y, Jiang H, Xiao N, et al. AA-Dedupe: An Application-Aware Source Deduplication Approach for Cloud Backup Services in the Personal Computing Environment [C]. IEEE International

Conference on Cluster Computing,2011：112-120.

[114] Jayaram K R, Peng C, Zhang Z, et al. An Empirical Analysis of Similarity in Virtual Machine Images [C]. Proceedings of the Middleware 2011 Industry Track Workshop,2011：1-6.

[115] Wei Zhang,Tao Yang,Gautham Narayanasamy. Low-Cost Data Deduplication for Virtual Machine Backup in Cloud Storage [C]. In Proc. of the 5th USENIX Workshop on Hot Topics in Storage and File Systems (HotStorage '13),2013：1-5.

[116] Lakshmi J, Nandy S K. I/O Virtualization Architecture for Security [C]. In Proc. of the IEEE International Conference on Computer and Information Technology,2010：2267-2272.

[117] Luigi Catuogno, Alexandra Dmitrienko, Konrad Eriksson, et al. Trusted Virtual Domains-Design, Implementation and Lessons Learned [C]. In Proc. of the First International Conference on Trusted Systems (INTRUST'09),2009：156-179.

[118] Berger S,Goldman K A,Perez R,et al. vTPM：Virtualizing the Trusted Platform Module [C]. In Proc. of the 15th Conference on Usenix Security Symposium,2006：305-320.

[119] Ruan A,Shen Q,Yin Y. A Generalized Trusted Virtualized Platform Architecture [C]. In Proc. of the 9th International Conference for Young Computer Scientists,2008：2340-2346.

[120] 程川. 一种基于 Xen 的信任虚拟机安全访问设计与实现[J]. 计算机与数字工程,2010,38(3)：109-111.

[121] Jansen B,Ramasamy H G V,Schunter M,et al. Architecting Dependable and Secure Systems Using Virtualization [C]. In Proc. of Architecting Dependable Systems V. Springer-Verlag, 2008：124-149.

[122] 张志新，彭新光. 基于 Xen 的入侵检测服务研究[J]. 杭州电子科技大学学报,2008(6)：91-94.

[123] 朱民，涂碧波，孟丹. 虚拟化软件栈安全研究[J]. 计算机学报,2017,40(2)：481-504.

[124] 秦中元,沈日胜,张群芳等. 虚拟机系统安全综述[J]. 计算机应用研究,2012,29(5)：1618-1622.

[125] 石磊,邹德清,金海. Xen 虚拟化技术[M]. 武汉：华中科技大学出版社,2009.

[126] 冯登国,张敏,张妍等. 云计算安全研究[J]. 软件学报,2011,22(1)：22-28.

第 4 章

云存储系统身份认证与访问控制

"On the Internet, nobody knows you're a dog."（在互联网上，没有人知道你是一条狗。）这句话是《纽约客》1993 年 7 月 5 日刊登的一则由 Peter Steiner 创作的漫画的标题。这则漫画中有两条狗，一条狗坐在计算机前的一张椅子上，另一条狗坐在地板上说话。

互联网的开放、共享与非实名的特征决定了其上实体之间交互时存在信任问题，因此为了实现不同实体之间的安全通信与数据共享，双方都需要进行身份认证与访问控制。

本章将对云存储系统中身份认证与访问控制技术进行详细介绍。

4.1 身份认证与访问控制概述

在信息安全领域，身份认证与访问控制就像是孪生兄弟，总是联系在一起。因为通常进行身份认证后，下一步就是对该身份的实体进行访问控制。下面将对身份认证与访问控制的定义与功能进行介绍，界定本章将重点讨论的内容。

4.1.1 基础知识

身份认证是对访问系统用户的身份进行鉴别的过程。文献[1]对认证的本质有一个比较清晰的说明。认证是保护重要数字资产和机密信息免受盗窃和欺诈的基础。通常认证可以使用以下 3 种方式中的一种或者组合来完成。

- 用户拥有什么：登录名、智能卡、令牌、数字硬件指纹（What you have: login name, smart card, token, digital hardware fingerprint）。
- 用户知道什么：口令、通行证、个人识别号码（What you know: password, pass phrase, personal identification number (PIN)）。
- 用户是什么（用户的固有特征）：指纹、视网膜模式、DNA 序列、签名或语音识别、独特的生物电信号或其他生物识别标识符（What you are: fingerprints, retinal pattern, DNA sequence, signature or voice recognition, unique bio-electric signals, or another biometric identifier）。

对用户进行身份认证后，下一步就是访问控制。访问控制包括 3 个要素：主体、客体和控制策略。访问控制的目的是限制主体对客体的访问，从而保障数据资源在合法范围内得以有效使用与管理。为了达到上述目的，访问控制需要完成两个任务：识别和确认访问系统的用户、决定该用户可以对某一系统资源进行何种类型的访问。访问控制三要素的说明如下。

(1) 主体(Subject)：提出资源访问请求的实体，是某一操作动作的发起者，但不一定是动作的执行者；可能是某一用户，也可以是用户启动的进程、服务和设备等。这里规定实体(Entity)表示用户所在的组织(用户组)、用户、用户使用的计算机终端或一个计算机资源(物理设备、数据文件、程序或进程)。

(2) 客体(Object)：被访问资源实体。所有可以被操作的信息、资源和对象都可以是客体。客体可以是信息、文件、记录等集合体，也可以是网络上硬件设施和无线通信中的终端，甚至可以包含另外一个客体。

(3) 访问策略(Attribution)：主体对客体的操作行为集和约束条件集，定义了主体对客体的作用行为和客体对主体的条件约束。访问策略体现了一种授权行为，是客体对主体某些操作行为的权限许可，所有许可都必须在规则集范围内。

访问控制就是主体依据某些访问策略或权限控制对客体本身或其资源进行的不同授权访问。访问控制技术起源于20世纪70年代，当时是为了满足管理大型主机系统上共享数据时进行授权访问的需求。访问控制有以下3个重要的功能。

(1) 防止非法主体访问受保护的系统资源。

(2) 保证合法用户访问受保护的系统资源。

(3) 防止合法用户对受保护的系统资源进行非授权的访问。

但是随着计算机技术和应用的发展，特别是互联网的发展，访问控制技术的思想和方法迅速应用于信息系统的各个领域。

身份认证在云存储系统中与在传统存储系统或计算模式下，并没有什么改变，因此已有的身份认证技术仍然可以直接利用而且已经广泛应用于云存储系统中。但是因为云存储环境下，主体与客体的关系、各实体的可信性都发生了变化，所以大部分传统访问控制技术并不能直接应用于云存储系统。

因此，本章将重点介绍云存储系统中的访问控制技术，分析在云存储环境下对访问控制的需求，并与传统的访问控制技术进行区别。

4.1.2 传统访问控制

早在20世纪70年代，Lampson[2]就提出了访问控制的形式化和机制描述，引入了主体、客体和访问矩阵的概念。在随后若干年的发展过程中，先后出现了多种重要的访问控制技术，包括自主访问控制(Discretionary Access Control，DAC)、强制访问控制(Mandatory Access Control，MAC)和基于角色的访问控制(Role-Based Access Control，RBAC)。

自从Lampson提出访问控制机制后，对访问控制模型的研究，大致经历了以下4个阶段。

（1）20世纪六七十年代应用于大型主机系统中的访问控制模型，比如Bell-Lapadula模型[3]和HRU模型[4]。

（2）美国国防部（Department of Defense，DoD）在1985年公布的“可信计算机安全评价标准（Trusted Computer System Evaluation Criteria，TCSEC）”[5]中明确提出了访问控制在计算机安全系统中的重要作用，并指出一般的访问控制机制有两种：自主访问控制（DAC）和强制访问控制（MAC）。

（3）从Ferraiolo和Kuhn[6]在1992年提出的基于角色的访问控制（RBAC）模型，到Sandhu等人先后提出了RBAC96[7]、ARBAC97[8]和ARBAC99[9]模型，再到2001年8月NIST发表了RBAC建议标准[10]。Ferraiolo-Kuhn模型将现有的面向应用的方法应用到RBAC模型中，是RBAC模型最早的形式化描述。NIST RBAC建议标准进一步对角色进行了详细的研究，在用户和访问权限之间引入了角色的概念。

（4）对访问控制模型的扩展研究，比较有代表性的有：应用于工作流系统或分布式系统中的基于任务的授权控制模型（Task-Based Authentication Control，TBAC）[11]、基于任务和角色的访问控制模型（Task-Role-Based Access Control，T-RBAC）[12]以及被称作下一代访问控制模型的使用控制（Usage Control，UCON）模型[13,14]（也称之为ABC模型[15]）。

1. 自主访问控制

自主访问控制是指由用户对自身所创建的访问对象（文件、数据表等）进行访问控制，并可将对这些对象的访问权授予其他用户或从授予权限的用户那里收回其访问权限。自主访问控制中，用户可以针对被保护对象制定自己的保护策略。

DAC模型一般通过访问控制矩阵和访问控制列表（Access Control List，ACL）来存放不同主体的访问控制信息，从而达到限定哪些主体对哪些客体可以执行什么操作的目的。Linux操作系统就是采用的DAC访问控制模型。

每个主体拥有一个用户名并属于一个组或具有一个角色，而每个客体都拥有一个限定主体对其访问权限的访问控制列表，每次访问发生时都会基于访问控制列表检查用户以实现对其访问权限的控制。

2. 强制访问控制

强制访问控制是指由系统通过专门设置的系统安全管理员对用户所创建的对象进行统一的强制性控制，按照制定的规则决定哪些用户可以对哪些对象进行什么操作。即使是创建者，在创建一个对象后，也可能无权访问该对象。

在强制访问控制模型中，系统独立于用户行为强制执行访问控制，用户不能改变他们的安全级别或对象的安全属性。MAC的访问控制规则通常对所有主体（用户，进程）和客体（文件，数据）按照安全等级划分标签，访问控制机制通过比较安全等级来确定用户对资源的访问。

MAC是一种强加给访问主体，即系统强制主体服从访问控制策略的一种访问方式，它利用上读/下写来保证数据的完整性，利用下读/上写来保证数据的保密性。

其中上读/下写和下读/上写的定义如下。

(1) 向下读(rd,read down):主体安全级别高于客体信息资源的安全级别时允许的读操作。

(2) 向上读(ru,read up):主体安全级别低于客体信息资源的安全级别时允许的读操作。

(3) 向下写(wd,write down):主体安全级别高于客体信息资源的安全级别时允许执行的动作或是写操作。

(4) 向上写(wu,write up):主体安全级别低于客体信息资源的安全级别时允许执行的动作或是写操作。

一种服务如果以"秘密"的安全级别运行,攻击者在目标系统中以"秘密"的安全级别进行操作,他将不能访问系统中安全级别为"机密"及"高密"的数据。

MAC通过分级的安全标签实现了信息的单向流通,其中最著名的是Bell-LaPadula模型[3]和Biba模型[16]:Bell-LaPadula模型具有只允许向下读、向上写的特点,可以有效地防止机密信息向下级泄露;Biba模型则具有不允许向下读、向上写的特点,可以有效地保护数据的完整性。强制访问控制进行了很强的等级划分,所以经常用于军事用途。

强制访问控制和自主访问控制有时会结合使用。例如,系统可能首先执行强制访问控制来检查用户是否有权限访问一个文件组(这种保护是强制的,也就是说,这些策略不能被用户更改),然后再针对该组中的各个文件制定相关的访问控制列表(自主访问控制策略)。

3. 基于角色的访问控制

基于角色的访问控制模型将权限与角色相关联,用户通过成为适当角色的成员来获得相应角色的权限,解决了在传统的访问控制中主体始终是和特定的实体捆绑的不灵活问题,实现了主体的灵活授权,是最经典的访问控制模型。

目前,RBAC被广泛应用在操作系统、数据库管理系统、公钥基础设施(Public Key Infrastructure,PKI)、工作流管理系统和Web服务等领域。

4. 基于任务和角色的访问控制

基于任务和角色的访问控制模型(T-RBAC)把任务和角色置于同等重要的地位,先将访问权限分配给任务,再将任务分配给角色,角色通过任务与权限关联,任务是角色和权限交换信息的桥梁。在T-RBAC模型中,任务具有权限,角色只有在执行任务时才具有权限,当角色不执行任务时不具有权限。权限的分配和回收是动态进行的,任务根据流程动态到达角色,权限随之赋予角色;当任务完成时,角色的权限也被随之收回,角色在工作流中不需要赋予权限。这样不仅使角色的操作、维护和任务的管理变得简单、方便,也使得系统变得更为安全。

5. 下一代访问控制

下一代访问控制模型UCON(也称ABC模型),包含3个基本元素和3个与授权有关的元素。3个基本元素分别是主体(Subject)、客体(Object)、权限(Right);另外3个与授权有关的元素分别是授权规则(Authorization Rule)、条件(Condition)、义务(Obligation)。

主体是具有某些属性并对客体(Objects)具有操作权限的实体。主体的属性包括身份、角色、安全级别、成员资格等。客体是主体的操作对象,其属性包括安全级别、所有者、等级等。权限是主体拥有的对客体进行操作的一些特权,由一个主体对客体进行访问或使用的功能集组成。UCON 中的权限可分成许多功能类,如审计类、修改类等。

授权规则是允许主体对客体进行访问或使用前必须满足的一个需求集,是用来检查主体是否有资格访问客体的决策因素。条件是在使用授权规则进行授权过程中,允许主体对客体进行访问前必须检验的一个决策因素集。条件是环境的或面向系统的决策因素,可用来检查存在的限制,如使用权限是否有效、哪些限制必须更新等。义务是一个主体在获得对客体的访问权限后必须履行的强制任务,分配了权限就应有执行这些权限的义务责任。

在 UCON 模型中,授权规则、条件、义务与授权过程相关,它们是决定一个主体是否有某种权限能对客体进行访问的决策因素。基于这些元素,UCON 有 4 种可能的授权过程,并由此可以证明：UCON 模型不仅包含了 DAC、MAC 和 RBAC,而且还包含了数字版权管理(Digital Rights Management,DRM)与信任管理等。UCON 模型涵盖了现代商务和信息系统需求中的安全和隐私这两个重要的问题,为研究下一代访问控制提供了一种方向,被称作下一代访问控制模型。

随着网络和计算技术的不断发展,访问控制的应用也扩展到更多的领域,比如操作系统、数据库、无线移动网络、网格计算[17]以及云计算等。

以上对传统访问控制进行了介绍,下面将分析云存储环境下的访问控制与传统访问控制的区别,从而理解云计算与云存储环境下对访问控制的需求。

4.1.3　云存储系统的访问控制

云计算与云存储作为一种新型的服务模式,其虚拟化与多租户特征,使用户不仅失去了对物理设备的实际控制权,而且不知道与其共享资源的实体是什么。用户身份认证和数据访问控制作为云计算与云存储中一道重要的安全防线,能够通过鉴定身份、制定安全策略以及基于加密密钥等安全手段管理访问该系统的用户和数据内容,以保证合法用户能够安全地接入系统并获取想要的数据文件,同时防止恶意攻击者进入系统对数据进行窃取或者篡改。

但与传统访问控制系统相比,云存储系统的访问控制有以下区别。

(1) 传统用户身份认证和数据访问控制是在服务器可信的前提下进行,而云计算与云存储环境下用户身份认证和数据访问控制是在不可信的服务器模型下。通常,云服务器会诚实地执行用户的指令,但在各种利益驱动下,很难保证云服务提供商仍然诚实可信。

(2) 云存储环境下用户失去了对物理设备的控制权,很难实现用户与云服务器之间的信任,同时虚拟化技术下多租户特征可能导致合法用户窃取同一物理设备上其他合法用户的数据。

(3) 云存储环境下,用户对数据的访问通常是有选择性并被高度区分的,不同用户对数据享有不同的权限。传统的访问控制是用户在可信的服务器上存储数据,而在云存储环境下,用户和云服务器不在同一个可信域内。另外,因为云服务器不完全可信,如果服务器被恶意攻击者控制或者存在内部威胁，用户的数据得不到任何安全保障。因此，必须利用云服务器的计算资源，实现细粒度的访问控制，保证云中的数据、信息流、记录等不被非法访问。

(4) 云计算与云存储是一个动态的分布式系统，需要综合考虑时间、位置、云资源迁移等因素的影响，所以访问控制模型要将云计算与云存储中动态的因素作为访问控制模型的约束条件进行研究。

因此，云计算与云存储系统给访问控制研究提出了新的挑战——如何发展传统的访问控制技术来解决新型的云存储安全问题。围绕这个问题，学术界和产业界展开了一系列的研究，产业界的主要解决方案是采取多种访问控制技术相结合或多级访问控制的方式，学术界的研究主要集中在如何保护数据的安全上，其中包括：①怎样将传统的访问控制模型应用于云存储系统；②基于密码技术实现细粒度访问控制，比如加密数据，然后以共享密钥的方式对数据进行访问控制，再比如使用基于属性加密(ABE)技术实现细粒度访问控制。

其中基于加密机制的访问控制方案的研究成果非常丰富，因为在云存储环境下，为了保障数据隐私，通常将数据加密后再存放到云服务器上；而关于细粒度访问控制，很多研究都是基于 ABE 密码机制。因此，下面将对一些相关理论知识进行介绍，主要是对基于属性加密技术进行介绍。

此外，虚拟机的访问控制技术通常通过一些隔离手段来实现。此部分内容在第 3 章有详细介绍，不作为本章的重点内容。

4.2 相关理论知识

鉴于目前的细粒度访问控制技术大部分是基于属性加密技术，因此本节将对相关理论知识进行介绍，主要包括双线性对、访问结构和属性加密机制的发展。

4.2.1 双线性对

1946 年，Weil 提出第一个定义在代数曲线上的可有效计算的双线性映射，即 Weil 对，成为代数几何特别是代数曲线理论研究中一个非常重要的概念和工具。

2000 年开始，Sakai 等人[18,19]和 Boneh 等人[20]发现了双线性对在密码学中的应用价值，即能够用来构造基于身份的密码机制(Identity Based Encryption，IBE)和三方一轮密钥协商等。此后，双线性对被用于聚合签名、可验证加密的签名、部分盲签名等。

由于发现双线性对可以实现基于属性的加密(ABE)、断言(或谓词)加密(Predicate Encryption，PE)、函数(或功能)加密(Function Encryption，FE)、可搜索的加密(Searchable Encryption，SE)等，并且伴随云计算技术的风生水起，双线性对密码机制逐渐成为研究热点。

下面对双线性对的定义进行描述[21]。

设 G_1、G_2 和 G_3 是 3 个 n 阶循环群(其中 n 可以是素数，也可以是合数)，这里考虑 G_1、G_2 和 G_3 都是乘法群，但早期的双线性对密码方案中的 G_1 和 G_2 一般考虑的是加法群，主要是因为用于构造双线性对的椭圆曲线群的运算是加法。

一个双线性对 e 就是一个从 $G_1 \times G_2$ 到 G_3 的双线性映射，满足如下性质。

- 双线性：设 $g_1 \in G_1, g_2 \in G_2, a, b \in Z_q$，有 $e(g_1{}^a, g_2{}^b) = e(g_1, g_2)^{ab}$。
- 非退化性：对每个 $g_1 \in G_1/\{1\}$，总存在 $g_2 \in G_2$，使得 $e(g_1, g_2) \neq 1$。
- 有效可计算性：对于任意的 $u, v \in G_1$，能够在一个多项式时间内计算 $e(u, v)$。

利用椭圆曲线或超椭圆曲线构造的双线性对有下面 3 种类型[22]。

(1) 类型 1：$G_1 \to G_2$ 有一个有效可计算的同构，这时一般可假定 $G_1 = G_2$，这样的双线性对也称为对称双线性对。一般可以用超奇异椭圆曲线或超椭圆曲线来实现。

(2) 类型 2：有一个有效计算群同态 $G_2 \to G_1$，但无从 G_1 到 G_2 的有效同态。这类双线性对一般用素数域上的一般椭圆曲线实现，G_1 是基域上椭圆曲线群，G_2 是扩域上椭圆曲线子群，G_2 到 G_1 的同态一般取迹映射。

(3) 类型 3：没有任何 $G_1 \to G_2$ 或 $G_2 \to G_1$ 的有效可计算的同态(同态甚至同构一定是存在的，这里是指没有有效计算的同构)。这类双线性对也是用素域上的一般曲线来构造，G_2 一般取迹映射的核。

自从 Boneh 等人[20]提出了椭圆曲线上的双线性映射后，双线性映射被广泛应用于加密、签名等信息安全领域，现有的 ABE 密码机制也大多基于双线性映射来实现。

关于双线性对和双线性映射，张方国教授在文献[21]中做了详细的介绍。

4.2.2 访问结构

在基于属性的加密算法中，访问结构是一种用于描述访问控制策略的逻辑结构。常用的访问结构有门限访问结构[23]、基于树的访问结构[24]、基于正负属性值的“与”门结构[25]、基于多属性值的“与”门结构[26]、支持通配符的基于多属性值的“与”门结构[27]和线性访问结构[28]。

基于门限的访问结构的原理是：根据拥有不同属性集的用户到达该门限所在节点的路径的数目来决定是否允许访问。最简单的访问结构是(t, n)门限访问结构，其中 n 表示参与者的个数，t 表示门限值。在(t, n)门限访问结构中，授权集合是由 t 个或者多于 t 个参与者构成的集合，非授权集合则是少于 t 个参与者构成的集合。对于(t, n)门限访问结构，当且仅当用户属性集合和密文属性集合的交集中元素个数满足门限 t 时，用户才能解密密文。

在基于树的访问结构中，树的每一个非叶子节点由一个门限值和它的孩子节点来描述，而树的每一个叶子节点都对应一个属性。在基于正负属性值的“与”门结构中，如果一个用户拥有某个属性，则表示为正属性；如果不用有某个属性，则表示为负属性。一个用户能解密一个密文，当且仅当密文的属性集合满足用户的访问树(Access Tree)。

AND 和 OR 操作可以很容易地用门限结构实现，如果系统设置一个门限为$(1, n)$，即实现了 OR 操作；如果系统设置门限为(n, n)，即实现了 AND 操作。访问树构建方法如下：每个非叶子节点代表一个门限，每个叶子节点代表一个属性，当一个属性与该叶子节点属性相同时，记为该属性满足这个叶子节点。属性集合满足一个访问树的定义如下：设访

问树 T 是以节点 R 为根节点的树形结构，设对应节点 x 的子树为 T_x，如果一个属性集合 S 满足一个子树 T_x，记为 $T_x(S)=1$；并且当一个子树的孩子节点对应的子树达到该子树节点门限值时，认为满足该子树……如此可以递归计算一个属性集合是否满足一个访问树。函数 att(x)只对叶子节点有效，表示与叶子节点 x 相关的属性。如果 x 是一个非叶子节点，分别计算 x 的所有子节点 z 的 $T_z(S)$值。当且仅当至少 K_{X+} 个子节点的 $T_z(S)=1$ 时，$T_x(S)=1$。如果 x 是一个叶子节点，则当且仅当 att(x)$\in S$ 时 $T_x(S)=1$。当一个属性集合满足一个访问树的时候，系统的某个主秘密可以被计算出来，这样就实现了基于密钥策略属性的加密。

4.2.3 基于属性加密机制

在传统的访问控制系统中，用户的权限和所有的数据都由系统管理员来分配和管理。随着系统中用户数量和数据量的增长，以及用户对数据和个人隐私需求的不断提升，传统访问控制技术面临着管理复杂的难题。

基于属性的加密(Attributed Based Encryption，ABE)机制可以很好地解决上述问题，其解决思路是：系统中每个权限可由一个属性表示，由一个权威机构对所有访问者的权限属性进行认证并颁发相应的密钥，系统中的资源以加密形式保存在服务器中，加密的访问策略可根据需要由资源发布者来灵活制定，任何人都能够公开访问加密后的资源，但只有满足访问策略的访问者才可以解密该资源。例如，一个用户想要分享一个秘密信息给拥有属性 A3 且拥有属性 A1 或 A2 的用户，他可以通过指定一个形如"A1" or "A2" and "A3"的布尔表达式作为加密策略来加密秘密信息，只有满足此条件表达式的用户才能访问该秘密信息。

同时，该方法有效地解决了传统访问控制中系统管理员管理所有用户权限的问题，同时，服务器并不需要与每个访问者交互，从而提高了系统的效率。

基于属性加密机制是公钥密码学和基于身份的密码学的一种扩展。基于属性加密把基于身份加密中表示用户身份的唯一标识，扩展成由多个属性组成的属性集合，还将访问结构融入属性集合中，使公钥密码体制具备了细粒度访问控制的能力，即通过密文策略和密钥策略来限制用户对密文的访问和解密能力。

2005 年，Sahai 与 Waters 第一次提出基于模糊身份加密的方案(Fuzzy Identity-Based Encryption，Fuzzy-IBE)[23]，将生物特性信息，如指纹、虹膜等直接作为身份信息应用于基于身份的加密方案中。在该方案中，用户的身份信息被特征化为一组属性，而身份的匹配关系由原来的"完全匹配"变为"相似匹配"，即对两个由 n 个属性组成的身份信息，只需要它们之间至少存在 t 个共同的属性即可，而 $n-t$ 则是对误差的"容忍值"。他们在论文中引入了属性的概念，发展了传统的基于身份密码体制关于身份的概念，将身份看作是一系列属性的集合。

属性密码学自诞生以来，就成为密码学领域一个热门的研究方向，得到了快速发展，在分布式文件管理、第三方数据存储、日志审计、付费电视系统、定向广播加密等领域有着广泛的应用。特别是近几年，随着云计算技术的发展和日益普及，越来越多的企业和个人将数据存储外包给云服务器。针对用户的数据安全和隐私问题，属性密码学提供了很好的解决方案。

与传统密码学相比，属性密码学提供了更加灵活的操作关系。在属性加密机制中，密文和密钥都与一组属性相关，加密者可根据要加密的内容和接收者的特征信息制定一个由属性构成的加密策略，而产生的密文只有属性满足加密策略的用户才可以解密。属性加密机制具有以下4个特点。

(1) 高效性：加解密代价和密文长度仅与相应属性个数相关，而与系统中用户的数量无关。

(2) 动态性：用户能否解密一个密文仅取决于他的属性是否满足密文的策略，而与他是否在密文生成前加入这个系统无关。

(3) 灵活性：具体表现为加密策略可支持复杂的访问结构，如门限、布尔表达式。

(4) 隐私性：加密者仅需要根据属性加密数据，并不需要知道这些属性所属的用户，即解密者的身份信息，从而保护了用户的隐私。

属性加密机制极大地丰富了加密策略的灵活性和用户权限的可描述性，以往的一对一加解密模式被扩展成一对多模式。基于以上良好性质，属性加密机制可以有效地实现非交互的访问控制。

2006年，Goyal等人[24]在基于模糊身份加密方案的基础上提出了基于属性的加密方案，并阐明了属性加密的概念和意义。

在属性加密机制中，用户身份信息被泛化为用户身份相关的属性。根据密文和密钥的表现形式和应用场景的不同，可以将其划分为密钥策略属性基加密(Key-Policy Attribute-Based Encryption，KP-ABE)和密文策略属性基加密(Cipher-Policy Attribute-Based Encryption，CP-ABE)。

在文献[24]中，Goyal等人首次提出了KP-ABE的概念。它将可描述的一组属性与密文相联系，解密密钥用策略树来约束，当访问控制策略树能够匹配属性后，解密者才能获取解密密钥。在KP-ABE方案中，加密方对明文没有任何的控制权，因此适合于大规模网络环境下的密钥管理[29]。

2007年，Bethencourt等人[30,31]提出了CP-ABE的概念。在CP-ABE中，访问控制策略树与密文相联系，解密密钥用一组可描述的属性来约束，当解密方拥有的属性匹配策略树成功时才能获得解密密钥。与KP-ABE相比，CP-ABE更适合于大规模环境下的访问控制。在该方案中，用户的密钥与属性集合相关，密文和访问结构相关，因此能够很好地用于云存储的密文访问控制。目前学术界对ABE在云计算和云存储环境下的应用大部分都采用CP-ABE算法。在文献[32]中，Pirretti等人提出在应用CP-ABE算法时扩展一个用户属性，即为该属性贴上一个终止时间。但该方案的缺陷是：用户需要周期性地向认证中心申请私钥，导致其效率较低，并且在终止时间之前，用户的权限无法撤销。文中，Pirretti等人指出了属性加密机制在分布式存储和社交网络等更广泛领域的应用。

关于 KP-ABE 与 CP-ABE 两种属性基加密的区别，房梁等在文献[33]中进行了总结。设属性基加密方案包括 4 个多项式算法（Setup，Enc，KeyGen，Dec），每个算法的输入与输出如表 4-1 所示。

表 4-1 KP-ABE 与 CP-ABE 对比

算法		KP-ABE	CP-ABE
Setup	In	安全参数 λ，属性空间与用户空间大小	安全参数 λ，属性空间与用户空间大小
	Out	公钥参数 PK	公钥参数 PK
Enc	In	主密钥 MK，公钥 PK，信息 M 和属性集合 γ	主密钥 MK，公钥 PK，信息 M 和访问结构 A
	Out	加密数据 CT	加密数据 CT
KeyGen	In	主密钥 MK，访问结构 A，公钥 PK	主密钥 MK，属性集合 γ
	Out	解密密钥 D	用户私钥 SK
Dec	In	公钥 PK，加密数据 CT，解密密钥 D	公钥 PK，加密数据 CT，用户私钥 SK
	Out	原始消息 M	原始消息 M

关于属性加密机制的研究还包括改进计算效率[34,35]、访问策略隐藏[36]和匿名身份验证[37]等方面。

由于单授权机构存在不利于系统规模扩充及可以获取用户信息等问题，Chase[38]首次提出多授权机构属性基加密（Multi-Authority Attribute Based Encryption，MA-ABE）方案。

Lewko 和 Waters[39]提出分布式的属性基加密（Decentralized ABE）方案，并采用双重加密的安全证明方法证明了方案的安全性。该方案摆脱了 Chase 方案[38]的中心机构的瓶颈问题。

为了进一步提高 ABE 方案的加密、解密计算效率，Guo 等人[40]受 Even 等人[41]提出的在线-离线（Online-Offline）签名算法的启发，首次提出了基于身份的 Online-Offline 加密方案。

随后，Hohenberger 和 Waters[42]利用 Rouselakis 和 Waters[43]的属性基加密方案，首次提出了 Online-Offline 属性基加密方案。该方案把所有的配对操作移交到离线阶段去处理，从而大大减少了在线阶段的计算开销。

虽然 Online-Offline[44]和转换密钥技术[45,46]可以通过预处理及外包解密[47]的方式来降低用户端加密和解密的计算开销，但预处理方式需要在离线加密阶段确定访问结构，实际上不同数据的访问结构并不相同，也不便于提前确定；外包解密方式把解密外包到不完全可信的第三方，不能保证解密的正确性。Shao 等人[46]利用转换密钥技术和在线/离线属性加密原语的技术，提出了一个应用于移动云计算数据的共享方案。该方案可以不用提前确定访问结构，但是用户的属性集合只受到一个属性授权机构的管理，不利于系统规模的扩充。

在文献[48]中，冯登国等人系统地论述了当前属性密码学的研究现状和发展趋势，并就主流研究工作进行了深入探讨和分析，包括属性密码学基本概念、可证明安全的方案和近年来的研究进展情况。苏金树等人[49]也对属性基加密机制进行了综述。

4.3 云存储系统访问控制相关研究

纵观云计算与云存储的服务体系，IaaS、PaaS 和 SaaS 都需要通过访问控制技术来保护相关信息资源，因此访问控制是贯穿于各层之间的一种安全技术。

各大云计算与云存储服务提供商在构建云平台和提供云服务的过程中也对现有的访问控制技术进行了尝试和实践。本章将从学术界和产业界两个方面对目前云存储环境下的访问控制技术的研究和实践进行介绍。

4.3.1 研究概述

由于云计算的特殊性，云环境下的访问控制技术较之传统的访问控制技术更为关键，用户要使用云存储和计算服务，必须要经过云服务商 CSP 的认证，而且要采用一定的访问控制策略来控制对数据和服务的访问。各级提供商之间需要相互的认证和访问控制，虚拟机之间为了避免侧通道攻击，也要通过访问控制机制加以安全保障。因此，云计算中的身份认证和访问控制是一个重要的安全研究领域。

当前的研究主要集中在云计算与云存储环境下访问控制模型、基于密码学的访问控制、虚拟机访问控制等方面。

其中关于访问控制的粗细粒度的划分方法是：把控制到主机一级的方式称为粗粒度的访问控制，把控制细化到目录、文件、Web 页面一级的称为细粒度访问控制。

因为云存储服务器不完全可信，数据拥有者在将数据存储到云服务器之前，需要先对其进行加密处理，通过控制用户对解密密钥的获取权限来实现访问控制的目标。

为了安全地分发解密密钥给授权用户，通常使用以下 3 种方式。

(1) 通过数据拥有者分发：在这种方式下，云服务器在任何情况下都不接触任何形式的密钥，因此安全性较高，不过要求数据拥有者一直在线。

(2) 将密钥加密后通过云服务器分发：密钥经加密后存放在云中，数据共享者访问数据时需要先从云中获取到数据密文和加密后的密钥，然后通过某种约定的方式解密密钥，然后解密数据。也即通常所说的基于密码学的访问控制方式，这是云计算与云存储环境下最常用的方式。

(3) 通过第三方机构进行分发：该方式结合以上两种方式的优点，但对应用场景的依赖较强，因此大都出现在某些特定的应用中。FADE[50] 系统和 Corslet[51] 系统使用一个可信的第三方服务器来集中管理密钥。

基于密码学的访问控制方案的安全性依赖于密钥的安全性，从而可以用于不可信的云计算与云存储环境。该方案通过加密数据，控制用户对密钥的获取来实现访问控制，使只有具备相应密钥的授权人员才能解密密文。

根据采用的密码学算法，基于密码学的访问控制方案可以划分如下。

(1) 基于对称密码算法的访问控制方案：该方案主要采用选择加密(Selective Encryption)

实现。

(2) 基于非对称密码算法的访问控制方案：分为单一加密策略和混合加密策略两种，其中单一加密策略主要包括基于属性的加密和基于代理重加密，基于混合加密策略方案将多种加密策略结合起来用于实现访问控制。

根据以上分类，下文将对这些访问控制方案进行详细介绍，从基于对称密码的访问控制、基于属性加密的访问控制、产业界的实践到其他相关研究。

4.3.2 基于对称密码的访问控制

密文访问控制的概念最早由 Kallahalla 等人[52]提出，他们首次将访问控制的安全性建立在密钥安全的基础上。他们提出一个不可信存储环境下的安全文件共享系统 Plutus，该系统采用了双层加密机制，每个文件都会采用一个对称密钥加密，在共享时这些文件会被组织为“组”，并产生一个组密钥负责对每个文件的加密密钥进行加密。文件密文和对应的加密密钥的密文被存储在不可信的存储服务器上，而组密钥则被单独分发给需要共享的用户。

Plutus 里面提出的基本概念被很多的后续研究者利用，但是随着“组”的增长，其密钥数量也将线性增长。针对这个问题，Ateniese 等人[53]提出了基于代理重加密技术的访问控制方案。代理重加密的概念由 Blaze 等人[54]在 1998 年提出，即一个代理可以利用由 Alice 生成的代理重加密密钥，将由 Alice 公钥加密的密文直接转换为用 Bob 私钥可以解密的密文，并且代理不能获得关于密文所对应明文的任何信息。在 Ateniese 等人的方案中，将每个文件用对称密钥加密，再将该加密密钥用文件属主的主密钥加密。文件属主在进行文件分享时，需要用自己的主密钥与目的用户的公钥一起产生一个代理重加密密钥，而服务器将利用该代理重加密密钥对密文进行转换，使得密文只有目的用户才能解密。

这些研究工作虽然一定程度上满足了数据在缺少可信任机构的环境下的访问控制需求，但要实现细粒度和灵活的访问控制，其密钥管理非常复杂且计算开销也很大。

基于对称密码算法的云计算与云存储环境下的访问控制模型的架构如图 4-1 所示。通常包括 3 个实体：数据拥有者、用户和云存储服务器。数据拥有者将加密文件和用于实现访问控制的公开信息存储于云服务器，用户可随时将存储于云服务器的加密文件和公开信息下载至本地，这样数据拥有者就不用一直在线。

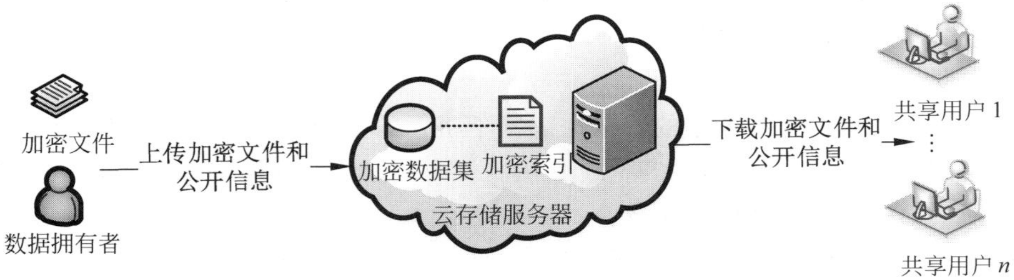

图 4-1 基于对称密码算法的访问控制模型

在上一小节介绍了基于对称密码的访问控制主要利用选择加密(Selective Encryption)算法实现。为了实现对加密数据的访问控制,最直接的方法就是将文件加密密钥分发给每一个被授权的用户,但是这将给数据拥有者带来繁重的密钥管理开销。选择加密采用对称密钥推导图的形式进行密钥分发,可有效减轻数据拥有者的密钥管理负担。

2007 年,Vimercati 等人[55,56]首次提出选择加密采用不同的对称密钥加密不同的文件,将具有相同授权用户的文件采用同一对称密钥加密。每个共享数据的用户只需要保存一个对称密钥作为用户密钥,选择加密根据访问控制策略生成的密钥推导图进行密钥分发。

密钥推导图一般由若干顶点和若干有向边组成,由有向边的出发顶点的顶点密钥可推导出终端顶点的顶点密钥。数据拥有者将每个共享用户和每个文件的授权用户集合视为密钥推导图中的一个顶点,利用访问用户集合的包含关系生成密钥推导图。

为了将密钥推导图中的密钥推导关系转换为用于密钥分发的公开信息,数据拥有者首先为每个密钥分配一个标签,并为每条有向边生成一个对应的令牌。令牌包括 3 个部分:密文、密文的解密密钥的标签和解密密文后可获取的密钥的标签。

为了让共享用户快速找到获取目标密钥的令牌路径,数据拥有者还将生成一个用户密钥标签列表和文件解密密钥标签列表。数据拥有者将用户密钥标签列表、文件解密密钥标签列表和令牌列表作为公开信息存储在云存储服务器上,使共享用户可根据其用户密钥和公开信息推导出其访问权限范围内的文件的解密密钥。

因为全部基于对称密码技术,选择加密算法成为一种具有细粒度访问控制、密钥管理计算开销小、密钥分发效率高的适用于云存储服务的访问控制机制。

但是,由于选择加密机制的公开信息可以被任何人读取,攻击者可利用公开信息恢复出密钥推导图,从而得到数据拥有者的访问控制策略。

此后,Vimercati 等人[57-59]和 Jiang 等人[60]在将选择加密用于外包数据安全方面做了一系列的研究工作,文献[58]实现了同时赋予的用户读写权限方案,文献[60]提出了一种双头层结构,可实现访问控制策略的高效更新。

最近,雷蕾等人[61]提出了一个支持策略隐藏的基于选择加密的云存储访问控制方案。该方案采用 Vimercati 等人[55,56]提出的方法生成密钥推导图,等价于访问控制策略。首先,数据拥有者将具有相同授权用户的文件采用同一对称密钥加密,将具有不同授权用户的文件采用不同的密钥加密,并将加密文件上传到云存储服务器。方案中,为每个文件设置一个唯一的文件序列号,使得云服务器和攻击者不能根据文件序列号列表判断哪些文件具有相同的授权用户集,从而实现了文件权限信息的隐藏。但他们也指出,云服务器可以通过记录每个共享用户的存取记录来获取数据拥有者的访问控制策略,但是可以通过随机存取方法加以解决。

4.3.3　基于属性加密的访问控制

根据 4.2.3 小节对基于属性加密机制的介绍,基于属性加密机制按照用户的属性来进行访问控制,只有满足特定属性的用户才能解密密文,用户能否解密一个密文仅取决于他的属性是否满足密文的策略,而与他是否在密文生成前加入这个系统无关。而且服务器并不需要与每个用户交互,从而提高了系统的效率。其高效性、动态性、灵活性和隐私保护特性使得它特别适合于云存储环境下的细粒度访问控制。

同时,基于属性加密机制具有很强的安全性。

(1) 大部分基于属性加密算法基于椭圆曲线上的双线性对,从密码学理论上破译密码是不可能的。

(2) 基于属性加密算法与一个访问结构相关联实现访问控制,其访问结构的复杂性,使得攻击者难以将其简单地与一个困难性问题结合模拟攻击过程,从而使得挑战密文是困难的。

(3) 基于属性加密算法的私钥具有一定的属性,不同的私钥属性集合可能具有相关的属性,私钥的相关性让模拟私钥提取变得困难。

基于属性加密机制在云计算与云存储环境下的访问控制模型的架构如图 4-2 所示。通常包括 4 个实体:数据拥有者、用户、云存储服务器和可信授权中心。首先由可信授权中心生成主密钥和公开参数,将系统公钥传送给数据拥有者,数据拥有者利用系统公钥和访问结构对文件或文件加密密钥进行加密,将密文和访问结构存放到云服务器。当有新用户加入系统,就将其属性集传送给可信授权中心,并请求私钥,可信授权中心根据用户的属性集和主密钥生成用户私钥发送给用户。用户需要访问数据时,如果其属性集满足密文的访问结构策略,就可以解密密文。此架构中的可信授权中心可以是已有的公钥基础设施(Public Key Infrastructure,PKI)中的数字证书认证机构(Certificate Authority,CA)。

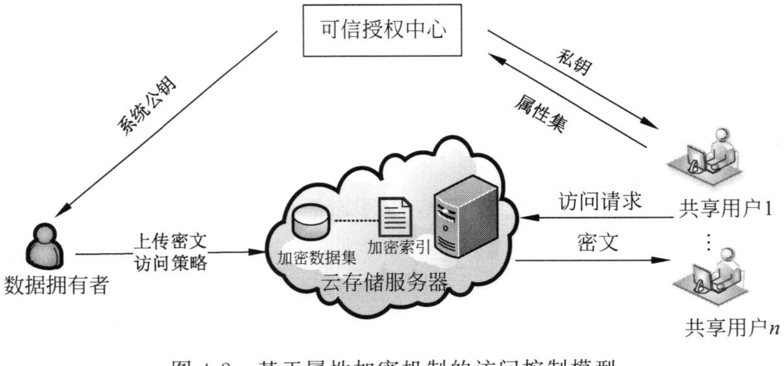

图 4-2　基于属性加密机制的访问控制模型

而关于访问结构,可以是一个布尔表达式(Boolean Expression),也可以是一个门限树。如图 4-3 所示是一个简单的访问结构,根据逻辑表达式"部门:销售"or("部门:IT"and"地点:办公室")来判断一个用户的属性是否满足该表达式,从而决定是否允许用户访问数据。

近几年来,关于属性加密在云计算与云存储环境中实现访问控制的研究主要包括 3 个方面:①实现细粒度访问控制;②关于用户属性与权限的撤销;③多授权中心(Multi-

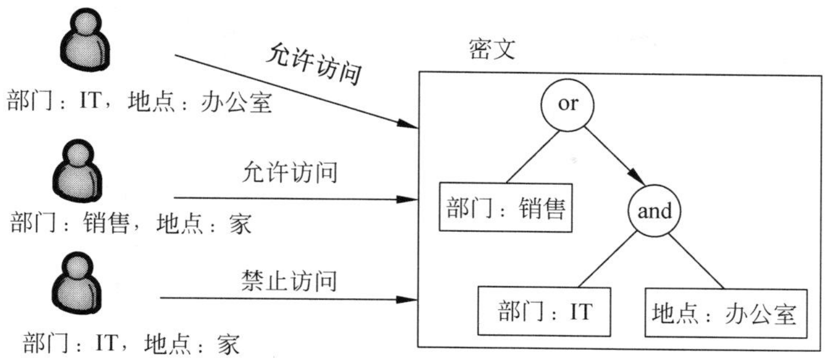

图 4-3 一个简单的访问结构

Authority)方案。

Anuchart 等人[62]提出了一种基于 OAuth 标准和 CP-ABE 的授权方案 AAuth。AAuth 提供端到端加密和基于 ABE 的令牌，使得数据拥有者和授权中心都可以对云服务器上的数据进行认证，当处于不可信的云存储环境时，数据拥有者可以控制自己的数据。

孙国梓等人[63]提出基于 CP-ABE 的云存储数据安全访问控制方案，该方案将公钥和私钥形式化为读写权限，然后通过设计密钥来进行访问控制。Ruj 等人[64]提出了一种实现隐私保护的云数据访问控制框架，该框架要求数据拥有者在将数据存放到云服务器之前进行认证，然后用户就可以对数据使用 ABE 加密实现数据的访问控制。Zhu 等人[65]提出一种有效地使用 ABE 实现 RBAC 访问控制的云数据加密方案。Wan 等人[66]提出一种分层的基于 CP-ABE 的访问控制方案 HASBE，利用分层结构解决灵活性与扩展性问题。Wang 等人[67]提出了一种将两个低层次文件合并成高层次文件的基于属性加密的分层访问控制方案。

如何防止用户滥用密钥，即如何追踪那些公开自己密钥的用户的问题，也有一些研究工作。Liu 等人[68,69]分别在白盒和黑盒追踪场景下给出了一些方案，但所提出的方案的公共参数和代价都与系统用户数量相关。如何设计与系统用户数量不相关的可追踪审计方案是需要解决的问题。Ning 等人[70-72]在这个方面做了一些研究工作。

云存储服务中用户权限撤销一直是一个比较困难的问题，可能涉及数据的重加密和权限的重新分配等问题。在基于属性加密算法的访问控制模型中，就涉及用户属性的撤销。通过撤销用户的某些属性，而让用户不能访问指定数据。

在最早的文献[24,32]中，给出的一个解决思路是：通过给每个用户分配一个终止时间的属性，在此时间过期后，该用户的权限就被撤销。

为了减小密钥更新的开销，Sahai 等人[73]提出一种基于二叉树的方案，将每个用户设置为与二叉树的叶节点相关，使得密钥更新数量与用户数量呈对数关系。该方案结合“密文委派”(Ciphertext Delegation)提出一种高效的可撤销的属性加密方案。在该方案中，权威机构只需要定期发送一个更新密钥的广播，即可完成密钥的更新，并不需要用户与权威机构间进行交互或存在安全信道。但这种方案也是一种“All-or-Nothing”(要么全有，要么全无)的方案，而实际应用中，有时只需要对用户属性进行细粒度撤销而不是撤销用户所有权限，用户身份的变化导致其不再拥有某个属性，而非撤销所有的属性。还有一种撤销称之为“直接撤销”，由一个可信第三方公布撤销用户的名单，用户在加密时直接排除被撤销用户来进行撤销。文献[74-76]都针对细粒度权限撤销问题进行了深入研究和探索，取得了一些重要进展，但在效率方面还有待于进一步提升和改进。

当前的 CP-ABE 有一个缺点，即“All-or-Nothing”，要么授予全部权限，要么就什么权限也不给。有鉴于此，Ning 等[77]首次提出一个基于审计中心和可撤销 CP-ABE 的云存储系统 CryptCloud＋，使其具有白盒可追溯与审计功能。该方案通过修改密钥生成算法，在其中加入审计列表，以检测用户是否修改了保密密钥的标签，从而实现可追溯与审计功能。

Liang 等人[78]提出一种基于属性的代理重加密方案（Attribute-based Proxy Re-Encryption，ABPRE），通过一个代理将密文从一种访问结构策略转换为另一种访问结构策略的密文，从而实现权限撤销的目的。洪澄等人[79]提出利用 CP-ABE 算法实现密文访问控制，通过私钥属性和密文属性的匹配关系确定解密能力，简化了数据共享中的密钥管理。

Yu 等人[80]提出了一种将 CP-ABE 与代理重加密结合可实现属性撤销的方案，该方案假定云服务器是部分可信的，数据拥有者将部分工作交给云服务器执行，只是该方案中访问结构只支持“and”门限。在文献[81]中，他们提出一种基于 KP-ABE 的云计算环境下的细粒度的访问控制方案，并利用重加密技术实现了有效的用户撤销机制。在该方案中，使用一个对称密钥加密文件，对属性集合中的每一个属性，在密文中增加一个元素，在解密过程中，这个元素将被用来恢复文件加密密钥。该方案结合 KP-ABE、代理重加密和延迟重加密等多种加密技术，是一种基于混合加密策略的方案。Tang 等人[82]提出了一种将 CP-ABE、盲解密和秘密共享结合的访问控制方案。Liu 等人[83]提出了一种细粒度、基于时间及时更新密文的访问控制方案。

基于属性加密算法的访问控制在进行授权时，用户的每个属性需向可信授权中心获得签名私钥，因此需要单个授权中心管理大量属性，从而导致其工作量极大，可能会让授权过程效率低下。多授权中心可以由不同的认证中心来认证每个用户的属性并保存访问结构，但需要一个可信的授权中心来管理和约束其他授权中心。

Chase[38]最早提出多授权中心的概念，并提出一种多授权中心的基于属性的加密方案。基于该加密方案，他又首次提出一种多授权中心的基于属性的签名方案。为了防止授权中心盗用私钥，只让每个授权中心控制一部分属性，从而能够抵抗伪造与合谋攻击。该签名方案可以保护签名者的私密信息，并具有较高的签名效率。

Ruj 等人[84]提出了一种分布式密钥分发中心（Key Distribution Center，KDC）的方案。

Yang 等人[85]提出了一种云存储系统中的多授权中心访问控制模型。在系统中，为每个用户分配一个唯一的用户标识符（UID）和一个唯一的授权标识符（AID），UID 和 AID 都由可信的证书颁发机构（CA）签发。为了防止多个用户合谋来访问数据，被 CA 认证过的 UID 要和密钥一起使用才能对数据进行解密。随后，他们又提出了一种云存储系统中的多授权中心的访问控制方案 DAC-MACS[86]，该方案使用基于令牌的方法来管理各个授权中心，并实现了高效的属性撤销。此后，他们还对相关问题进行了进一步的研究[87,88]。

Liu 等人[89]提出了一种云计算系统中外包数据的层次化的基于属性的访问控制方案，该方案在 CP-ABE 的基础上加入了属性基签名（Attribute Based Signature，ABS），将多授权中心分层管理，每层授权中心完成不同的功能，实现权限授予和粗粒度的资源访问控制。

仲红等[90]提出了一种高效的可验证的多授权中心的基于属性加密的云存储数据访问控制方案，该方案不仅可以降低加密、解密的计算开销，同时可以验证外包解密的正确性并且保护用户隐私。他们提出的在线-离线的多授权机构属性基加密（Online/Offline Multi-Authority Attribute Based Encryption，OO-MA-ABE）方案把用户端在线计算代价转移到离线阶段或者云服务器上，从而大大降低了用户端的在线计算开销。在加密阶段，用户利用加密密钥和明文生成哈希值作为数据的验证令牌；在进行解密时，用户利用验证令牌验证解密结果的正确性，从而检验云存储服务器解密是否正确。同时，该方案可以抵抗单个授权机构获取用户的身份信息，保证了用户身份隐私。

此外，文献[91,92]也是关于多授权中心的基于属性加密的访问控制方案。在云计算与云存储系统中，使用基于属性加密算法实现访问控制的研究工作非常丰富，文献[93-97]都给出了非常好的解决方案。

4.3.4　产业界的实践

各大云服务提供商也采用了不同的访问控制机制对自己的云平台提供安全支持，下面将对亚马逊、微软、谷歌和百度等几个主流的开源云平台进行简单介绍。

Amazon（亚马逊）的云存储服务平台提供 Amazon 简单存储服务（Amazon Simple Storage Service，S3），个人或企业用户可以将自己的数据存放到 S3 云平台上去。

S3 将每个数据对象存储在称为桶（Bucket）的容器中进行管理，不仅控制用户对数据对象的操作，包括读、写、删除等，也会控制用户对 Bucket 的操作，包括罗列对象、增加、移除对象等。Amazon 访问控制方式有 4 种，分别介绍如下。

（1）Amazon 身份与访问管理（Identity and Access Management，IAM）：通过在 Amazon 账户之下创建多个用户，为每个用户分配相应的安全凭证以管理他们的权限。针对特殊权限用户，还可以采用多因素认证技术（Multi-Factor Authentication），并支持以硬件为基础的验证工具。

（2）访问控制列表（Access Control List，ACL）：基于用户身份与资源的权限，以数据对象和桶为中心，定义哪些用户能够访问哪些对象和桶。

（3）桶策略（Bucket Policy）：桶策略不仅可以控制访问桶的用户，还可以控制特定源 IP 地址的访问。此外，桶策略可以实现让其他账户上传数据对象到桶中，以实现跨账户的权限控制。

（4）查询字符串身份认证：该机制利用 URL 与其他用户共享数据对象时，通过在 URL 中附加签名和有效期来访问共享数据。

Microsoft Azure，即微软云是托管于 Microsoft 公有云数据中心的云平台，由基础结构和应用程序服务组成，并且集成了数据服务、高级分析以及开发人员工具和服务，提供从基本计算、网络和存储，到移动和 Web 应用服务，再到物联网等的完整云方案。

Microsoft Azure 的访问控制管理机制包括以下几个方面。

(1) Azure 多因素认证(Azure Multi-Factor Authentication)：基于多种因素，如使用移动应用、手机或短信验证登录等可选方式进行认证，并且使用安全性监视和机器学习式报告来识别不一致的登入模式，提供较好的企业级安全性。为了降低潜在的威胁，提供即时警报向 IT 部门通知可疑的账号认证。

(2) Azure Active Directory (Azure AD)：为混合企业中的每个用户创建和管理单一标识，从而保持用户、组和设备同步。它提供对应用程序(包括数千个预先集成的 SaaS 应用)的单一登录访问。Azure AD 在其自己受保护的容器中托管每个租户，使用的策略和权限仅针对各租户单独拥有和管理的容器，并保存在该容器内。使用 Azure AD 管理用户标识和凭据以及控制访问，帮助保护企业信息和个人信息。

(3) Azure Privileged Identity Management(PIM)：为了满足诊断和维护需求，需要使用采用实时特权提升系统的操作模型。因为权限过多，可能会向攻击者公开账户；而如果权限太少，员工无法有效完成工作。面向安全的公司应侧重于向员工提供他们所需的确切权限，PIM 就可以实现这一点。PIM 引入了有资格管理员的概念，有资格管理员应是不时(但不是每天)需要特权访问的用户。该角色处于非活动状态，直到用户需要访问权限，然后他们完成激活过程，并在预定的时间内成为活动管理员。

(4) Azure 基于角色的访问控制(RBAC)：使用 RBAC，可以在团队中对职责进行分配，仅向用户授予执行作业所需的访问权限。例如，使用 RBAC 允许一个员工管理云服务的虚拟机，而允许另一个员工管理同一云服务中的 SQL 数据库。

Google 云通过用户账号进行访问控制，云平台为每个用户提供一个唯一的用户 ID，并给每个用户分配相应的权限，也以此来识别每个用户在 Google 云的活动记录。

桶是 Google 云存储中存放数据的最基本容器，Google 利用桶来组织数据，所有数据存放在桶中。Google 云存储提供了两种访问控制机制：

(1) 访问控制列表(ACL)：Google 云的 ACL 中，主要有读、写、完全控制 3 种级别的权限。在桶和对象的拥有者未指定桶和对象的 ACL 时，系统会使用默认的 ACL 来控制用户访问。所有桶默认其拥有者具有完全控制权限，拥有者可以通过修改和更新 ACL 来控制其他用户的访问权限。

(2) 查询字符串认证：该机制不需要 Google 账号就能访问数据，与 Amazon 的查询字符串认证相似，也是通过在 URL 中附加签名和有效期来访问共享数据。

百度云存储服务目前支持以如下两种方式对存储资源进行访问控制。

(1) URL 签名：通过对 URL 进行签名来识别访问者的身份，从而实现用户身份验证。百度云存储的开发者可根据 Access Key 和 Secure Key 对本次请求进行签名，然后根据签名来判断当前发起请求的用户的身份。

(2) 访问控制列表(ACL)：通过 ACL 来管理 Bucket 和 Object 的访问控制权限，即通过设置 Bucket Policy 和 Object Policy，按策略允许云存储用户将资源(Bucket 和 Object)的访问和控制权限开放给其他用户。

目前，主流的开源云平台包括 OpenStack、CloudStack 和 Eucalyptus。对寻求灵活性和定制化的客户来说，开源云平台是最优解决方案。在访问控制方面，它们都具有很高的安全性，可以保证用户级别和权限的有效区分以及虚拟机严格按照策略进行访问。它们的共同点是均设置了安全组(Security Group)，这里的安全组是指一组规则(ACL 或 IPtable)的集合。管理员或者授权用户通过设置这些规则来对虚拟机的访问流量加以限制，从而达到访问控制的目标。

综上所述，产业界的云存储服务产品都实现了一些基本的访问控制，但主要采用的是传统访问控制技术，缺乏满足云存储服务的特殊需求的访问控制技术，比如基于属性加密实现细粒度的访问控制的实践。

4.3.5 其他

杨腾飞等人[98]指出传统的属性加密通常有以下缺点：加密密文存储空间及加解密运算量随着属性数目的增长而线性增长。而在对象云存储中，将有海量的属性数目，属性相关的密文元数据大小将限制对象存储的元数据管理，不利于细粒度访问控制的应用。为了解决这个问题，他们提出了一种对象云存储中分类分级数据的细粒度访问控制方法，克服了上述的安全挑战，并解决了已有方案中的缺陷，利用灵活访问策略适应了对象属性描述的应用场景。

该方案综合属性加密机制、强制访问控制、对象存储各自的优势，并结合分类分级的属性特点，提出了一个基于安全标记对象存储访问控制模型。在该模型中，只有当用户拥有的安全标记满足一定的策略支配访问数据的安全标记时，通过具体的分类分级数据的属性访问控制算法，用户才可以解密数据。这里的访问控制算法可以利用对象数据丰富的分类分级属性元数据参与访问控制策略的运算，生成固定长度的，并且只有满足分类分级层级支配策略的用户才能解密访问的密文数据。

李昊等人在文献[99]中，对大数据及大数据应用的新特点做了分析，并提炼出这些新特点给访问控制领域带来的 5 个迫切需要解决的新问题：授权管理问题、细粒度访问控制问题、访问控制策略描述问题、个人隐私保护问题，以及访问控制在分布式架构中的实施问题。接着对相关访问控制关键技术的研究现状进行了梳理，包括角色访问控制、风险访问控制、半/非结构化数据的访问控制、针对隐私保护的访问控制、世系数据相关的访问控制、基于密码学的访问控制等。

虽然这些现有技术不一定能直接应用于大数据场景，但是它们都可以被大数据访问控制的研究所借鉴，以解决大数据带来的上述访问控制的新问题。在此基础上，他们总结并提炼了若干大数据访问控制所呈现的新特点：判定依据多元化、判定结果模糊化、多种访问控制技术融合化。最后，他们对未来大数据访问控制的研究进行了展望，给出了一些有待研究的问题。

Ali 等人[100]提出一个云中数据安全共享系统 SeDaSC。为了抵抗内部攻击，该方案首先使用一个加密密钥加密文件，然后将密钥分成两份。每个用户只持有一个份额，另外一份存放在一个可信的第三方(也叫密码服务器)，从而抵抗内部人员的合谋攻击。

王于丁等人[101]在文献中提出了一个基本的云计算环境下的访问控制体系框架，主要包括以下实体：用户(租户)、云平台、网络基础设施。用户(租户)和云平台之间要通过访问控制规则和访问控制模型进行访问控制。云平台和网络基础设施大部分采用访问控制规则。在云平台中，虚拟机之间要进行虚拟设备的访问控制。对于存储在云平台内部的数据，可以基于某种访问控制模型和基于密码学的访问控制手段进行安全保护。可信云平台计算和安全监控审计则是辅助云环境下访问控制技术的必要技术手段。

房梁等人[33]将基于属性的访问控制的整体流程分为准备阶段和执行阶段，并对两阶段面临的关键问题、研究现状和发展趋势做了分析。针对其中的实体属性发现、权限分配关联关系挖掘、访问控制策略描述、多机构合作、身份认证、权限更新与撤销等难点问题进行了深入探讨。最后，在对已有技术进行深入分析对比的基础上，指出未来基于属性的访问控制的研究方向。

关于云计算与云存储中安全和访问控制的研究成果还有很多，读者可以参考文献[102-107]。此外，在用于健康医疗领域的云平台上实现数据共享与访问控制也有一些研究工作[108,109]。

4.4 存在的问题与未来发展方向

综合学术界与产业界对云存储环境下身份认证与访问控制的研究与实践，总结起来仍然存下如下问题。

(1) 云服务提供商将大量 IT 资源进行整合的过程中使用了虚拟化技术，在将这些资源提供给大量不同用户使用的过程中也使用了虚拟化技术。因为云服务提供商是不可信实体，那么如何避免虚拟化过程中的隐蔽通道，是访问控制技术需要解决的问题。另外，仍然是云存储环境下的虚拟化，使访问控制技术从用户授权扩展到虚拟资源的访问控制和云存储数据的安全访问等方面，传统的访问控制在应用范围和控制手段上不能满足云存储架构的要求。

(2) 云存储环境下各类服务属于不同的安全管理域，当用户跨域访问资源时，需要统一考虑安全策略以实现相互授权与资源共享，但各安全管理域的信任管理问题也是需要解决的问题。另外，云存储环境下，用户角色与权限关系复杂，用户可能变动频繁，管理员角色比较多并且层次复杂，权限的分配与传统计算模式有较大区别，在将传统访问控制技术用于云存储系统中时，要考虑的问题更多。

(3) 访问控制与密钥、数字签名、证书、认证等技术的结合是解决系统安全访问控制的有效途径，但在云存储环境下，访问控制已不仅仅是对用户身份的认证和权限的限制，还应该体现用户与云服务提供者之间的公平性。如何在访问控制之外制定信誉机制和惩罚机制成为一个需要解决的问题。

(4) 为了提供更高的安全性保障，用户有将数据存放在不同的云服务提供商的服务器上的需求，因此也需要有 Inter-Cloud 访问控制方法，实现在 Inter-Cloud 的资源信息共享访问基础上提供 Inter-Cloud 之间的相互授权机制，使不同云内的用户可以相互跨云访问对方的资源，从全局实现对云中资源的访问控制管理，并保证 Inter-Cloud 环境中的一致性访问控制。

(5) 在基于属性的访问控制方法中，权限与属性紧密关联，用户属性的变化会导致其所拥有的访问权限发生相应变化，需要生成新密钥对与原属性相关的全部数据进行重新加密，这将带来极大的计算消耗。而新型计算环境下用户和属性的大规模特征和属性权限之间的多对多关系都进一步增加了权限更新的复杂度，给设计有效的权限更新机制带来新的挑战。

(6) 相比于密钥策略的属性加密机制，目前密文策略的属性加密构造还有很多不足：在密文长度方面，现有方案还无法将密文做到常数并同时能够支持一般访问结构；在安全性证明方面，密文策略的属性加密不是基于标准的困难问题，或者方案效率很差。因此，优化密文策略的属性加密方案构造，也是一个具有挑战性的研究问题。

(7) 在基于 CP-ABE 的访问控制方法中，满足属性要求的所有用户都可以提取密钥并解密密文，那么任何一个用户泄露其密钥都会导致数据不安全，而且泄密者没有任何风险。因此，实现可追踪的 CP-ABE 是使其安全实用的必要条件。此外，知道了泄密者后还需要有相应的撤销机制，即撤销泄密者的解密能力。

在云计算与云存储环境下，传统访问控制技术面临的问题还不止以上所列的几方面。为了解决这些问题，仍然需要研究工作者和产业界共同努力，先为这些已经发现的问题提出适合的解决方案，以进一步推进云计算与云存储的快速发展与实际应用。

4.5 本章小结

本章对云存储系统中的身份认证与访问控制技术做了介绍，鉴于身份认证技术在云存储环境下的变化不大，所以重点介绍了访问控制技术。首先介绍了传统访问控制技术，然后介绍了在云存储环境下对访问控制技术提出的新的需求。因为目前用于云存储系统实现细粒度的访问控制方案大部分都是基于属性加密机制，所以对与属性加密相关的双线性对和访问结构进行了介绍。接着介绍云存储系统访问控制的相关研究工作，最后对这些研究工作进行总结，指出仍然存在的问题和未来发展方向。

参考文献

[1] Lanxiang Chen, Dan Feng, Zhan Shi, et al. Using Session Identifiers as Authentication Tokens [C]. In Proc. of the 44th IEEE International Conference on Communication (ICC 2009), Dresden, Germany, 2009: 1-5.

[2] Butler W. Lampson. Protection [J]. ACM SIGOPS Operating Systems Review,1974,8(1): 18-24.

[3] Bell D E, Lapadula L J. Secure Computer Systems: Mathematical Foundations [R]. MITRE Technical Report MTR-2547,1973.

[4] Harrison M A,Ruzzo W L,Ullman J D. Protection in Operating Systems [J]. Communications of ACM,1976,19(8): 461-471.

[5] Department of Defense. Trusted Computer System Evaluation Criteria (TESEC) [R]. Technical Report DOD 5200.28-STD,1985.

[6] Ferraiolo D,Kuhn D R. Role-Based Access Control [C]. In Proc. of the 15th National Computer Security Conf. ,1992: 554-563.

[7] Sandhu R,Coyne E J,Feinstein H L,et al. Role-Based Access Control Models [J]. IEEE Computer, 1996,29(2): 38-47.

[8] Sandhu R,Bhamidipati V,Munawer Q. The ARBAC97 Model for Role-Based Administration of Roles [J]. ACM Trans. on Information and System Security,1999,2(1): 105-135.

[9] Sandhu R,Munawer Q. The ARBAC99 Model for Administration of Roles [C]. In Proc. of the 15th Annual Computer Security Applications Conf,1999: 229-238.

[10] Ferraiolo D F,Sandhu R,Gavrila S. Proposed NIST Standard for Role-based Access Control [J]. ACM Trans. on Information and Systems Security,2001,4(3): 224-274.

[11] Thomas R K,Sandhu R S. Task-Based Authentication Control (TBAC): A Family of Models for Active an Enterprise-Oriented Authentication Management [C]. In Proc. of the 11st IFIP Conf. on Database Security,California,1997: 11-13.

[12] Oh S, Park S. Task-Role-Based Access Control Model [J]. Information System, 2003, 28(6): 533-562.

[13] Park J,Sandhu R. Towards Usage Control Models: Beyond Traditional Access Control [C]. In Proc. of the 7th ACM Symp. on Access Control Models and Technologies. California,2002: 57-64.

[14] Park J,Sandhu R. The UCONABC Usage Control Model [J]. ACM Trans. on Information and System Security,2004,7(1): 128-174.

[15] Sandhu R,Park J. Usage Control: A Vision for Next Generation Access Control [C]. In Proc. of the 2nd Int'l Workshop on Mathematical Methods, Models and Architectures for Computer Networks Security,2003: 17-31.

[16] Biba,K. J. Integrity Considerations for Secure Computer Systems [R]. MITRE Technical Report MTR-3153,1975.

[17] 林闯,封富君,李俊山. 新型网络环境下的访问控制技术[J]. 软件学报,2007,18(40): 955-966.

[18] Sakai R,Ohgishi K,Kasahara M. Cryptosystems Based on Pairing [C]. In Proc. of the Symposium on Cryptography and Information Security,2000: 135-148.

[19] Joux A. A One Round Protocol for Tripartite Diffie-Hellman [C]. In Proc. of the Algorithmic Number Theory: 2000: 385-393.

[20] Dan Boneh,Matt Franklin. Identity-based Encryption from the Weil Pairing [C]. In Proc. of the Annual International Cryptology Conference (CRYPTO 2001),2001: 213-229.

[21] 张方国. 从双线性对到多线性映射[J]. 密码学报,2016,3(3): 211-228.

[22] Steven D. Galbraith, Kenneth G. Paterson, Nigel P. Smart. Pairings for Cryptographers [J]. Discrete Applied Mathematics,2008,156(16): 3113-3121.

[23] Sahai A,Waters B. Fuzzy Identity Based Encryption [C]. In Proc. of the Advances in Cryptology

(Eurocrypt. 2005),2005: 457-473.

[24] Vipul Goyal,Omkant Pandey,Amit Sahai,et al. Attribute-based Encryption for Fine-Grained Access Control of Encrypted Data [C]. In Proc. of the 13rd ACM Conference on Computer and Communications Security (CCS '06),2006: 89-98.

[25] Cheung L, Newport C. Provably Secure Ciphertext Policy ABE [C]. In Proc. of the 14th ACM Conference on Computer and Communications Security, Alexandria, VA, USA, 2007: 456-465.

[26] Emura K, Miyaji A, Nomura A, et al. A Ciphertext-Policy Attribute-based Encryption Scheme with Constant Ciphertext Length [C]. In Proc. of the Information Security Practice and Experience, 2009: 13-23.

[27] Nishide T, Yoneyama K, Ohta K. Attribute-based Encryption with Partially Hidden Encryptor-Specified Access Structures [C]. In Proc. of the Applied Cryptography and Network Security, 2008: 111-129.

[28] Waters B. Ciphertext-policy Attribute-based Encryption: An Expressive, Efficient, and Provably Secure Realization [C]. In Proc. of the Public Key Cryptography (PKC 2011),2011: 53-70.

[29] Attrapadung N, Imai H. Conjunctive Broadcast and Attribute-Based Encryption [C]. In Proc. of the Pairing-Based Cryptography (Pairing 2009),2009: 248-265.

[30] Bethencourt J, Sahai A, Waters B. Ciphertext-Policy Attribute-Based Encryption [C]. In Proc. of the IEEE Symposium on Security and Privacy (SP '07), Berkeley, CA, 2007: 321-334.

[31] Rafail Ostrovsky, Amit Sahai, Brent Waters. Attribute-based Encryption with Non-Monotonic Access Structures [C]. In Proc. of the 14th ACM Conference on Computer and Communications Security (CCS '07),2007: 195-203.

[32] Matthew Pirretti, Patrick Traynor, Patrick McDaniel, et al. Secure Attribute-based Systems [C]. In Proc. of the 13rd ACM Conference on Computer and Communications Security (CCS '06),2006: 99-112.

[33] 房梁，殷丽华，郭云川，等. 基于属性的访问控制关键技术研究综述[J]. 计算机学报，2017，40 (7): 1680-1698.

[34] Zhou Z, Huang D, Wang Z. Efficient Privacy-Preserving Ciphertext-Policy Attribute Based-Encryption and Broadcast Encryption [J]. IEEE Transactions on Computers, 2015, 64(1): 126-138.

[35] Yanli Chen, Lingling Song, Geng Yang. Attribute-based Access Control for Multi-Authority Systems with Constant Size Ciphertext in Cloud Computing [J]. China Communications, 2016, 13 (2): 146-162.

[36] Phuong T V X, Yang G, Susilo W. Hidden Ciphertext Policy Attribute-Based Encryption under Standard Assumptions [J]. IEEE Transactions on Information Forensics and Security, 2016, 11(1): 35-45.

[37] Ruj S, Stojmenovic M, Nayak A. Decentralized Access Control with Anonymous Authentication of Data Stored in Clouds [J]. IEEE Transactions on Parallel and Distributed Systems, 2014, 25(2): 384-394.

[38] Chase M. Multi-authority Attribute Based Encryption [C]. In Proc. of the Theory of Cryptography, 2007: 515-534.

[39] Lewko A, Waters B. Decentralizing Attribute-Based Encryption [C]. In Proc. of the Advances in Cryptology (EUROCRYPT 2011),2011: 568-588.

[40] Guo F, Mu Y, Chen Z. Identity-based Online/Offline Encryption [C]. In Proc. of the International

Conference on Financial Cryptography and Data Security,2008: 247-261.

[41] Even S,Goldreich O,Micali S. On-Line/Off-Line Digital Signatures [C]. In Proc. of the Conference on the Theory and Application of Cryptology,1989: 263-275.

[42] Hohenberger S, Waters B. Online/Offline Attribute-Based Encryption .[C]. In Proc. of the International Workshop on Public Key Cryptography,2014: 293-310.

[43] Rouselakis Y, Waters B. Practical Constructions and New Proof Methods for Large Universe Attribute-Based Encryption [C]. In Proc. of the ACM SIGSAC Conference on Computer & Communications Security,2013: 463-474.

[44] Shao J,Zhu Y,Ji Q. Privacy-preserving Online/Offline and Outsourced Multi-Authority Attribute-Based Encryption [C]. In Proc. of the 16th International Conference on Computer and Information Science,2017: 285-291.

[45] Qin B, Deng R H, Liu S, et al. Attribute-Based Encryption with Efficient Verifiable Outsourced Decryption [J]. IEEE Transactions on Information Forensics and Security,2015,10(7): 1384-1393.

[46] Shao J, Lu R, Lin X. Fine-grained Data Sharing in Cloud Computing for Mobile Devices [C]. In Proc. of the Computer Communications (INFOCOM),2015: 2677-2685.

[47] Green M,Hohenberger S,Waters B. Outsourcing the Decryption of ABE Ciphertexts [C]. In Proc. of the Usenix Conference on Security,2011: 34-34.

[48] 冯登国,陈成. 属性密码学研究[J]. 密码学报,2014,1(1): 1-12.

[49] 苏金树,曹丹,王小峰,等. 属性基加密机制[J]. 软件学报,2011,22(6): 1299-1315.

[50] Yang Tang,Patrick P. C. Lee,John C. S. Lui,et al. FADE: Secure Overlay Cloud Storage with File Assured Deletion [C]. In Proc. of the SecureComm,2010: 380-397.

[51] Xue Wei,Shu JiWu,Liu Yang,et al. Corslet: A Shared Storage System Keeping Your Data Private [J]. Science China: Information Sciences,2011,54(6): 1119-1128.

[52] Mahesh Kallahalla,Erik Riedel,Ram Swaminathan,et al. Plutus: Scalable Secure File Sharing on Untrusted Storage [C]. In Proc. of the 2nd USENIX Conference on File and Storage Technologies (FAST '03),2003: 29-42.

[53] Giuseppe Ateniese,Kevin Fu,Matthew Green,et al. Improved Proxy Re-Encryption Schemes with Applications to Secure Distributed Storage [J]. ACM Transactions on Information and System Security,2006,9(1): 1-30.

[54] Blaze M,Bleumer G,Strauss M. Divertible Protocols and Atomic Proxy Cryptography [C]. In Proc. of the Advances in Cryptology (EUROCRYPT '98),1998: 127-144.

[55] Sabrina De Capitani di Vimercati,Sara Foresti,Sushil Jajodia,et al. Over-encryption: Management of Access Control Evolution on Outsourced Data [C]. In Proc. of the 33rd International Conference on Very Large Data Bases (VLDB '07),2007: 123-134.

[56] Sabrina De Capitani Di Vimercati, Sara Foresti, Sushil Jajodia, et al. Encryption Policies for Regulating Access to Outsourced Data [J]. ACM Transactions. on Database Systems,2010,35(2): 1-46.

[57] De Capitani di Vimercati S,Foresti S,Jajodia S,et al. Preserving Confidentiality of Security Policies in Data Outsourcin [C]. In Proc. of the 7th ACM Workshop on Privacy in the Electronic Society, 2008: 75-84.

[58] Blundo C,Cimato S,De Capitani di Vimercati S,et al. Managing Key Hierarchies for Access Control Enforcement: Heuristic Approaches [J]. Computer & Security,2010(29): 533-547.

[59] De Capitani di Vimercati S, Foresti S, Jajodia S, et al. Enforcing Dynamic Write Privileges in Data Outsourcing [J]. Computers & Security, 2013, 39(4): 47-63.

[60] Jiang W Y, Wang Z, Liu L M, et al. Towards Efficient Update of Access Control Policy for Cryptographic Cloud Storage [C]. In Proc. of the SeucreComm Workshop on Data Protection in Mobile and Pervasive Computing, 2014: 341-356.

[61] 雷蕾，蔡权伟，荆继武，等. 支持策略隐藏的加密云存储访问控制机制[J]. 软件学报，2016，27(6): 1432-1450.

[62] Anuchart T, Guang G. OAuth and ABE based authorization in semi-trusted cloud computing [C]. In Proc. of the DataCloud-SC, 2011: 41-50.

[63] 孙国梓，董宇，李云. 基于 CP-ABE 算法的云存储数据访问控制[J]. 通信学报，2011，32(7): 146-152.

[64] Sushmita R, Milos S, Amiya N. Privacy Preserving Access Control with Authentication for Securing Data in Clouds [C]. In Proc. of the 12nd IEEE/ACM Int'l Symp. on Cluster, Cloud and Grid Computing, 2012: 556-563.

[65] Zhu Y, Ma D, Hu CJ, et al. How to Use Attribute-Based Encryption to Implement Role-Based Access Control in the Cloud [C]. In Proc. of the CloudComputing, 2013: 33-40.

[66] Wan Z, Liu J E, Deng R H. HASBE: A hierarchical Attribute-Based Solution for Flexible and Scalable Access Control in Cloud Computing [J]. IEEE Trans. on Information Forensics and Security, 2012, 7(2): 743-754.

[67] Wang S, Zhou J, Liu J K, et al. An Efficient File Hierarchy Attribute-Based Encryption Scheme in Cloud Computing [J]. IEEE Trans. on Information Forensics and Security, 2016, 11(6): 1265-1277.

[68] Liu Z, Cao Z F, Wong D S. White-box Traceable Ciphertext-Policy Attribute-Based Encryption Supporting Any Monotone Access Structures [J]. IEEE Transactions on Information Forensics and Security, 2013, 8(1): 76-88.

[69] Liu Z, Cao Z F, Wong D S. Blackbox Traceable CP-ABE: How to Catch People Leaking Their Keys by Selling Decryption Devices on Ebay [C]. In Proc. of the ACM SIGSAC Conference on Computer & Communications Security, 2013: 475-486.

[70] Jianting Ning, Xiaolei Dong, Zhenfu Cao, et al. Accountable Authority Ciphertext-Policy Attribute-Based Encryption with White-Box Traceability and Public Auditing in the Cloud [C]. In Proc. of the European Symposium on Research in Computer Security (ESORICS 2015), 2015: 270-289.

[71] Jianting Ning, Zhenfu Cao, Xiaolei Dong, et al. White-boxTraceable CP-ABE for Cloud Storage Service: How to Catch People Leaking Their Access Credentials Effectively [J]. IEEE Transactions on Dependable and Secure Computing, 2018, 15(5): 883-897.

[72] Jianting Ning, Zhenfu Cao, Xiaolei Dong, et al. Auditable -time Outsourced Attribute-Based Encryption for Access Control in Cloud Computing [J]. IEEE Transactions on Information Forensics and Security, 2018, 13(1): 94-105.

[73] Sahai A, Seyalioglu H, Waters B. Dynamic Credentials and Ciphertext Delegation for Attribute-Based Encryption [C]. In Proc. of the CRYPTO 2012: 199-217.

[74] Li Q, Feng D G, Zhang L W. An Attribute based Encryption Scheme with Fine-Grained Attribute Revocation [C]. In Proc. of the Global Communications Conference (GLOBECOM 2012), 2012: 885-890.

[75] Wang P P, Feng D G, Zhang L W. Towards Attribute Revocation in Key-Policy Attribute based Encryption [C]. In Proc. of the Cryptology and Network Security, 2011: 272-291.

[76] 王鹏翩,冯登国,张立武. 一种支持完全细粒度属性撤销的 CP-ABE 方案[J]. 软件学报,2012,23(10): 2805-2816.

[77] Ning J, Cao Z, Dong X, et al. CryptCloud+: Secure and Expressive Data Access Control for Cloud Storage [J]. IEEE Transactions on Services Computing, DOL: 10.1109/TSC.2018.2791538.

[78] Liang X H, Cao Z F, Lin H, et al. Attribute based Proxy Re-Encryption with Delegating Capabilities [C]. In Proc. of the 4th Int'l Symp. on Information, Computer and Communications Security, 2009: 276-286.

[79] 洪澄, 张敏, 冯登国. AB-ACCS 一种云存储密文访问控制方法[J]. 计算机研究与发展, 2010, 47(1): 259-265.

[80] Yu S C, Wang C, Ren K, et al. Attribute based Data Sharing with Attribute Revocation [C]. In Proc. of the 5th Int'l Symp. on Information, Computer and Communications Security, 2010: 261-270.

[81] Yu S C, Wang C, Ren K, et al. Achieving Secure, Scalable, and Fine-Grained Data Access Control in Cloud Computing [C]. In Proc. of the INFOCOM, 2010: 1-9.

[82] Tang Y, Lee P P C, Lui J C S, et al. Secure Overlay Cloud Storage with Access Control and Assured Deletion [J]. IEEE Trans. on Dependable and Secure Computing, 2012, 9(6): 903-916.

[83] Liu Q, Wang G J, Wu J. Time-Based Proxy Re-Encryption Scheme for Secure Data Sharing in a Cloud Environment [J]. Information Sciences, 2012, 258(2014): 355-370.

[84] Ruj S, Nayak A, Stojmenovic I. DACC: Distributed Access Control in Clouds [C]. In Proc. of the 10th IEEE Int'l Conf. on Trust, Security and Privacy in Computing and Communications, 2011: 91-98.

[85] Yang K, Jia X H. Attribute-Based Access Control for Multi-Authority Systems in Cloud Storage [C]. In Proc. of the 32nd IEEE Int'l Conf. on Distributed Computing Systems, 2012: 536-545.

[86] Yang K, Jia X H, Ren K, et al. DAC-MACS: Effective Data Access Control for Multi-Authority Cloud Storage Systems [C]. In Proc. of the Security for Cloud Storage Systems, 2013: 59-83.

[87] Kan Yang, Xiaohua Jia. Expressive, Efficient, and Revocable Data Access Control for Multi-Authority Cloud Storage [J]. IEEE Transactions on Parallel and Distributed Systems, 2014, 25(7): 1735-1744.

[88] Kan Yang, Zhen Liu, Xiaohua Jia, et al. Time-domain Attribute-Based Access Control for Cloud-Based Video Content Sharing: A Cryptographic Approach [J]. IEEE Transactions on Multimedia, 2016, 18(5): 940-950.

[89] Liu X J, Xia Y J, Jiang S, et al. Hierarchical Attribute-Based Access Control with Authentication for Outsourced Data in Cloud Computing [C]. In Proc. of the 12nd IEEE Int'l Conf. on Trust, Security and Privacy in Computing and Communications, 2013: 477-484.

[90] 仲红,崔杰,朱文龙,等. 高效的多授权机构属性基加密云存储数据访问控制方案[J]. 软件学报, DOL: 10.13328/j.cnki.jos.005365.

[91] Jin Li, Qiong Huang, Xiaofeng Chen, et al. Multi-Authority Ciphertext-Policy Attribute-Based Encryption with Accountability [C]. In Proc. of the 6th ACM Symposium on Information, Computer and Communications Security, 2011: 386-390.

[92] Wang H, Zheng Z, Wu L, et al. NewLarge-Universe Multi-Authority Ciphertext-Policy ABE Scheme

and Its Application in Cloud Storage Systems [J]. Journal of High Speed Networks, 2016, 22(2): 153-167.

[93] Allison Lewko, Brent Waters. New Proof Methods for Attribute-Based Encryption: Achieving Full Security Through Selective Techniques [C]. In Proc. of the CRYPTO 2012: 180-198.

[94] Wang Z, Huang D, Zhu Y, et al. Efficient Attribute-Based Comparable Data Access Control [J]. IEEE Transactions on Computers, 2015, 64(12): 3430-3443.

[95] Jung T, Li X, Wan Z, et al. Control Cloud Data Access Privilege and Anonymity With Fully Anonymous Attribute-Based Encryption [J]. IEEE Transactions on Information Forensics and Security, 2015, 10(1): 190-199.

[96] Jiguo Li, Wei Yao, Yichen Zhang, et al. Flexible and Fine-Grained Attribute-Based Data Storage in Cloud Computing [J]. IEEE Trans. Services Computing, 2017, 10(5): 785-796.

[97] Mehdi Sookhak, F. Richard Yu, Muhammad Khurram Khan, et al. Attribute-based Data Access Control in Mobile Cloud Computing: Taxonomy and Open Issues [J]. Future Generation Computer Systems, 2017, 72(7): 273-287.

[98] 杨腾飞，申培松，田雪，等. 对象云存储中分类分级数据的访问控制方法[J]. 软件学报，2017，28(9): 2334-2353.

[99] 李昊，张敏，冯登国，等. 大数据访问控制研究[J]. 计算机学报，2017，40(1): 72-91.

[100] Mazhar Ali, Revathi Dhamotharan, Eraj Khan, et al. Sedasc: Secure Data Sharing in Clouds [J]. IEEE Systems Journal, 2017, 11(2): 395-404.

[101] 王于丁，杨家海，徐聪，等. 云计算访问控制技术研究综述[J]. 软件学报，2015，26(5): 1129-1150.

[102] Lifei Wei, Haojin Zhu, Zhenfu Cao, et al. Security and Privacy for Storage and Computation in Cloud Computing [J]. Information Sciences, 2014, 258: 371-386.

[103] Mazhar Ali, Samee U. Khan, Athanasios V. Vasilakos. Security in Cloud Computing: Opportunities and Challenges [J]. Information Sciences, 2015, 305: 357-383.

[104] Yanjiang Yang, Joseph K Liu, Kaitai Liang, et al. Extended Proxy-Assisted Approach: Achieving Revocable Fine-Grained Encryption of Cloud Data [C]. In Proc. of the European Symposium on Research in Computer Security (ESORICS 2015), 2015: 146-166.

[105] Jun Zhou, Zhenfu Cao, Xiaolei Dong, et al. 4S: A Secure and Privacy-Preserving Key Management Scheme for Cloud-Assisted Wireless Body Area Network in M-Healthcare Social Networks [J]. Information Sciences, 2015, 314: 255-276.

[106] Hu Xiong, Kim-Kwang Raymond Choo, Athanasios V Vasilakos. Revocable Identity-Based Access Control for Big Data with Verifiable Outsourced Computing [J]. IEEE Transactions on Big Data, 2017, DOI: 10.1109/TBDATA.2017.2697448.

[107] Zheng Yan, Xueyun Li, Mingjun Wang, et al. Flexible Data Access Control based on Trust and Reputation in Cloud Computing [J]. IEEE Trans. Cloud Computing, 2017, 5(3): 485-498.

[108] Jianghua Liu, Xinyi Huang, Joseph K. Liu. Secure Sharing of Personal Health Records in Cloud Computing: Ciphertext-Policy Attribute-Based Signcryption [J]. Future Generation Computer Systems, 2015, 52: 67-76.

[109] Rao Y S. A secure and efficient Ciphertext-Policy Attribute-Based Signcryption for Personal Health Records sharing in cloud computing [J]. Future Generation Computer Systems, 2017, 67: 133-151.

第 5 章

加密云存储系统

首先，从亚马逊(Amazon)的 AWS 客户协议说起。亚马逊 AWS 新的客户协议[1]提到：AWS Security. Without limiting Section 10 or your obligations under Section 4.2, we will implement reasonable and appropriate measures designed to help you secure Your Content against accidental or unlawful loss, access or disclosure.(AWS 安全。在不限制第 10 条之规定或您在第 4.2 条项下之义务的前提下，我们将采取合理且适当的措施，旨在帮助您保护“您的内容”免受意外或非法的损失、访问或披露。)

在早期的亚马逊客户协议中，对安全性是这样说的：Security. We strive to keep Your Content secure, but cannot guarantee that we will be successful at doing so, given the nature of the Internet. Accordingly, without limitation to Section 4.3 above and Section 11.5 below, you acknowledge that you bear sole responsibility for adequate security, protection and backup of Your Content and Applications. We strongly encourage you, where available and appropriate, to use encryption technology to protect Your Content from unauthorized access, routinely archive Your Content, and keep your Applications or any software that you use or run with our Services current with the latest security patches or updates. We will have no liability to you for any unauthorized access or use, corruption, deletion, destruction or loss of any of Your Content or Applications.(安全性。我们尽力保护“您的内容”安全，但是鉴于互联网的性质，我们并不能保证能够成功做到这一点。在不限制第 4.3 条和第 11.5 条之规定的前提下，您承认您对“您的内容和应用程序”的充分安全、保护和备份负有唯一责任。我们强烈鼓励您，在适当的情况下，使用加密技术来保护“您的内容”免受未经授权的访问，定期存档“您的内容”，以及将您的应用程序或您使用或运行的任何软件安装最新安全补丁或更新。我们将不会对“您的内容和应用程序”的任何未经授权的访问或使用、损坏、删除、销毁或丢失负责。)

即使新的协议说法比较委婉一些，但实际内容并没有区别，亚马逊只能实施“合理与适当的措施”以确保数据安全和隐私保护，只能“尽力而为”地保护您的数据的安全，但是并不能保证能够成功做到这一点！但在协议中，他们也强调使用加密技术来保护数据安全。

2018 年 1 月，印度 11 亿公民身份数据库 Aadhaar 被曝遭到网络攻击，除了名字、电话号码、邮箱地址等之外，指纹、虹膜记录等极度敏感的信息均遭到泄露。2018 年 3 月，Facebook 被曝泄露了 5000 万用户的个人资料，并被 Cambridge Analytica 公司不正当利用。

在中国，快递业、房产、教育培训、医疗卫生、旅游酒店、人才招聘等行业的用户数据涉及大量个人隐私信息，包括个人健康状况、联系方式、简历、出行记录等，以上信息的泄露可能危及用户的人身安全。

互联网层出不穷的“泄露门”事件让用户心有余悸！如何避免用户个人隐私在互联网上“裸奔”，加密可能是最直接有效的手段。在当前广泛应用云计算与云存储的时代，对存储于云上的敏感数据进行加密是必不可少的。因此，本章将对加密云存储系统展开介绍。首先从云环境下加密存储面临的挑战说起。

5.1 云环境下加密存储面临的挑战

在传统信息存储系统中，使用加密技术保护数据的机密性和个人隐私是最常用的方式，但是在云存储环境下，加密存储却面临以下几方面的问题。

(1) 在云计算服务的平台即服务(Platform as a Service，PaaS)和软件即服务(Software as a Service，SaaS)模式下，如果对存储的数据进行加密，在数据密文上进行诸如数据检索、简单数据统计等一类的操作都将变得困难。

(2) 数据加密存储可以使数据不被非法访问或造成数据泄露。目前常见的数据加密方法有对称加密、公钥加密、代理重加密、广播加密、属性加密、同态加密等。然而，在云存储环境下有海量的数据，只有对称加密算法的开销是可以接受的，其他密码算法都会带来很大的计算开销，可能导致系统不可用。不过在云存储环境下有大量的用户，对称密码算法的密钥管理却成为一个难题。

(3) 数据存储于云服务器，是为了方便用户利用数据，但是对数据进行加密，无论是加密时间开销，还是加密后的访问过程，都会带来数据利用的效率低下。因此，如何平衡安全性、效率与可用性是一个难题。

针对问题(1)，由于相同的数据在不同密钥或加密机制下生成的密文并不相同，数据加密存储将会影响到云存储系统中的一些其他功能，包括密文数据搜索、密态计算、密文重复数据删除等。因此，数据加密后怎样对密文进行搜索以及处理，需要研究密文检索、密态计算、密文数据重复删除等。

针对问题(2)，需要研究云存储环境下数据共享中的密钥分发与管理机制。

针对问题(3)，要解决安全性、效率与可用性的平衡。要根据用户的实际需求，同时结合各种加密技术的特征，对云存储系统进行综合评估与设计。在加密存储系统中常用的加密技术有对称加密、公钥加密、代理重加密、广播加密、属性加密、同态加密等。更具体地，在对称加密与公钥加密中，又有确定性加密与概率加密之分。在对称加密算法中是通过使用链接模式，比如密文分组链接(Cipher Block Chaining，CBC)模式来实现概率加密。而同态加密又分为部分同态、类同态与全同态(在第9章密态计算一节详述)。简单总结以上加密技术会有如下特点。

- 确定性加密,可以实现等值比较,但泄露了信息的分布;而概率加密,泄露的信息少,但因为相同的明文被加密成不同的密文,因此不适合进行密态计算。
- 对于同态密码算法中的部分同态,只支持加法或乘法中的一种,但效率较好;而全同态加密,虽然支持任何计算,但计算开销比较大。
- 保序加密(Order-Preserving Encryption,OPE)和顺序可见加密(Order-Revealing Encryption,ORE),通常用于数值型数据,支持比较与范围查询,但是会泄露数据的顺序信息。

在CryptDB[2]系统中引入了洋葱加密(Onion Encryption),即对于一个数据字段,采用多种加密方法以嵌套的方式逐层加密。比如可以对年龄字段“age”采用“概率加密(加法同态加密(保序加密('age')))”。这是一种组合加密方法,通常越外层的加密算法的安全性越强,但是功能越弱。

数据加密带来一个附加好处,就是数据的删除,因为目前还没有可靠的可信删除方案,那么数据加密存储,只要不暴露密钥,密文数据即使不被服务器删除,也不会泄露数据内容。

综上所述,在加密云存储系统中,有以下几个方面的问题需要解决。

(1) 加密数据共享问题,主要困难是云存储环境下大量用户之间的授权管理,以及大量密钥的分发与管理。

(2) 加密数据搜索问题,包括数据拥有者自身的搜索以及授权其他用户搜索。

(3) 加密数据处理问题,主要是密态数据的计算与统计分析。

(4) 加密数据重复删除问题。不仅明文数据存在重复删除问题,密文数据也存在大量重复的数据,如何有效地删除,以提高存储利用率?

其中加密数据搜索将在第6章专门阐述,密文数据处理在第9章专门介绍,本章重点介绍加密云存储系统的发展、加密云存储系统中数据共享时的密钥分发与管理、密文数据重复删除以及加密云数据库等方面的内容。

在这里要说明一下,数据的机密性和隐私性的意义是不同的,机密性保护通过数据加密很容易实现,而隐私性保护通过加密却不能完全实现。比如,Alice有一天收到了儿童医院的一份密文数据,数据的机密性是得到保护的,但其个人隐私却在这件事情中暴露了。首先是Alice有孩子,而且生病了,这就是个人隐私。有时候,数据的隐私保护通过加密并不能完全实现,还需要专门的隐私保护方法。关于数据的隐私保护在第9章有详细阐述。

5.2 加密云存储系统的发展

本节介绍加密云存储系统的发展,从网络文件系统说起,到加密文件系统,然后发展到云环境下的加密存储系统,并且介绍了产业界在加密云存储系统方面的研究与实践。

5.2.1 加密存储系统发展历程

要讲加密存储系统，首先要说到存储系统中的重要组成部分——文件系统，加密存储系统其实就是实现加密文件系统，而加密文件系统的发展，首先必须说到网络文件系统。关于加密存储系统，本书作者在其博士学位论文[3]中也有详细介绍，以下内容有部分摘取自作者的论文。

第一个网络文件系统是1985年由Sun Microsystems公司提出的网络文件系统(Network File System，NFS)[4]，也是文件共享的事实上的标准。NFS早期版本依靠操作系统实现访问控制和弱认证机制；到了NFS v2，则已采用UID/GID的UNIX风格的认证、Diffie-Hellman认证、Kerberos v4认证。

1988年，卡内基梅隆大学(Carnegie Mellon University)开发了Andrew文件系统(Andrew File System，AFS)[5,6]，对NFS v4产生较大影响。AFS最初设计用于在校园有限带宽的主干网上提供可扩展的文件系统，主要服务包括可扩展、缓存、简单寻址，后来发展成为网络上的可扩展分布式文件系统。AFS支持完全的自治单元，每个自治单元有自己的保护域、认证服务器、文件服务器、卷定位服务器、系统管理员。系统管理员可以设置自治单元是否被其他单元看见，支持无缝的交叉域文件共享。AFS使用Kerberos进行认证，用户认证通过后，认证服务器发给用户一个票据，用户使用票据与文件服务器进行相互认证。

NFS和AFS是开发最早、应用最广泛的网络文件系统，也是当时事实上的工业标准，因此大量的加密文件系统也是在NFS和AFS上实现。第一个加密文件系统是1993年由AT&T Bell Labs的Blaze提出的CFS(Cryptographic File System)[7,8]，后来大量的加密文件系统相继出现。目前，几乎所有存储系统都会考虑安全。存储系统的演进如图5-1所示。

从图5-1中可以看出，存储系统从本地存储逐渐向网络存储转变，从集中式架构向分布式架构转变，如从DAS(Direct Attached Storage)到NAS(Network Attached Storage)、SAN(Storage Area Network)和OBS(Object-Based Storage)，从内置存储向外购存储转变(如eVault、Mozy和Amazon S3等)，即从私有云存储向公共云存储方式转变，最终向着大规模、复杂的系统转变，对于交叉平台数据共享、可扩展性、性能、可管理性和安全性的要求越来越高。

早期的加密文件系统是不支持数据共享的，比如最早的CFS的主要目标是以透明的方式给用户提供安全文件服务，而且不需要将加密的文件考虑成系统的特别的部分。CFS向客户端内核注册成为一个NFS服务器，因此CFS运行在用户进程空间中，当其执行加解密操作时需要额外的上下文切换，影响了系统的效率。它是一个用户态的虚拟加密文件系统，可以挂在其他文件系统之上，为用户提供文件/文件名加密保护。另外，CFS是一个本地文件系统，当用户需要与其他用户共享加密文件时，需要亲自将密钥交给其他用户。

意大利萨勒诺大学(University of Salerno)开发的TCFS[9]是一个向用户提供加密服务的内核级文件系统。与CFS相似，TCFS提供端到端的安全(加解密在Client端进行)。不同的是，TCFS提供数据完整性保护，并且可以在一个组的用户间提供文件共享。用户必须

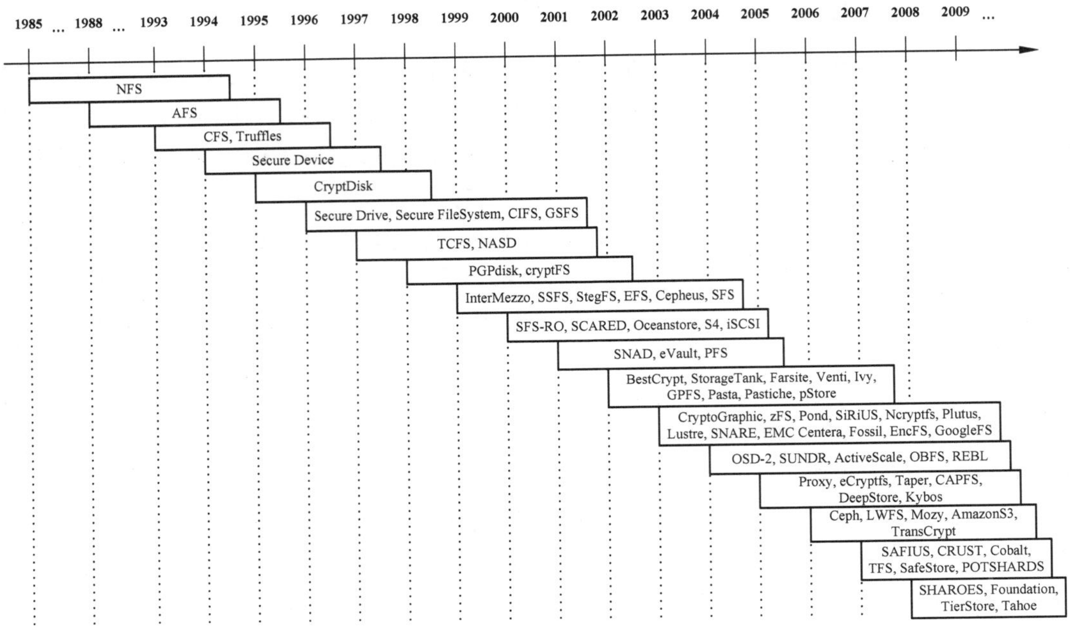

图 5-1 存储系统的演进(源自文献[3])

维护一个口令用来加密所有文件密钥,而不是像 CFS 每个目录一个密钥。TCFS 需要一个中心服务器进行密钥分发,比如组服务器。

麻省理工学院(MIT)开发的自证明文件系统(Self-certifying File System,SFS)[10]是一个在线加密存储系统,它引入了自认证路径名(一个包含适当远程服务器公钥的文件名),将密钥管理完全从文件系统中分离出来。在文件访问期间,SFS 客户端将公钥嵌入路径名,可以验证 SFS 文件服务器。SFS 的改进版本——SFS-Read Only(SFS-RO)[11]则是一个静态数据加密系统,它保证客户端从服务器上检索到的数据是通过认证的,并且与当前版本一致。SFS 及其改进版本均是基于公钥密码技术。

MIT 的 Cepheus[12]加密系统首次提出 Lazy Revocation 的思想。Lazy Revocation 是指当撤销用户的权限时,不立即对属于该用户的文件使用新的密钥重新加密,而是等到下一次文件更新时再重新加密。Cepheus 提出了三方架构的模式,由一个可信的第三方服务器进行用户密钥的管理,引入锁盒子机制进行用户分组管理。关于撤销用户的密钥管理,文献[13]中进行了有关的讨论。相比用户撤销后立即进行重新加密的 Aggressive Revocation,Lazy Revocation 在性能上更有优势,但均需要重加密。

纽约州立大学石溪分校(Stony Brook University,SUNY)开发的 NCryptfs[14]是利用堆栈文件系统技术设计的共享加密文件系统,主要目标是提供透明的文件加密服务,无须过分依赖底层操作系统内核的具体细节,具有较高的可移植性。NCryptfs 提供内核级别的安全服务,因此在性能上有很大的优势。NCryptfs 通过挂载点/mnt/ncryptfs 进行访问,并且通过授权入口(Authorization Entries)管理系统的访问和操作,每个授权入口都是一个登录口令及其相关权限的哈希值。NCryptfs 通过用户输入的 passphrase 为该目录及其下的文件创建密钥,该密钥存储在内核中。当用户需要共享文件时,必须为每个共享用户关联授权入口。但由于密钥是通过用户的 attach 命令生成的,当其他用户访问共享文件时,该文件的创建者必须在线,否则无法事先产生文件的加解密密钥并对访问者进行验证。由于加密密钥一直都存放在内核内存中,因此用户的撤销不需要重新加密,但是只能在同一台机器中共享文件。

斯坦福大学(Stanford University)开发的 SiRiUS[15] 被设计用来在不安全的网络文件系统(如 NFS、CIFS、OceanStore 等)之上提供端对端的传输安全。SiRiUS 假定网络是不可信的,对文件级的共享提供自己读写加密访问控制。SiRiUS 能够对已有的系统提供安全而不需要任何硬件修改的方案,当组织不能对当前系统升级,又必须提供一定的安全功能时,SiRiUS 就可以充当一种临时解决方案。

Storage Technology Corporation 开发的 SSFS[16,17] 允许属于同一组织或不同组织的两个或多个组安全地共享文件。除了加密和分布的访问控制,SSFS 也提供密钥恢复和安全密钥存储。所有保密密钥存放在智能卡上,智能卡会把所有密钥进行加密。SSFS 组服务器负责 Client 认证,必须一直在线,所以可能导致中心点失效。系统中的公钥操作导致很大的开销。

另外,美国哥伦比亚大学(Columbia University)开发的 CryptFS[18] 也是一个堆栈文件系统。加州大学圣克鲁兹分校(University of California at Santa Cruz, UCSC)提出的 SNAD[19] 权衡了安全与性能,提供多种完整性方案。剑桥大学(University of Cambridge)开发的 StegFS[20] 是应用隐藏技术的加密文件系统。Farsite[21] 由多台分布式的不可信计算机组成,但通过一些安全机制提供一个集中式文件服务器的功能,通过多副本机制提供文件的可靠性与可用性,通过加密来保证文件内容保密性,同时通过一个能防止拜占庭错误的协议保证数据的完整性。

大部分加密存储系统的安全方案都是基于公钥密码技术,因此会带来较大的时间开销。另外,在加密存储系统中,撤销用户时存在重加密的问题,重加密会带来较大的操作开销。NCryptfs 将密钥置于内核内存虽然避免了重加密,但是共享极不方便,只能在同一台机器中共享文件。

惠普实验室(Hewlett-Packard Labs)开发的 Plutus[22] 的主要目标在于给文件拥有者以文件授权的直接控制的同时提供高可扩展性的密钥管理。用户可以为自己的文件使用密钥发布方案自定义安全策略和认证机制。客户端负责所有的密钥分发和管理,在共享过程中为用户数据与元数据提供端到端的机密性和完整性保护。对于每个文件组,有一个 RSA 公私钥对与其关联,私钥部分叫作 File-Signkey,公钥部分叫作 File-Verifykey。读者(Readers)只分配 Lockbox-Keys(加密文件密钥),而写者(Writers)除了 Lockbox-Keys 外还分配 File-Signkeys。

Plutus 系统采用了双层加密机制,每个文件都会采用一个对称密钥加密。在共享时这些文件会被组织为“组”，并产生一个组密钥负责对每个文件的加密密钥进行加密。文件密文和对应的文件加密密钥的密文被存储在不可信的存储服务器上，而组密钥则被单独分发给需要共享的用户。Plutus 里面提出的“文件组”的概念被很多的后续研究者利用，但是随着“组”的增长，其密钥数量也将线性增长。针对这个问题，Ateniese 等人[23]提出代理重加密的方法实现密钥分发，数据拥有者使用对称密钥加密文件，然后使用自己的公钥加密对称密钥。当数据拥有者要与其他用户共享文件时，就使用自己的私钥和授权用户的公钥生成代理重加密密钥，授权用户就可以使用该代理重加密密钥解密使用数据拥有者公钥加密的文件密钥。

Vimercati 等人[24]提出一种基于密钥导出方法的非可信服务器数据安全存储方案，文件使用对称密钥加密，为了授权用户访问文件，数据拥有者为授权用户生成公开令牌，授权用户可以使用自己的私钥从令牌中导出指定文件的解密密钥。服务器虽然拥有令牌，但其并不能从令牌中导出解密密钥。

Tahoe[25]是一个安全的分布式文件系统，部署在一个商业的备份服务器中，以提供访问控制、加密与完整性保护。它采用了纠删码技术进行容错。

以上加密文件系统都是针对传统网络存储系统，也可以看作是类似于私有云存储系统，构建在一个组织内部且为该组织或者信任该组织的用户提供服务，可以由该机构或第三方管理。

2010 年，微软研究院的 Kamara 等人[26]提出了面向公共云的加密存储框架，由数据拥有者对文件进行分块加密处理，然后将数据存储到公共云服务器上，利用数据审计机制提供数据完整性保护，同时提供基于属性的细粒度访问控制和可搜索加密机制。Wang 等人[27]提出一种云环境中外包数据的安全存储与访问控制方案，将数据分块并采用不同的密钥加密数据块。

2010 年，Mahajan 等人[28]在 Depot 系统中提出一种最小化云存储中可信任实体的方法，只要有一个正确可访问的客户端或服务器上有用户需要的数据，用户就可以通过网络获取到正确的数据。Tang 等人[29]提出一个支持数据加密并保证数据可信删除的安全云存储系统 FADE，在 Amazon S3 上实现了一个原型系统，表明 FADE 支持基于策略的可信删除。Shraer 等人[30]在 Venus 系统中提出一个基于核心集的信任体系，通过三方架构的方式为用户提供安全功能。

2011 年，清华大学高性能计算所设计开发了 Corslet[31]。这是一个栈式文件系统，通过引入可信第三方服务器，消除用户对底层存储系统的依赖，在不可信的网络环境下为用户提供端到端的数据机密性与完整性保护以及区分读写的访问控制。Corslet 还利用收敛加密的思想提出了一种数据自加密的方式，以每个文件块的散列值与偏移量作为密钥，对文件块本身进行加密，以利于重复数据删除。

2013 年，Bessani 等人[32]提出 DepSky 系统，通过对云中云（Cloud-of-Clouds）的加密、编码和备份，提高云中数据的机密性、完整性和可用性。

因为无论是早期的加密文件系统，还是云环境下的加密存储系统，其核心都是数据的加解密与密钥的管理和分发,所以实现机制与方法是类似的。即使是在云存储环境下,将早期的加密文件系统加以改进,就可以应用于云环境下的加密存储系统。这可能就是为什么在云存储环境下,关于加密文件系统的研究工作不多的原因。有了早期关于加密文件系统的研究工作,在云存储环境下,更需要关注加密存储系统的实际开发与应用。

5.2.2 产业界的实践

目前的公共云存储服务提供商都是一些大型的知名IT公司,在这些服务提供商的官方网站上有关于其服务产品的介绍。下面对这些云存储服务中关于数据加密的部分进行介绍。

亚马逊的简单存储服务(Amazon Simple Storage Service)提供的数据加密机制如下。

(1) 提供静态数据加密存储,可以为AWS存储和数据库服务(如EBS、S3、Glacier、Oracle RDS、SQL Server RDS和Redshift)提供数据加密功能。

(2) 灵活的密钥管理选项(包括AWS Key Management Service),使用户可以选择让AWS管理加密密钥,还是用户自己管理自己的密钥。

(3) 使用AWS CloudHSM的基于硬件的专用加密密钥存储,使服务满足合规性要求。

(4) AWS提供了相应的API,用于将加密和数据保护与用户在AWS环境中开发或部署的所有服务相集成。

微软的Azure提供的数据加密机制如下。

(1) 数据传输加密:向Azure存储传输数据或从Azure存储读取数据时,均使用安全链接HTTPS对传输数据进行加密,用以保障传输数据安全。

(2) 端到端加密:由数据拥有者在将数据传输到Azure存储之前对数据进行加密,当从Azure存储下载数据后再解密数据,提供数据的端到端加密。

(3) 静态数据加密:Azure提供3种方式,一种由存储服务器在将数据写入Azure存储时自动加密数据;一种是数据拥有者在存储数据前进行加密;第三种是Azure磁盘加密,允许加密IaaS虚拟机使用的OS磁盘和数据磁盘。

(4) 共享文件时使用SMB 3.0加密,其中SMB 3.0是指服务器消息块(Server Message Block,SMB)协议的3.0版本,是一种应用层网络传输协议,主要功能是使装有Microsoft Windows的网络上的机器能够共享计算机文件、打印机、串行端口和通信等资源。

(5) 文件共享时,文件加密密钥的授权可以通过基于角色的访问控制,限定某些角色用户可以共享该加密文件。

阿里云服务提供基于硬件密码机的加密服务,所有的用户数据都进行加密存储。同时可以使用身份识别卡进行身份认证,所有的加密服务实例管理操作都必须对身份识别卡进行验证,由用户持有此身份识别卡,从而实现加解密可控。数据加解密由物理芯片实现,加密过程无法被篡改。其加密密钥使用物理芯片加密保存,任何人无法导出明文密钥。因此,可以实现很高的数据安全保护。

以上介绍的几个云存储服务除了提供存储空间外，还可以提供诸如弹性计算、数据库应用解决方案，包括基于 SQL 与 NoSQL 的数据库应用。

以下介绍几个比较流行的提供存储空间服务的云存储应用系统，即通常所说的网盘。

根据存储数据是否加密及加密方式，目前的网盘系统可以分为 3 类。

(1) 没有加密数据，将数据明文直接存放在服务器上，如 iDisk。

(2) 由服务器对数据进行加密，并保管密钥，如 DropBox、SkyDrive(后更名为 OneDrive)。

(3) 由数据拥有者对数据进行加密，密钥以分层加密的方式管理，数据拥有者保管根密钥，其他子层密钥以密文的形式存储在服务器上，如 SpiderOak、Wuala。

大部分的网盘系统支持用户自主加密，这种方式也是最安全可控的。但是也有一些网盘系统支持“在线重置数据密钥”，因此让人怀疑数据密钥是不是用户可控的。

DropBox 是一个基于商业应用的在线存储系统，底层采用亚马逊的简单存储服务 S3，通过 AES-256 加密算法对数据进行加密存储，提供了数据同步及文件共享等服务。但是由于 DropBox 的所有密钥均由服务器来保管，很难真正保障用户数据的机密性。

OneDrive 是微软公司在其云存储平台 Azure 上搭建的网盘系统，和 DropBox 一样，也是由服务器保管密钥。

SpiderOak 是一个安全的云存储网盘系统，对外提供数据同步及共享等功能。用户自主设置文件密钥对数据进行加密，并且由用户保管密钥，因此服务器得不到用户数据明文。

Wuala 是瑞士联邦理工学院研发的一个安全网盘系统，它和 SpiderOak 一样，将数据加密后再上传至服务器，由用户自己管理文件密钥。但是 SpiderOak 和 Wuala 均提供了“外链”的数据共享方式与“在线重置密码”功能，因此其安全性还有待验证。

Google Drive 是谷歌公司推出的一项在线云存储服务，内置了 Google Docs，用户可以实时和他人进行协同办公。最近 Google 又推出了 Google One 云存储服务，用以取代 Google Drive。iDisk 和 Ubuntu One 均为与操作系统相结合的网盘系统，通过内嵌在操作系统中的方式为用户提供数据备份等服务。其他网盘系统还有 Amazon Drive、OpenStack 的 SWIFT、金山快盘、Depot[33] 等。

Mulazzani 等人[34] 对一些主流网盘系统进行了安全性分析，指出除了网盘服务提供商窃取用户数据之外，网盘系统中还存在以下攻击方式：操纵哈希值攻击(Hash Value Manipulation Attack)、偷窃宿主 ID 攻击(Stolen HostID Attack)和直接下载攻击(Direct Download Attack)等。

- 操纵哈希值攻击：在网盘系统中，用户通过计算文件的哈希值来判断该文件是否需要上传。如果攻击者获取到某文件的哈希值，然后告知服务器要上传该文件，而事实上攻击者并没有该文件。在接到上传请求后，服务器向用户请求该文件的哈希值，然后根据哈希值判断服务器中是否已有该文件。若有，则服务器认为攻击者拥有该文件，攻击者也不用上传文件。在下次进行文件同步时，攻击者就可以从服务器中下载该文件，从而实现了根据哈希值获取文件内容的攻击。
- 偷窃宿主 ID 攻击：宿主 ID 是网盘系统为了将客户端和宿主机绑定而生成的唯一

标识用户的ID,用以验证用户的身份。如果攻击者通过某种非法的方式偷窃到用户的宿主ID,他就可以获取用户的所有文件。

- 直接下载攻击:通过文件哈希值,直接向服务器请求下载该哈希值所对应的文件,其性质与操纵哈希值攻击相似。

傅颖勋等人[35]提出一种云存储环境下的安全网盘系统架构,并在此架构上设计实现了CorsBox系统。CorsBox系统采用的DirTree协议以最后修改时间和文件版本号共同作用,取代哈希值作为文件上传的判定条件,有效地防止了操纵哈希值攻击和直接下载攻击。该系统利用宿主ID和密码同时校验、用户自行保管主密钥的方式,防止偷窃宿主ID攻击。CorsBox系统还提供了一套多粒度的数据共享与密钥管理分发机制,用户只需保存一个主密钥和自己的私钥就可以为共享数据提供两种密钥粒度的选择,提高了数据的机密性。同时,该系统使用了大数据的断点续传机制,能够支持大数据的高效传输。CorsBox系统采用一种基于目录树的同步方式,在提高安全性的同时保证了共享操作的最终一致性,安全、高效地实现了数据明文与密文之间的同步。测试结果表明,CorsBox系统的安全机制仅给系统带来了很少的额外开销,在提高数据安全性的同时依然具有良好的性能。

随着云计算与云存储的发展及广泛应用,其安全问题会逐步暴露,服务提供商也会积极采取对应的安全措施,因此有理由相信云存储服务的安全性会越来越强,并且服务质量、用户体验也会越来越好。

5.3 数据共享中密钥管理

因为数据加密存储,数据拥有者要与其他用户共享数据时,就需要将加密密钥分发给共享用户。因为云存储环境下海量的数据,数据加密必须采用对称密码算法,数据的安全性依赖于该加密密钥的安全性。因此,安全高效的密钥管理机制非常重要。

密钥管理包括密钥的生成、密钥发布以及密钥撤销,下面将对这3个方面进行介绍。

5.3.1 密钥生成与发布

密钥生成的关键在于减少需要维护的密钥数量,并且可以有效进行密钥更新。通常有以下3种方式。

(1) 随机生成:有较好的保密性与可扩展性,但是由于密钥与文件之间没有任何关系,因此不利于重复数据删除。

(2) 使用数据明文的某种属性生成密钥:使得相同的数据明文得到相同的密钥,生成的密文也相同,这种技术也称为收敛加密技术[36]。这种方式有利于重复数据删除,但是由于明文与密文之间有关系,削弱了安全性。

(3) 通过特殊计算生成:为了实现某种特殊的功能,用特殊的方式生成密钥。比如门限密钥,将密钥分成 n 个份额,只有至少取得 m 个份额才能够解密文件。

Geambasu等人提出的Vanish系统[37]为了提供可信删除的功能,要求将密钥分成 n 个份额，用户只需要取得其中 m 个份额就能够解密文件。通过特殊计算生成的密钥可以实现特定的功能，但丧失了一定的通用性。

Corslet 系统[31]利用收敛加密的思想提出了一种数据自加密的方式，使用每个文件块的 Hash 值与偏移量作为密钥，对文件块进行加密。这种加密方式有如下几方面优点：①因为密钥中包含数据 Hash 值，因此生成的密钥可以用来校验数据完整性。②更新数据的同时更新密钥。③相同的明文总是被加密成相同的密文，适合密文重复数据删除。

郭晓勇等人[38]提出一个基于收敛加密技术的云安全去重与完整性审计系统，该系统采用基于盲签名的收敛密钥封装与解封算法，在安全存储收敛密钥的同时可以实现收敛密钥去重。他们提出了基于收敛密钥的 BLS 签名算法，并利用可信第三方存储审计公钥和代理审计，来实现对审计签名和审计公钥的去重，减轻了客户端存储和计算开销。该系统能为云存储提供数据隐私保护、重复认证、审计认证等安全服务，同时降低了客户端、云端的存储和计算开销。

密钥还有一个粒度问题，即加密的数据单位。比如，是每个数据块一个密钥，还是一个文件一个密钥，抑或是一个文件组一个密钥，不同的粒度，需要管理的密钥数量也不同。若粒度大，需要管理的密钥数量就少，但相对来说安全性减弱，因为用户为了共享一个文件，而不得不共享一组文件的密钥。若粒度小，需要管理的密钥数量就多，相对来说比较安全，可以实现细粒度访问控制，但是却增加了密钥管理开销。

关于密钥分发，也有 3 种方式。

- 数据拥有者分发：这种方式最安全可靠，但不实用，要求数据拥有者在线给共享用户提供密钥。
- 基于公钥密码技术：通常使用授权用户的公钥加密对称密钥，将此加密后的密钥存放在云上，由云服务器分发，授权用户使用自己的私钥就可以取得该对称密钥。
- 基于可信第三方：由一个可信任的第三方帮助数据拥有者进行密钥分发。

基于公钥密码技术的密钥分发通常采用的技术有代理重加密、属性加密。关于属性加密机制在第 4 章有详细阐述。

1998 年，Blaze 等人提出代理重加密[39]的概念，就是代理人可以帮助用户 A 为用户 B 生成密钥，使得用户 B 可以解密用户 A 的密文，而在此过程中，代理人得不到任何关于密文的信息。

在云存储环境下，Alice 希望与 Bob 共享一个加密的文件，Alice 只需要给云服务提供商一个“代理重加密密钥”，云服务提供商就可以将 Alice 的加密文件转换成 Bob 可以解密的密文。其中的“代理重加密密钥”是基于 Alice 的私钥和 Bob 的公钥生成，Bob 使用自己的私钥来解密转换后的密文。因为代理重加密算法是一种公钥密码算法，其计算开销比较大。

为了提高系统的可用性，在系统中应尽量少使用公钥密码技术，但是基于对称密码技术的方案中密钥管理相对复杂。在本书作者的博士学位论文[3]中，提出了一个基于非公钥密码的密钥共享方案，但要将该方案应用到云存储系统还需要进行改进。所提的基于对称密码技术的密钥协商方案是 Leighton-Micali（LM）方案[40]，使用一个公开的数据库实现任意两方的密钥协商，协商过程描述如下。

安全管理器（Securty Manager，SM）随机生成两个主密钥 K 和 K'，并给每个用户 i 分发一个交换密钥 K_i 和一个独立认证密钥 K'_i。其中

$$K_i = f(K, i), \quad K'_i = f(K', i)$$

$f(\cdot)$是一个伪随机函数，因为只有 SM 拥有 K 和 K'，所以只有 SM 可以生成 K_i 和 K'_i。SM 发布一个公开的数据库 P 和 A，其中包含密钥对和认证密钥。生成过程如下

$$P_{i,j} = f(K_i, j) \oplus f(K_j, i), \quad A_{i,j} = f(K'_i, f(K_j, i))$$

当用户 i 希望与用户 j 协商一个共享密钥时，他读取公开值 $P_{i,j}$ 和 $A_{i,j}$，并计算 $K_{i,j}$

$$K_{i,j} = P_{i,j} \oplus f(K_i, j) = f(K_j, i)$$

并通过如下的方式认证密钥

$$f(K'_i, K_{i,j}) = A_{i,j}$$

显然，用户 j 也可以计算 $K_{i,j}$，因为他拥有保密密钥 K_j，并且知道用户 i 的标识 ID。如果存储空间足够，参与方可以将公开值 $P_{i,j}$ 和 $A_{i,j}$ 存放在本地。

图 5-2 所示为共享密钥生成过程，公开矩阵 $\boldsymbol{P}$ 和 $\boldsymbol{A}$ 存放在 SM 上，在密钥分发阶段，任何用户之间可以协商一个保密密钥（K_{ij}）用于共享文件密钥和文件签名密钥。

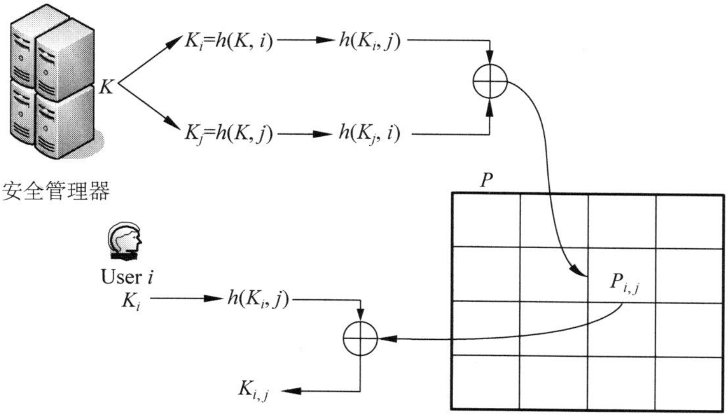

图 5-2　共享密钥生成过程

当两个用户很容易地协商一个会话密钥时，共享文件密钥就很简单，但具体到云存储环境下大量的用户，还需要对此方案进行改进。

5.3.2　密钥撤销

当文件密钥与其他用户共享后，在某个时间，数据拥有者可能不再希望此用户共享此文件。此时，就涉及用户的撤销，也就是对文件密钥的撤销。而密钥撤销涉及数据的重加密问题，即需要更新密钥，并使用新的密钥重新加密文件。密码操作对性能的影响非常大，在设计系统时应尽量避免密码操作。

据 MIT 的 AFS 服务器的 7 个月的日志，在 2916 个不同的 ACL 中有 29 203 个个体用户撤销（包括单个用户被删除的次数）[41]，撤销将引入大量开销大的密码计算和密钥发布操作。因此，MIT 的 Cepheus[12]加密系统首次提出 Lazy Revocation 的思想。Lazy Revocation 是指当撤销用户的权限时，不立即对属于该用户的文件使用新的密钥重新加密，而是等到下一次文件更新时再重新加密。关于撤销用户的密钥管理，文献[13]中进行了有关的讨论。相比用户撤销后立即进行重新加密的 Aggressive Revocation，Lazy Revocation 在性能上更具优势。

通常密钥撤销时重加密有以下几种方式。

- 立即重加密，即撤销一个用户时，搜索所有该用户能够访问的文件，重新生成文件密钥，重新加密所有文件，并重新发布新密钥给未撤销的用户。如果在某一时刻撤销的用户数相当多，重加密的开销可能导致系统不能正常工作。
- 延迟重加密，也叫懒惰撤销（Lazy Revocation），即在下一次文件更新时才重新加密文件。系统首先搜索被撤销用户拥有访问权限的文件，然后使用新的密钥加密这些文件，再将此新密钥发布给未撤销的用户。那么在更新前，所有被撤销用户有访问权限的文件的密钥都可能已经暴露给攻击者，从而导致数据不安全。
- 定时重加密，此方式与延迟重加密基本相同，而且在重加密的时刻其开销也可能导致系统不能正常工作。

在基于属性加密的方案中，第 4 章有讲到其属性撤销的研究工作。延迟重加密和定时重加密虽然可以减少重加密的次数，但仍然需要重加密。

鉴于密码操作开销太大，在应用系统中应尽量避免密码操作。为了提高系统可用性，我们提出了一种加密存储系统中避免用户文件数据重加密的方法及实现[42-44]，其思想也是基于可信计算硬件来实现。

该方案使用 FPGA/ASIC 硬件模块来实现，由该模块存放所有的保密密钥并执行相关的密码操作，以保证文件密钥在任何时候都不会暴露给用户，但用户可以使用该密钥解密文件。使用硬件实现密码相关操作可以提高性能并简化密钥管理。避免重加密的方法可以以模块的形式实现，然后插入到任何可用的文件系统中。

撤销用户时需要重新加密数据，是因为文件密钥暴露给了被撤销的用户，那么如果不暴露文件密钥，在撤销用户的时候就不需要重新加密。为了避免加密存储系统中，撤销用户时需要重新加密数据及重新生成并发布新密钥等一系列相关操作，提出一个避免重加密的黑盒子模型，要求文件密钥在任何时候都不要暴露给用户，但用户却可以使用该密钥解密文件。该模型如图 5-3 所示。

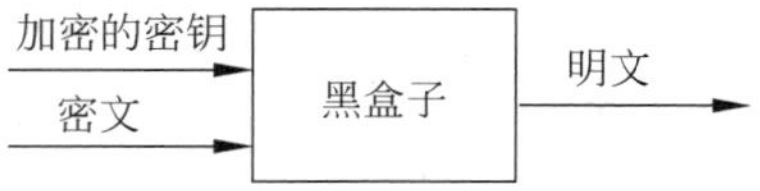

图 5-3　黑盒子模型

对黑盒子的要求如下：

（1）黑盒子可以解密加密的文件密钥，并使用此文件密钥解密数据。

（2）因为用户不知道用于解密文件密钥的私钥，所以由黑盒子生成公私钥对，并将公钥发布给用户。

(3) 用户不能修改黑盒子的数据操作流程。

现场可编程门阵列(Field Programmable Gate Array,FPGA)和可编程专用集成电路(Application-Specific Integrated Circuit,ASIC)在密码学领域的应用研究非常广泛。使用FPGA/ASIC实现的密码算法有AES、DES、SHA、HMAC和RSA等。

文献[45-48]是Rijndael算法的早期FPGA实现,接下来有一系列的实现方案[49,50]。AES-ECB 128bit使用FPGA在性能上实现最好的是Fu等人的方案[50],使用17 887个逻辑片,212.5MHz的时钟频率,最高速度达到27.1Gbps。

AES的第一个ASIC实现参考文献[51],随后也产生了一系列的相关实现方案[52,53]。例如,Hodjat的方案[54] AES-ECB 128bit使用473 000个门,606MHz的时钟频率,最高速度是77.6Gbps。Morioko的方案[55] AES-Feedback使用168 000个门,909MHz的时钟频率,最高速度是11.6Gbps。RSA的FPGA实现参考文献[56-58],ASIC实现参考文献[59,60]。

FPGA实现的优点包括高速专用的硬件结构、灵活的软件平台、较低的成本；ASIC实现的特点是优化结构可以使用更少的电路,具有更高的操作效率,低能耗,但是设计和实现复杂、耗时、成本较高,一旦实现后就不能更改,因此不适用于经常改变的环境。

FPGA通过配置文件设置工作模式,其配置文件是二进制文件,目前还无反编译破解方法；FPGA的工作模式,除了设计者,其工作模式是保密的。而ASIC电路一旦实现,就不能更改,那么可以把电路设置成固定的工作模式。因此,无论是FPGA还是ASIC芯片都满足黑盒子的要求。已经有大量的ASIC/FPGA密码应用研究,性能相当好。让所有数据流都经过FPGA或ASIC芯片模块来解密,文件密钥只在FPGA或ASIC芯片中以明文形式存在,因此密钥在任何时候都不会暴露给用户。此外,在加密存储系统中使用FPGA/ASIC芯片还具有以下优势。

(1) 通过专用硬件实现密码相关操作,可以提高性能。

(2) 从特定端口来的数据直接送往FPGA/ASIC芯片,避免复制和上下文切换。

西北工业大学的苗胜等人实现了基于FPGA芯片的硬盘数据加密系统[61],该系统支持常用对称加密算法(DES、3DES、AES)和用户自主开发的各种对称加密算法,并实现了一种基于FPGA芯片的直插型硬盘数据加密卡,其对DES算法的加解密速度达到了200Mbps。

5.4 密文重复数据删除

重复数据删除是一种数据缩减技术,通常用于基于磁盘的备份系统,旨在提高存储系统的利用率。云存储服务通常依据传输与存储的数据量以及使用时间计费。对于用户来说,希望减少传输和存储的数据量来降低成本,这就涉及重复数据的删除；对于云服务提供商来说,也希望通过重复数据删除技术节约基础设施成本,同时保障用户数据的可用性。

根据对目前存储系统中重复数据删除技术的研究,基于数据分布的不同,有效的重复数据删除能够节省高达50%甚至90%的存储空间和带宽[62]。

根据部署位置的不同,可分为客户端重复数据删除(Client Side Deduplication,CSD)和服务器端重复数据删除(Server Side Deduplication,SSD)。客户端重复数据删除是先删除重复数据,再将数据备份;而服务器端重复数据删除是先将数据发送到服务器,实际存储时再删除重复数据。

根据被删除数据的粒度,重复数据删除可分为文件级重复数据删除(File Level Deduplication,FLD)和块级重复数据删除(Block Level Deduplication,BLD)。文件级重复数据删除可以保证文件不重复;而块级重复数据删除则保证数据块不重复,是将文件分成数据块进行比较。根据切分数据块方法的不同,块级重复数据删除又可分为定长块重复数据删除和变长块重复数据删除。定长块重复数据删除时,数据块的大小是固定的;而变长块重复数据删除时,数据块的大小是变化的。

根据执行数据删除的文件范围,可分为跨用户重复数据删除(Cross User Deduplication,CUD)和本地重复数据删除(Local Data Deduplication,LDD)。

重复数据删除既能够通过硬件也可以通过软件来实现,还可以将两者结合来实现。相同地,重复数据删除既可以在客户端进行,也可以在服务器端进行,或者两者兼而有之。通常为了节省传输带宽和提高传输效率,可以考虑采用客户端重复数据删除。

明文重复数据删除可以根据内容直接判断是否为重复数据,但数据一旦加密,特别是为了保护数据的机密性,通常使用不同的密钥或者加入一些初始向量使得相同的明文被加密成不同的密文,从而使得密文重复数据删除变得困难。

为了保护数据的机密性,可以对数据进行加密,但数据加密的安全性究竟怎样? 1949年,信息论的创始人香农[63]从信息论的角度提出信息论安全(Information Theoretic Security)的概念,从信息熵的角度分析了信息系统的安全性。

使用信息论安全的加密算法对数据进行加密后,对于一个没有密钥的用户来说,将得不到任何关于明文的信息,即其能获得的信息熵为0。但在实际应用中,这样的算法是不存在的或者实现的成本太高而不实用。只有"一次一密"加密算法可以满足这个要求,就是密钥随机生成而且只使用一次。不过,这样将使得共享密钥与共享数据明文一样困难,因而不实用。所以在实际应用中,无法实现信息论安全的加密算法,只能实现计算安全(Computationally Secure)的加密算法。假设攻击者的计算能力是有限的,那么所采用的加密算法对于攻击者的计算能力来说,是无法破解的即可。

为了度量一个加密算法的可计算安全性,1982年Goldwasser和Micali[64]提出了语义安全(Semantic Security)的概念,如果已知某个明文的密文不会泄露任何有关该明文的信息,则称该密文是语义安全的。

香农的信息论安全表示密文不会泄露任何明文信息,而语义安全则表示已泄露的密文不会泄露任何明文信息。在语义安全的对称密码算法中,若给攻击者两段相同长度的明文和其中一段明文的密文,攻击者不能分辨该密文所对应的明文。

1984年,Goldwasser和Micali[65]证明了语义安全与密文不可区分性(Ciphertext Indistinguishability)是等价的,而密文不可区分性在实际应用时,更容易用于检验加密算法的安全性。密文不可区分性是指,如果给出两段明文,随机选择一段明文加密得到密文,攻击者将不能区分该密文对应哪一段明文。Goldwasser 和 Micali 也因为他们在这方面的开创性工作而获得 2013 年 ACM 图灵奖。

要证明一个加密算法是安全的，通常要证明它满足密文不可区分性，即敌手不能断定加密的是否为相同的数据，因此安全的加密算法，即满足密文不可区分性或语义安全的加密算法是不支持重复数据删除的。

既然安全的加密算法不支持重复数据删除，而且因为不同用户的加密密钥是不同的，所以相同的文件被不同的用户加密也将得到不同的密文，那么要执行密文重复数据删除，就要解决以下几个问题。

（1）如何判定多个密文是否来自于相同的明文，即如何实现重复性检测。

（2）如何确定哪些用户拥有该文件，即如何实现数据拥有证明。

（3）如何在不同的用户间共享被执行重复数据删除的文件，即如何实现密钥共享。

（4）如何保证实施方案的安全性，即如何应对各类攻击。

因此，目前密文重复数据删除仍然停留在使用特殊的加密方式，使得相同的内容加密成相同的密文。

2002 年，Douceur 等人[36]提出基于收敛加密（Convergent Encryption）的密文重复数据删除方案。该方案将数据内容的 Hash 值作为密钥加密数据，使得相同的数据被加密成相同的密文，从而实现重复数据删除。在 Douceur 等人[37]的工作基础上，Storer 等人[66]研究了相关的密钥管理问题，提出一种基于认证和匿名的密文重复数据删除方案。该方案利用收敛加密技术，使得相同的数据明文的加密密钥相同，因此在相同的加密模式下生成的数据密文也相同，这样就可以使用传统的重复数据删除技术进行删冗。

此后，收敛加密技术被用于很多重复数据删除系统中，如 Bitcasa（http://www. bitcasa. com/）、Ciphertite（http://www. ciphertite. com）、flud（http://flud. org）、Freenet（https://freenetproject. org/）、GNUnet（http://gnunet. org）。一些常用的网盘系统，如 Dropbox、SpiderOak 和 Wuala 等也都采用了重复数据删除技术。

但是，因为基于收敛加密的方案的加密密钥依赖于明文信息，所以容易遭受离线穷举攻击（Offline Brute-force Attack）。

2013 年，Bellare 等人[67]提出消息锁定加密（Message-Locked Encryption，MLE）框架，同时提出 PRV＄-CDA（Strong Privacy-Chosen Distribution Attacks）安全性概念，并证明了 PRV＄-CDA 比其他相关的安全性更强。其中，PRV＄表示与随机数不可区分，CDA 是指选择分布攻击，PRV＄-CDA 表示攻击者不能区分密文与同等长度的随机数。在 Bellare 等人提出的框架中，MLE 加密算法中的密钥是从明文计算得到的，可以将收敛加密看作是 MLE 的一个特例。MLE 可以使相同的明文被加密成相同的密文，从而支持重复数据删除。在 MLE 框架下，收敛加密被证明满足 PRV＄-CDA 安全性。但 MLE 无法满足语义安全的要求。

以上工作也都没有针对基于相同明文产生不同密文的问题提出解决方案。

由于相同的文件被不同用户使用不同的密钥加密后，相同的文件被加密成不同的密文，使得云服务器无法执行重复数据删除，因此研究者们提出了基于可信第三方的密文重复数据删除方案[68,69]。

为了克服 MLE 类型加密方案中存在的离线穷举攻击问题，Bellare 等人提出一种基于可信第三方的密文重复数据删除方案 DupLESS[68]。该方案由第三方服务器使用私钥对数据签名，然后将该签名作为随机数生成器的种子生成加密密钥。该方法称为带签名的加密(Encryption with Signature，EwS)。

收敛加密和 MLE 加密算法都属于公开加密算法，任何人只要拥有数据，就可以生成合法的密文，所以它们的安全性依赖于数据本身的随机性。并且 MLE 加密算法允许进行相等检测，所以只能保护具有足够大的最小熵(Min-Entropy)的数据，即数据必须是不可预测的，否则攻击者可以从密文中获取信息。

针对 PRV$-CDA 安全性对于某些应用来说安全强度不够，Duan[69] 提出一种基于第三方服务器辅助的密文重复数据删除方案。MLE 加密算法采用公开加密是为了让不同的用户对相同的明文加密得到相同的密文，从而方便重复数据删除。而 Duan 提出采用第三方服务器辅助的方式，由第三方服务器为用户生成加密所需要的密钥和初始向量，同时也保证数据的收敛特征。有了第三方服务器，所有用户不再知道密钥，从而不再是公开加密。

该方案采用 Threshold Signature 技术，即一种分布式的数字签名生成方法，将签名所用的密钥分布存储于多个节点，使得任何小于 t 个节点联合起来，既不能够计算出签名的密钥，也不能够生成正确的签名，只有大于 t 个节点联合起来才能够生成正确的签名。这一特性使得 Threshold Signature 既具有更高的安全性，也有更好的容错能力。用在 EwS 上，签名的密钥不再由单一的服务器维护，而是分布在所有用户中。当一个用户需要加密时，他向大于 t 个其他用户发出请求，在足够多的用户的协助下生成签名，再使用 EwS 方式加密。

文中他们提出了 D-IND$-CPA 安全性概念，D-IND$ 是指与随机串的确定性不可区分(Deterministic Indistinguishability from Random Strings)，CPA 是指选择明文攻击(Chosen Plaintext Attacks)。他们证明 D-IND$-CPA 的安全性严格强于 PRV$-CDA。与 PRV$-CDA 类似，D-IND$-CPA 也意味着攻击者不能区分密文与等长的随机数，但 D-IND$-CPA 不再要求数据的分布具有足够大的最小熵，从而可以保护可预测性比较高的数据。作者也证明了 EwS 模式，无论是单机的还是分布式的，只泄露数据相等的信息，而该信息是目前数据去重手段所依赖的，因此表明 EwS 是支持去重条件下所能达到的最强的安全性，它也满足 D-IND$-CPA 安全性。与 DupLESS 相比，该方案的另一个优点是它是分布式的，它可以不需要可信第三方，而将服务部署在用户中。

Armknecht 等人[70] 提出在用户和云服务器之间设置一个网关，由网关执行接入控制，从而实现跨用户的文件级重复数据删除。在用户端采用基于 Merkle Hash 树的包含了可接入当前文件的用户信息的可证基数累加器，可以验证文件的有效接入，通过上传相同文件的用户数来验证其存储资费的合理性。为保护文件累加器的信息和特定文件的累加结果，采用可验证但不可预测的时间相关随机数产生器选取被公开文件的累加器信息。采用基于服务器协作的密钥产生协议及报文加锁加密技术保护用户文件信息，从而防止暴力穷举攻击。网关则采用文件所有权证明机制来防止恶意用户非法接入文件。

如前所述，郭晓勇等人[38]提出了一个基于收敛加密技术的云安全去重与完整性审计系统，该系统采用基于盲签名的收敛密钥封装与解封算法，在安全存储收敛密钥的同时可以实现收敛密钥去重。Stanek 等人[71]提出了将数据分为热度数据与非热度数据。非热度数据对数据隐私性要求较高，采用语义安全的对称加密算法进行加密；对于热度数据，则使用收敛加密算法进行加密，同时采用执行效率较高的客户端重复数据删除技术，通过比较收敛加密密文的哈希值判断数据是否已存储在云服务器，如果已经存储，则不用再次上传。该方案在一定程度上提高了系统的执行效率。

Puzio 等人[72,73]等设计了云存储系统下的块级密文重复数据删除方案，在收敛加密的基础上引入了额外的加密操作和访问控制机制以抵御离线穷举攻击。Cui 等人[74]提出基于密文策略属性加密算法和混合云技术的云中加密数据重复删除方案，但该方案的安全性假设较强且执行效率较低。

基于可信第三方的方案实现较为简单，但是会降低方案的安全性与使用效率。对此，Liu 等人[75]提出基于口令认证的密钥交换(Password Authenticated Key Exchange，PAKE)的服务器端重复数据删除方案。

由于用户习惯选择低熵的信息作为口令，因此基于口令的认证协议容易遭受离线穷举攻击。针对这个问题，Bellovin 等人[76]首次提出基于 PAKE 的方案。在该方案中，双方只凭低熵口令即可在安全信道中协商出高熵密钥，使攻击者在未使用口令进行在线认证的前提下无法对密钥进行猜测。

Liu 等人[75]的方案不需要可信第三方就可以实现跨用户的重复数据删除，并且该方案由用户在本地加密数据，同时可防御恶意用户或服务器发起的暴力攻击。用户上传文件到云服务器时，首先对文件计算 Hash 值，并根据预设的短 Hash 函数计算文件的短 Hash 值，然后将该短 Hash 值发送给服务器。服务器根据该短 Hash 值找出具有相同短 Hash 值的用户集合，通知该集合中用户分别通过 PAKE 算法判断他们的文件是否相同。若相同，则该用户可以通过 PAKE 算法得到集合用户加密文件的密钥，否则表明服务器上没有该文件，用户将使用随机密钥加密文件，并上传到云服务器。云服务器接收到该密文后检查是否已经存储该密文，若有，则丢弃该密文，同时将用户加入到该服务器上此密文的允许接入列表中，否则保存该密文。为了防止恶意服务器发起的在线暴力攻击，比如恶意服务器向用户发送伪造的 PAKE 请求或应答来猜测文件内容，该方案对单个文件的访问次数做了限制，如果一个用户对某个文件的 PAKE 请求次数超过该限制值，系统将忽略其请求。

针对公共云环境下用户密钥多样性造成的重复数据删除困难，且依赖于可信第三方容易造成安全性与执行效率低下，张曙光等人[77]提出一种无可信第三方的加密重复数据安全删除方案。该方案结合 PAKE 协议与双线性映射构建加密数据冗余性识别算法，构造数据流行度查询标签(Popularity Check Tag，PCT)，使用 PCT 识别数据的热度，其查询过程不会泄露数据的任何明文信息。采用同态加密算法设计加密密钥传递算法，初始上传者能够通过云服务器将加密密钥安全传递至后继上传者。初始上传者通过 PCT 判断后继上传者的合法性，并使用同态加密算法将非热度数据的加密密钥安全传递至合法后继上传者。持有相同数据的用户能够获取相同加密密钥，使云服务器能够实现加密数据重复删除。对于隐私度较低的热度数据，可以安全执行客户端重复数据删除。

同时，他们又提出一种无需可信第三方的基于离线密钥分发的加密数据重复删除方案[78]。该方案通过构造双线性映射来验证加密数据是否源自同一明文，并利用广播加密技术实现加密密钥的安全存储与传递。任意数据的初始上传者能够借助云服务器，以离线方式验证后继上传者的合法性并传递数据加密密钥。

Harnik 等人[79]针对 DropBox 和 MozyHome 等流行云存储服务，分析并揭示了基于客户端的重复数据删除系统可能遭受文件识别攻击和文件内容识别攻击等安全威胁。文献[80-83]也对密文重复数据删除进行了研究。

5.5 加密云数据库

云存储环境下的数据库系统与传统数据库有很大区别，它运行在数据库服务器上。因为云环境的不可信性，要保证数据库系统的机密性，需要对数据库系统的数据进行加密存储。但是数据加密后怎样进行数据查询以及处理是亟待解决的问题。

2006 年，Agrawal 等人[84]提出基于安全协处理器的加密数据库查询系统。为了避免可信硬件成为性能瓶颈，并提高主机利用效率，该系统把大部分工作交给主机执行，只将少量与安全相关的工作交给安全协处理器执行。

2011 年，Bajaj 等人[85]提出基于可信硬件的加密数据库系统 TrustedDB，实现不可信云环境下保护用户隐私的数据查询。其核心思想也是将一些需要保护隐私的数据操作任务交给可信硬件执行。该系统可以实现明文数据库支持的各类数据查询操作。

2011 年，Popa 等人[2]提出加密数据库查询系统 CryptDB，能够实现用户对存储在 SQL 数据库中的数据进行多种查询操作：order comparison、equality checks、join、aggregate。该系统引入一个可信代理 MySQL-Proxy，对用户的 SQL 查询关键字段进行加密，并且依然保证 SQL 语句的语法要求，然后发送给 MySQL-Server。MySQL-Server 处理完成后返回加密的数据给 MySQL-Proxy，由 MySQL-Proxy 将数据解密后返回给用户。

CryptDB 利用同态加密技术实现密文数据的计算。作者提出一种结合概率加密、确定性加密、同态加密以及保序加密等多种加密算法的洋葱加密技术（Onion Encryption），使得查询过程只需要少量的同态加密运算。洋葱加密技术的思想是将安全性最强的加密算法放在最外层加密或解密，在中间层次使用安全性稍弱的加密算法，在需要支持某类操作的时候，才对最强的加密算法进行部分解密以实现特定操作。虽然全同态加密技术开销很大，但是对于数据库系统来说，查询过程只需要少量的同态加密运算，并且该系统结合了洋葱加密技术，使数据库可以根据查询负载调整加密方法，实现安全性与可用性的平衡。

与 CryptDB 一样，由麻省理工学院人工智能实验室 Tu 等人[86]开发的加密数据库系统 Monomi，使服务器可以根据负载选择适当的物理设计，并且可以实现敏感数据在硬盘和内存中都保持加密状态。

Tetali 等人[87]和 Stephen 等人[88]在 CryptDB 的基础上提出 MrCrypt 和 Crypsis，MrCrypt 是一个应用于 Hadoop 中的并行计算模型 MapReduce 的密文查询系统，Crypsis 是一个用于支持如 Pig Latin 高级数据流语言的系统，两者都使用 Paillier 和 EGM 方案分别实现密文数据的加法和乘法同态运算。

2013 年，Arasu 等人[89]提出加密数据库系统 Cipherbase，该系统结合定制的可信硬件扩展微软的 SQL Server 以有效地执行各类数据库查询功能。他们详细介绍了基于 FPGA 的可信硬件实现安全相关操作的设计与实现，可以保证敏感数据无论在硬盘还是在内存中都保持加密状态，也可以保证可信硬件中的程序状态的安全性。

此外，一些云服务提供商的云数据库系统也实现了机密性保护。Google 的 Google Cloud SQL 数据库服务中，数据将自动加密，保证数据符合 SSAE 16、ISO 27001、PCI DSS v3.0 和 HIPAA 的合规性要求。Google 的基础架构提供各种存储服务以及中央密钥管理服务，Google 的大多数应用均通过这些存储服务间接访问物理存储。通常可以将存储服务配置为使用中央密钥管理服务中的密钥对数据进行加密，然后再将数据写入物理存储。可以将密钥与用户关联，中央密钥管理服务支持自动密钥更替。

其他云数据库系统，如阿里云的云数据库 RDS(Relational Database Service)、微软的 SQL Azure 以及亚马逊的 Relational Database Service 都支持透明数据加密。

关于云环境下数据库机密性保护技术的研究工作可以参考文献[90]。

5.6 存在的问题与未来发展方向

自从有了存储安全需求以来，就有了加密存储系统。因此，对于加密存储系统的研究已经非常成熟。现有的加密云存储系统也是借鉴以前的研究工作，进行一定的改进或引入最新的信息安全与密码学技术，用于满足用户不断增长的安全性与性能要求。综合已有的研究工作，加密云存储系统仍然存在以下问题。

(1) 系统规模与可扩展性问题，因为加密云存储系统中加解密操作开销较大，且随着用户数量的增长，其开销呈线性增长。怎样平衡系统的可扩展性与可用性需求，使系统规模增长时，仍然提供较好的数据可用性是需要解决的问题。

(2) 密文重复数据删除问题，虽然已经取得了丰硕的研究成果，但仍然需要在安全性、可用性以及是否存在可信第三方等方面进行权衡。

(3) 加密数据共享时的密钥分发与撤销问题，基于公钥密码技术的密钥分发技术开销较大，特别当用户数据量大时，而基于对称密码技术的方案的管理非常复杂。当要撤销用户时，需要更新密钥并重新加密数据，也会带来很大的性能开销。

(4) 可信硬件和安全协处理器的实施问题，因为密码操作开销较大，引入可信硬件和安全协处理器有利于提高系统效率，改进用户使用体验，但是基于可信硬件的方案通常与具体的系统密切相关，还没有一个通用的基于可信硬件的框架可以适用于所有系统。

(5) 有较多基于同态加密技术的密文数据处理方案，但是因为同态加密技术是一种公钥密码，当前还没有较高效的同态密码算法，所以有些基于同态加密技术的方案对于目前的处理效率来说并不可用。

(6) 基于虚拟机监控器的数据加密方案可以防止用户数据泄露给其他用户，但是却不能防止管理虚拟机的云存储服务提供商获取数据。

以上存在的问题也为未来的研究指明了方向，即使加密存储系统已经发展了几十年，提出了很多解决方案，但面对新的环境仍然面临新的挑战，仍然有很多问题需要解决。

5.7 本章小结

本章首先分析了云存储环境下加密存储系统面临的新的挑战，指明研究中要解决的问题；然后介绍了加密云存储系统的发展，从网络存储系统开始，介绍非共享的加密文件系统如何发展到共享的加密文件系统，并介绍了云环境下几个知名云服务提供商的加密存储系统；接着介绍了加密云存储系统中的密钥管理，包括密钥生成与发布以及密钥撤销；然后介绍了密文重复数据删除和加密云数据库方面的研究工作以及产业界的实践；最后总结了仍然存在的问题和未来发展方向。

参考文献

[1] Amazon Web Services Inc. AWS 客户协议[EB/OL]. 2018[2018-10-15]. https://aws.amazon.com/agreement/.

[2] Raluca Ada Popa, Catherine M. S. Redfield, Nickolai Zeldovich, et al. CryptDB: Protecting Confidentiality with Encrypted Query Processing [C]. In Proceedings of the Twenty-Third ACM Symposium on Operating Systems Principles (SOSP '11), ACM, NY, USA, 2011: 85-100.

[3] 陈兰香. 网络存储中保障数据安全的高效方法研究[D]. 华中科技大学博士学位论文, 2009.

[4] Shepler S, Callaghan B, Robinson D, et al. NFS Version 4 Protocol [S]. RFC 3530, 2003[2018-10-15]. https://tools.ietf.org/html/rfc3530.

[5] Howard J. An Overview of the Andrew File System [C]. In Proc. of the USENIX Winter Technical Conference, Dallas, TX, 1998: 23-26.

[6] OpenAFS. Open Source Version of AFS [EB/OL]. 2018[2018-10-15]. http://www.openafs.org/security.

[7] Matt Blaze. A Cryptographic File System for UNIX [C]. In Proc. of the First ACM Conference on Communications and Computing Security, 1993: 9-16.

[8] Matt Blaze. Key Management in an Encrypting File System [C]. In Proc. of USENIX Annual Technical Conference, 1994: 27-35.

[9] Cattaneo A D, Catuogno L, Persiano P. Design and Implementation of a Transparent Cryptographic File System for UNIX [C]. In Proc. of USENIX Annual Technical Conference, 2001: 199-212.

[10] Mazieres D. Security and Decentralized Control in the SFS Global File System [D]. Master's thesis, MIT, 1998.

[11] Fu K, Kaashoek F, Mazieres D. Fast and Secure Distributed Read-Only File System [J]. ACM Transactions on Computer Systems, 2002, 20(1): 1-24.

[12] Kevin Fu. Group Sharing and Random Access in Cryptographic Storage File System [D]. Master's thesis, MIT, 1999.

[13] Backes M, Oprea A. Lazy Revocation in Cryptographic File Systems [C]. In Proc. of the Third IEEE International Security in Storage Workshop, Washington, DC, 2005: 1-11.

[14] Wright C, Martino M, Zadok E. NCryptfs: A Secure and Convenient Cryptographic File System [C]. In Proc. of USENIX Annual Technical Conference, 2003: 197-210.

[15] Goh E, Shacham H, Modadugu N, et al. SiRiUS: Securing Remote Untrusted Storage [C]. In Proc. of the Symposium on Network and Distributed Systems Security (NDSS), 2003: 131-145.

[16] Hughes J, O'Keefe M, Feist C, et al. A Universal Access, Smart-Cardbased, Secure Filesystem [C]. In Proc. of the 3rd annual conference on Atlanta Linux Showcase, 1999: 35-35.

[17] Hughes J, Feist C. Architecture of the Secure File System [C]. In Proc. of the Eighteenth IEEE Symposium on Mass Storage Systems, San Diego, CA, 2001: 277-290.

[18] Zadok E, Nieh J. FiST: A Language for Stackable File Systems [C]. In Proc. of the Annual USENIX Technical Conference, 2000: 55-70.

[19] Miller E, Long D, Freeman W, et al. Strong Security for Network-Attached Storage [C]. In Proc. of the Conference on File and Storage Technologies, 2002: 1-13.

[20] McDonald A D, Kuhn M G. StegFS: A Steganographic File System for Linux [C]. In Proc. of the International Workshop on Information Hiding, 1999: 462-477.

[21] Atul Adya, William J. Bolosky, Miguel Castro, et al. Farsite: Federated, Available, and Reliable Storage for an Incompletely Trusted Environment [J]. ACM SIGOPS Operating Systems Review, 2002, 36(SI): 1-14.

[22] Mahesh Kallahalla, Erik Riedel, Ram Swaminathan, et al. Plutus: Scalable Secure File Sharing On Untrusted Storage [C]. In Proc. of the 2nd Conference on File and Storage Technologies, 2003: 29-42.

[23] Giuseppe Ateniese, Kevin Fu, Matthew Green, et al. Improved Proxy Re-Encryption Schemes with Applications to Secure Distributed Storage [J]. ACM Transactions on Information and System Security, 2006, 9(1): 1-30.

[24] Sabrina De Capitani di Vimercati, Sara Foresti, Sushil Jajodia, et al. Over-encryption: Management of Access Control Evolution on Outsourced Data [C]. In Proc. of the 33rd International Conference on Very Large Data Bases (VLDB '07), 2007: 123-134.

[25] Zooko Wilcox-O'Hearn, Brian Warner. Tahoe: the Least-Authority Filesystem [C]. In Proc. of the 4th ACM International Workshop on Storage Security and Survivability (StorageSS '08), ACM, NY, USA, 2008: 21-26.

[26] Seny Kamara, Kristin Lauter. Cryptographic Cloud Storage [C]. In Proceedings of the 14th International Conference on Financial Cryptograpy and Data Security (FC'10), 2010: 136-149.

[27] Weichao Wang, Zhiwei Li, Rodney Owens, et al. Secure and Efficient Access to Outsourced Data [C]. In Proceedings of the 2009 ACM workshop on Cloud Computing Security (CCSW '09), ACM, New York, USA, 2009: 55-66.

[28] Prince Mahajan, Srinath Setty, Sangmin Lee, et al. Depot: Cloud Storage with Minimal Trust [C]. In Proc. of USENIX Symposium on Operating Systems Design and Implementation (OSDI 2010),

2010：307-322.

[29] Yang Tang,Patrick P. C. Lee,John C. S. Lui,et al. FADE：Secure Overlay Cloud Storage with File Assured Deletion [C]. In Proc. of International Conference on Security and Privacy in Communication Systems (SecureComm 2010),2010：380-397.

[30] Alexander Shraer, Christian Cachin, Asaf Cidon, et al. Venus：Verification for Untrusted Cloud Storage [C]. In Proceedings of the 2010 ACM Workshop on Cloud Computing Security Workshop (CCSW '10),2010：19-30.

[31] Wei Xue,JiWu Shu,Yang Liu,et al. Corslet：A Shared Storage System Keeping Your Data Private [J]. Science China：Information Sciences,2011,54(6)：1119-1128.

[32] Alysson Bessani,Miguel Correia,Bruno Quaresma,et al. DepSky：Dependable and Secure Storage in a Cloud-of-Clouds [J]. ACM Transactions on Storage,2013,9(4)：1-33.

[33] Mahajan P,Setty S,Lee S,et al. Depot：Cloud Storage with Minimal Trust [C]. In：Proc. of the 9th Conf. on Symp. On Operation Systems Design and Implementation,2010：307-322.

[34] Mulazzani M,Schrittwieser S,Leithner M,et al. Dark Clouds on the Horizon：Using Cloud Storage as Attack Vector and Online Slack Space [C]. In Proc. of the 20th USENIX Conf. on Security, 2011,5.

[35] 傅颖勋,罗圣美,舒继武. 一种云存储环境下的安全网盘系统[J]. 软件学报,2014,25(8)：1831-1843.

[36] John R. Douceur,Atul Adya,William J. Bolosky,et al. Reclaiming Space from Duplicate Files in a Serverless Distributed File System [C]. In Proceedings of the 22nd International Conference on Distributed Computing Systems (ICDCS '02),2002：617-624.

[37] Roxana Geambasu,Tadayoshi Kohno,Amit A. Levy,et al. Vanish：Increasing Data Privacy with Self-Destructing Data [C]. In Proc. of the 18th Conference on USENIX Security Symposium (SSYM'09),Berkeley,CA,USA,2009：299-316.

[38] 郭晓勇,付安民,况博裕,等. 基于收敛加密的云安全去重与完整性审计系统[J]. 通信学报,2017,2017(s2)：156-163.

[39] Matt Blaze,Gerrit Bleumer,Martin Strauss. Divertible Protocols and Atomic Proxy Cryptography [C]. International Conference on the Theory and Applications of Cryptographic Techniques (EUROCRYPT '98),1998：127-144.

[40] Tom Leighton, Silvio Micali. Secret-Key Agreement without Public-Key Cryptography [C]. In Proceedings of the 13rd Annual International Cryptology Conference on Advances in Cryptology (CRYPTO '93),1993：456-479.

[41] Mahesh Kallahalla,Erik Riedel,Ram Swaminathan,et al. Plutus：Scalable Secure File Sharing on Untrusted Storage [C]. In Proceedings of the 2nd Conference on File and Storage Technologies (FAST '03),2003：29-42.

[42] Lanxiang Chen,Dan Feng,Lingfang Zeng,et al. A Direction to Avoid Re-encryption in Cryptographic File Sharing [C]. IFIP International Conference on Network and Parallel Computing (NPC 2007), 2007：375-383.

[43] Dan Feng, Lanxiang Chen, Lingfang Zeng, et al. FPGA/ASIC based Cryptographic Object Store System [C]. IEEE Proceedings of the Third International Symposium on Information Assurance and Security (IAS 2007),2007：267-272.

[44] Lanxiang Chen, Dan Feng, Yu Zhang, et al. Integrating FPGA/ASIC into Cryptographic Storage

Systems to Avoid Re-Encryption [J]. International Journal of Parallel, Emergent and Distributed Systems, 2010, 25(2): 105-122.

[45] Kris Gaj, Pawel Chodowiec. Fast Implementation and Fair Comparison of the Final Candidates for Advanced Encryption Standard Using Field Programmable Gate Arrays [C]. In Proceedings of Cryptographers Track RSA Conf, CA, USA, 2001: 84-99.

[46] Tetsuya Ichikawa, Tomomi Kasuya, Mitsuru Matsui. Hardware Evaluation of the AES Finalists [C]. In Proc. Third Advanced Encryption Standard Candidate Conf, New York, USA, 2000: 279-285.

[47] Kris Gaj, Pawel Chodowiec. Comparison of the Hardware Performance of the AES Candidates Using Reconfigurable Hardware [C]. In Proc. Third Advanced Encryption Standard Candidate Conf, New York, USA, 2000: 40-54.

[48] Viktor Fischer. Realization of the Round 2 Candidates Using Altera FPGA [C]. In Proc. of the Third Advanced Encryption Standard Candidate Conf, New York, USA, 2000: 13-14.

[49] Gael Rouvroy, Francois-Xavier Standaert, Jean-Jacques Quisquater, et al. Compact and Efficient Encryption/Decryption Module for FPGA Implementation of AES Rijndael Very Well Suited for Small Embedded Applications [C]. In Proceedings of International Conference on Information Technology: Coding and Computing, Las Vegas, Nevada, USA, 2004: 583-587.

[50] Yongzhi Fu, Lin Hao, Xuejie Zhang, et al. Design of an Extremely High Performance Counter Mode AES Reconfigurable Processor [C]. In Proceedings of International Conference on Embedded Software and Systems (ICESS05), Xi'an, China, 2005: 262-268.

[51] Ingrid Verbauwhede, Patrick Schaumont, Henry Kuo. Design and Performance Testing of A 2.29Gb/s Rijndael Processor [J]. IEEE J. Solid-State Circuits, 2003, 38(3): 569-572.

[52] Chih-Pin Su, Chia-Lung Horng, Chih-Tsun Huang, et al. A Configurable AES Processor for Enhanced Security [C]. In Proc. of the IEEE Design Automation Conference, 2005: 361-366.

[53] Alireza Hodjat, Ingrid Verbauwhede. Area-Throughput Trade-Offs for Fully Pipelined 30 to 70 Gbits/s AES Processors [J]. IEEE Trans. Computers, 2006, 55(4): 366-372.

[54] Alireza Hodjat, Ingrid Verbauwhede. Speed-area Trade-Off for 10 to 100 Gbits/s Throughput AES Processor [C]. In Proc. of the IEEE Asilomar Conference on Signals, Systems, and Computers, Pacific Grove, CA, 2003: 2147-2150.

[55] Sumio Morioka, Akashi Satoh. A 10 Gbps Full-AES Crypto Design with a Twisted-BDD S-Box Architecture [C]. In Proc. of the IEEE International Conference on Computer Design (ICCD '02), Germany, 2002: 98-103.

[56] Thomas Blum, Christof Paar. Montgomery Modular Exponentiation on Reconfigurable Hardware [C]. In Proceedings 14th IEEE Symposium on Computer Arithmetic, Adelaide, Australia, 1999: 70-77.

[57] Cilardo A, Mazzeo A, Romano L, et al. Carry-Save Montgomery Modular Exponentiation on Reconfigurable Hardware [C]. In Proc. of the Design, Automation, and Test in Europe Conference, Paris, France, 2004: 206-211.

[58] Ciaran McIvor, Máire McLoone, John V McCanny. High-Radix Systolic Modular Multiplication on Reconfigurable Hardware [C]. IEEE International Conference on Field Programmable Technology, Kyoto, Japan, 2005: 13-18.

[59] Min-Sup Kang, Kurdahi F. J. A Novel Systolic VLSI Architecture for Fast RSA Modular

Multiplication [C]. In Proc. of the 2002 IEEE Asia-Pacific Conference on ASIC, Taipei, Taiwan, China, 2002: 81-84.

[60] Soner Yesil, Neslin Ismailoglu, Cagatay Tekmen, et al. Two Fast RSA Implementations Using High-Radix Montgomery Algorithm [C]. In Proceedings of IEEE International Symposium on Circuits and Systems, Canada, 2004: 557-560.

[61] 苗胜，张新家，曹卫兵，等. 硬盘数据加密系统的设计及其 FPGA 实现[J]. 计算机应用研究，2004, 21(10): 217-219.

[62] Dutch M. Understanding Data Deduplication Ratios [EB/OL]. 2018[2018-10-15]. http://www.snia.org.

[63] Shannon C E. Communication Theory of Secrecy Systems [J]. The Bell System Technical Journal, 1949, 28 (4): 656-715.

[64] Shafi Goldwasser, Silvio Micali. Probabilistic Encryption & How to Play Mental Poker Keeping Secret All Partial Information [C]. In Proceedings of the Fourteenth Annual ACM Symposium on Theory of Computing (STOC '82), ACM, New York, USA, 1982: 365-377.

[65] Shafi Goldwasser, Silvio Micali. Probabilistic Encryption [J]. Journal of Computer and System Sciences, 1984, 28(2): 270-299.

[66] Storer M W, Greenan K, Long D D E, et al. Secure Data Deduplication [C]. In Proceedings of the 4th ACM International Workshop on Storage Security and Survivability (StorageSS '08), ACM, New York, NY, USA, 2008: 1-10.

[67] Bellare M, Keelveedhi S, Ristenpart T. Message-locked Encryption and Secure Deduplication [C]. In Proceedings of the Advances in Cryptology (EUROCRYPT 2013), 2013: 296-312.

[68] Mihir Bellare, Sriram Keelveedhi, Thomas Ristenpart. DupLESS: Server-Aided Encryption for Deduplicated Storage [C]. In Proceedings of the 22nd USENIX Conference on Security, Washington, USA, 2013: 179-194.

[69] Yitao Duan. Distributed Key Generation for Encrypted Deduplication: Achieving the Strongest Privacy [C]. In Proceedings of the 6th Edition of the ACM Workshop on Cloud Computing Security (CCSW '14), ACM, New York, NY, USA, 2014: 57-68.

[70] Armknecht F, Bohli J M, Karame G O, et al. Transparent data deduplication in the cloud [C]. In Proceedings of the 22nd ACM SIGSAC Conference on Computer and Communications Security, 2015: 886-900.

[71] Jan Stanek, Alessandro Sorniotti, Elli Androulaki, et al. A Secure Data Deduplication Scheme for Cloud Storage [C]. In Proceedings of the International Conference on Financial Cryptography and Data Security (FC 2014), 2014: 99-118.

[72] Pasquale Puzio, Refik Molva, Melek Önen, et al. ClouDedup: Secure Deduplication with Encrypted Data for Cloud Storage [C]. In Proceedings of the IEEE 5th International Conference on Cloud Computing Technology and Science, 2013: 363-370.

[73] Pasquale Puzio, Refik Molva, Melek Önen, et al. PerfectDedup: Secure Data Deduplication [C]. In Proceedings of the Data Privacy Management, and Security Assurance, 2015: 150-166.

[74] Cui H, Deng R H, Yingjiu L I, et al. Attribute-based Storage Supporting Secure Deduplication of Encrypted Data in Cloud [J]. IEEE Transactions on Big Data, DOI: 10.1109/TBDATA.2017.2656120.

[75] Jian Liu, N. Asokan, Benny Pinkas. Secure Deduplication of Encrypted Data without Additional

Independent Servers [C]. In Proceedings of the 22nd ACM SIGSAC Conference on Computer and Communications Security (CCS 2015),2015: 874-885.
[76] Bellovin S M, Merritt M. Encrypted Key Exchange: Password-Based Protocols Secure Against Dictionary Attacks [C]. In Proceedings of the IEEE Computer Society Symposium on Research in Security and Privacy,Oakland,CA,USA,1992: 72-84.
[77] 张曙光,咸鹤群,王利明,等. 无可信第三方的加密重复数据安全删除方法[J]. 密码学报,2018,5(3): 286-296.
[78] 张曙光,咸鹤群,王雅哲,等. 基于离线密钥分发的加密数据重复删除方法[J]. 软件学报,2018,29(7): 1909-1921.
[79] Harnik D, Pinkas B, Shulman-Peleg A. Side Channels in Cloud Services: Deduplication in Cloud Storage [J]. IEEE Security & Privacy,2010,8(6): 40-47.
[80] 肖亮,李强达,刘金亮. 云存储安全技术研究进展综述[J]. 数据采集与处理,2016,31(3): 464-472.
[81] 傅颖勋,罗圣美,舒继武. 安全云存储系统与关键技术综述[J]. 计算机研究与发展,2013,50(1): 136-145.
[82] 熊金波,张媛媛,李凤华,等. 云环境中数据安全去重研究进展[J]. 通信学报,2016,37(11): 169-180.
[83] 付印金. 面向云环境的重复数据删除关键技术研究[D]. 国防科学技术大学博士学位论文,2013.
[84] Rakesh Agrawal,Dmitri Asonov,Murat Kantarcioglu,et al. Sovereign Joins [C]. In Proceedings of the 22nd International Conference on Data Engineering (ICDE '06),Washington,DC,USA,2006: 26-38.
[85] Sumeet Bajaj,Radu Sion. TrustedDB: A Trusted Hardware Based Database with Privacy and Data Confidentiality [C]. In Proceedings of the 2011 ACM SIGMOD International Conference on Management of Data (SIGMOD '11),ACM,New York,NY,USA,2011: 205-216.
[86] Tu S,Kaashoek M F,Madden S,et al. Processing Analytical Queries Over Encrypted Data [C]. In Proceedings of the VLDB Endowment,2013: 289-300.
[87] Tetali S D,Lesani M,Majumdar R,et al. MrCrypt: Static Analysis for Secure Cloud Computations [C]. In Proceedings of the ACM Sigplan Int'l Conf. on Object Oriented Programming Systems Languages & Applications,2013: 271-286.
[88] Stephen J J,Savvides S,Seidel R,et al. Practical Confidentiality Preserving Big Data Analysis [C]. In Proceedings of the Usenix Conf. on Hot Topics in Cloud Computing,2014: 1-10.
[89] Arvind Arasu, Spyros Blanas, Ken Eguro, et al. Orthogonal Security with Cipherbase [C]. In Proceedings of the 6th Biennial Conference on Innovative Data Systems Research (CIDR '13), Asilomar,CA,2013: 1-10.
[90] 田洪亮,张勇,李超,等. 云环境下数据库机密性保护技术研究综述[J]. 计算机学报,2017,40(10): 2245-2270.

第 6 章

密文云存储信息检索

信息检索是我们访问数据的重要方式。2009 年，精神病学教授盖里·斯莫尔(Gary W Small)等人发表了研究论文[1]《谷歌上的大脑：互联网搜索中的大脑激活模式》(*Your Brain on Google：Patterns of Cerebral Activation during Internet Searching*)。他们找了 24 名研究对象，其中 12 人经常使用搜索引擎，另外 12 人很少使用。在每个人上网时，给他们脑部做核磁共振。研究发现，使用搜索引擎的时候，人们大脑中处理问题决策的区域活跃度会提升，经常使用搜索引擎的 12 人在实验中的脑部活动是很少使用搜索引擎的人的 2 倍。搜索引擎不仅可以帮助人们找到需要的信息，还可以让人们的大脑保持年轻。

在当今的“互联网＋”环境中，加密是一种常用的保护用户数据私密性的方法，然而数据加密使得数据失去了原有的结构特性，导致在海量的密文文件中搜索特定的文件变得极为困难。因此，对密文数据的高效搜索成为一个迫切需要解决的问题。

本章将首先对密文搜索技术进行概述，然后介绍其发展现状，并详细介绍云存储环境下的密文搜索和关于该领域的最新研究成果，最后提出未来的发展方向和面临的挑战。

6.1 密文搜索技术概述

本节首先介绍密文搜索技术分类，然后介绍其应用模型。

6.1.1 密文搜索技术分类

根据搜索词与加密数据的耦合方式，密文搜索(Searchable Encryption，SE)分为可搜索加密算法与可搜索加密方案。可搜索加密算法是指设计的密码算法本身支持搜索；可搜索加密方案是指设计一种方案，比如使用倒排索引，然后使用已有的密码算法(公钥密码或对称密码算法)对数据进行加密，利用索引实现加密数据的搜索，关键词索引技术和数据加密在实现上具有独立性。

目前主要有两种典型的可搜索加密方案：一种是直接对密文进行线性搜索，即对密文中单词逐个进行比对，确认关键词是否存在以及出现的次数；另一种是基于安全索引，即先对文档建立关键词索引，然后将文档和索引加密后上传至云端，搜索时从索引中查询关键词是否存在于某个文档中。直接对密文进行线性搜索的方案缺点在于搜索效率不高，且无法应对海量数据的搜索场景。基于索引的密文搜索方案是目前的研究主流，原因是其查询效率更高，安全性能更好，适用于大规模的云存储密文搜索系统。基于索引的密文搜索可进一步分为两类：第一类是针对结构化的数据，以数据库为代表；第二类是针对非结构化的数据，以文件系统和 Web 网页内容为代表。

基于索引的密文搜索方案根据基于的密码技术可以分为基于对称密码（Symmetric Cryptography based）的可搜索加密方案，通常称为可搜索对称加密方案（Searchable Symmetric Encryption，SSE）和基于公钥密码（Public Key Cryptography based）的可搜索加密方案。用户的主要数据存放在家用或办公台式机上，而平时主要使用手机等手持设备访问网络，这是目前很多用户的实际场景。用户的数据很丰富，包括文档、照片、视频等各种数据。有些文件如用户的一些私人照片并不希望被别人看见，因此存放到云端前，需要对数据进行加密处理。显然，大量的用户数据如果使用公钥密码算法加密其开销太大，因此只适合使用对称密码算法加密。

关于密文搜索技术的分类[2]如图 6-1 所示，将密文搜索的研究内容分为可搜索加密方案和可搜索加密模型。在可搜索加密方案中，根据加密算法可分为基于公钥加密算法和基于对称加密算法；将基于关键词的密文搜索分为单关键词（进一步可分为模糊查询、排序查询）、多关键词、连接关键词和灵活查询（进一步可分为范围查询和子集查询）。在可搜索加密模型中，根据数据拥有者和用户的数量，分为单数据拥有者单用户、多数据拥有者单用户、单数据拥有者多用户和多数据拥有者多用户，也是下一节将介绍的应用模型。

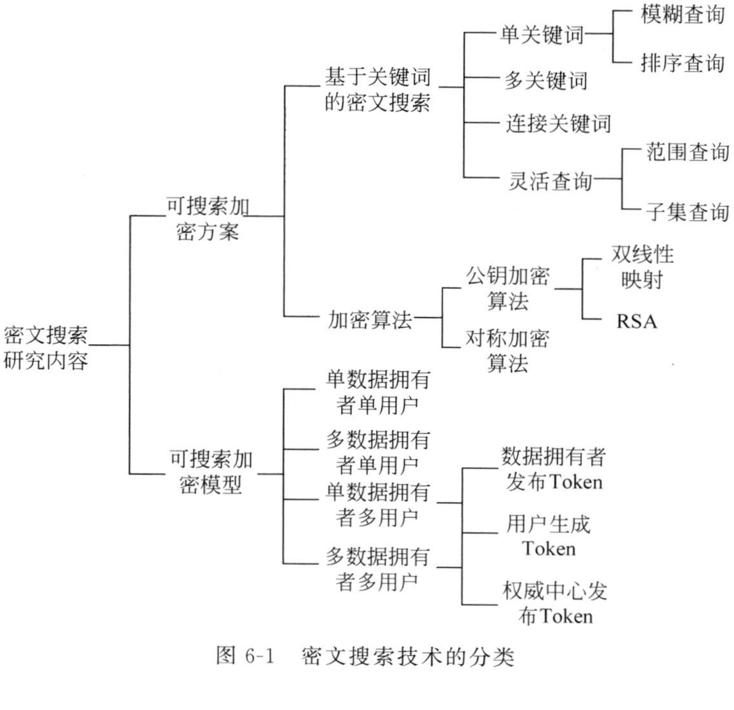

图 6-1　密文搜索技术的分类

基于对称密码的密文搜索方案一般使用哈希(Hash)函数、伪随机函数(Pseudo-Random Function,PRF)、伪随机转换(Pseudo-Random Permutation,PRP)和对称密码算法等构造；基于非对称密码的密文搜索方案一般使用双线性映射(Bilinear Mapping)、双线性对(Bilinear Pairing)、指数运算(Exponent Operation)以及同态密码算法等,并将安全性建立在困难问题的难解性之上,其计算开销远大于 SSE[3]。

因为加密云存储系统中数据量很大,一般使用对称密码算法加密数据,所以云存储环境下一般是采用基于对称密码的密文搜索方案。

6.1.2 密文搜索应用模型

无论是基于对称密码的可搜索对称加密(Searchable Symmetric Encryption,SSE),还是基于公钥密码(Public Key Cryptography based)的可搜索加密,通常都包括 3 个角色：云存储服务器(Cloud Storage Server)、数据拥有者(Data Owner)和数据用户(Data User)。数据拥有者希望将自己的数据安全存放在云存储服务器上,方便数据管理与访问。

密文搜索应用模型[3]根据数据拥有者是否共享其存储在云服务器上的数据,分为非共享型和共享型两种密文搜索应用模型。在非共享模型中,数据用户就是数据拥有者,也就是单数据拥有者单用户；而在共享模型中,数据用户是指可以通过网络访问数据拥有者数据的其他用户。共享模型又进一步分为单数据拥有者多用户、多数据拥有者单用户和多数据拥有者多用户。

非共享模型如图 6-2 所示,数据拥有者同时也是数据用户,他会为自己生成搜索令牌,从而在云存储服务器上搜索自己的文件。早期的密文搜索方案基本都是这种类型的。非共享模型的密文搜索方案包括文献[4-15]。

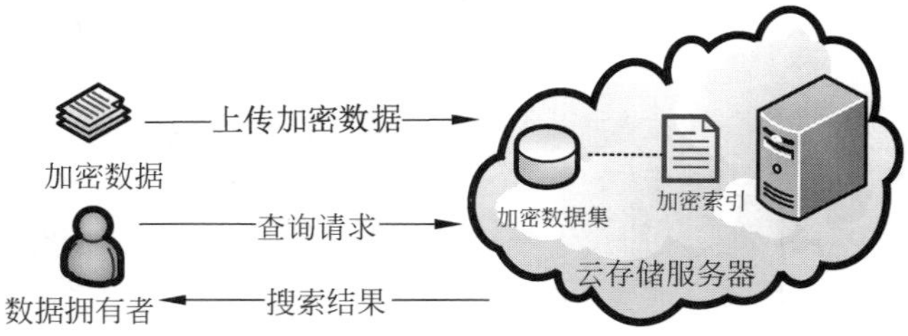

图 6-2 非共享模型

共享模型的系统结构如图 6-3 所示,数据用户是指通过数据拥有者授权,可以通过网络访问数据拥有者数据的其他用户。根据共享时数据拥有者与用户的数量,可以分为一对多模式、多对一模式和多对多模式。此处的云存储服务器考虑的是单服务器,未考虑多云存储服务器的情形。

多对一应用模型如图 6-4 所示。基于公钥密码的可搜索加密方案能有效地支持这种类型的共享,公钥用于明文信息的加密和目标密文的检索,私钥用于解密密文信息和生成关键词陷门。虽然基于公钥密码的可搜索加密方案通常较为复杂,加解密速度较慢,但是其公私

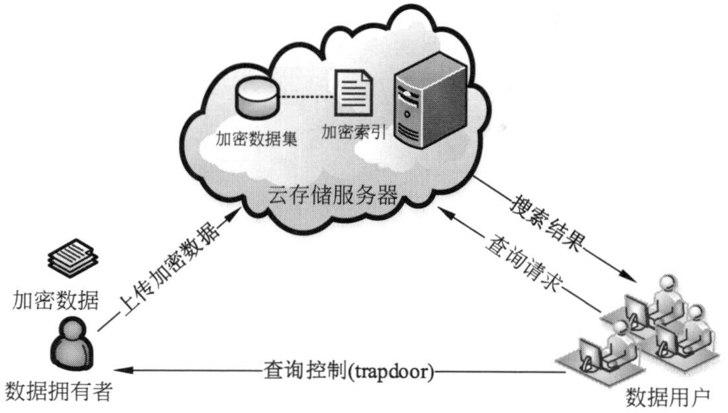

图 6-3 共享模型

钥相互分离的特点非常适用于多用户体制下可搜索加密问题。比如，数据拥有者利用授权用户的公钥来加密文件和相关关键词，检索时授权用户使用私钥生成待检索关键词陷门，云服务器根据搜索陷门执行搜索算法后返回目标密文。该方法避免了在数据拥有者与授权用户之间建立安全通道。

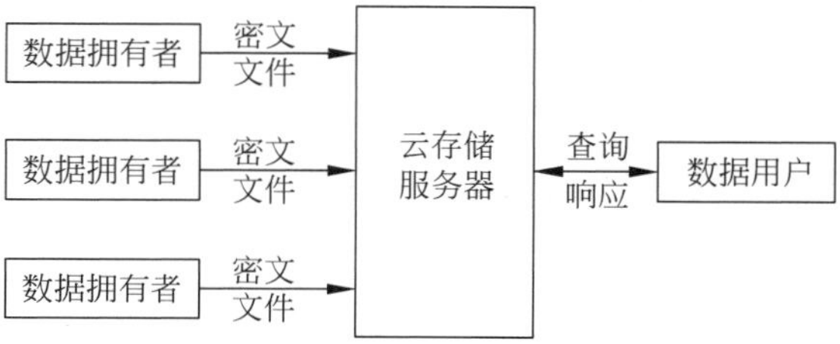

图 6-4 多对一应用模型

第一个实用的多对一可搜索加密方案是 Boneh 等人在 2004 年提出的 PEKS(Public-key Encryption with Keyword Search)[16]。在该方案中，多个数据拥有者利用授权用户的公钥来加密数据和用于查询的关键词，然后上传，授权用户可以利用自己的私钥生成关键词的搜索陷门并查询出相关数据。

Abdalla 等人[17]在 2005 年描述了从基于身份的加密(Identity Based Encryption，IBE)到 PEKS 的一般变换算法，能够将某种安全性的 IBE 方案直接变换成与其安全性相当的 PEKS 方案。

多对一应用模型的应用场景相对较少，因为公钥密码的计算开销太大。这类方案一般适用于较少数据量的情形，比如用于电子邮件过滤应用中。

一对多与多对多应用模型如图 6-5 所示。通常，基于公钥密码的方案能有效地支持这种类型的共享。在使用基于对称密码的可搜索加密方案中，可通过结合基于属性的加密(Attribute Based Encryption，ABE)、广播加密(Broadcast Encryption，BE)或代理重加密

(Proxy Re-encryption)等公钥密码算法来实现共享。作者认为,一对多应用模型与多对多应用模型可以不加区分,一对多应用模型可以视为多对多应用模型的一种特例——在一对多应用模型中,当数据拥有者同时也是数据用户时,它也就是一个多对多应用模型。

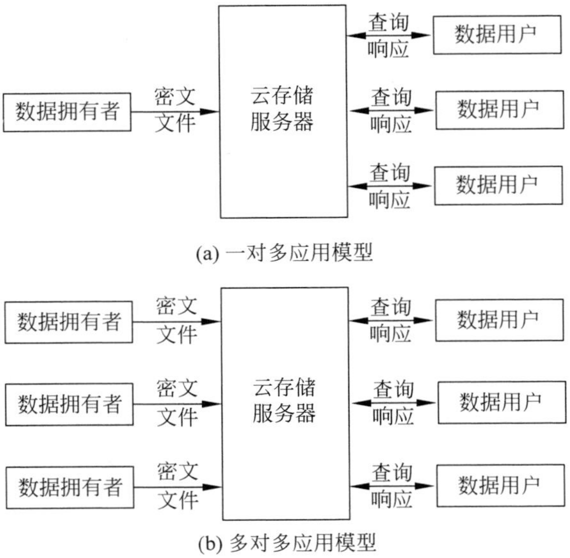

图 6-5 一对多与多对多应用模型

在一对多与多对多应用模型中,有两个问题需要考虑。

(1) 向授权用户分发共享密钥。

(2) 用户撤销。

Curtmola 等人[18]第一次提出了多用户可搜索对称加密的概念,并基于广播加密[19]实现了一个高效的一对多或多对多可搜索加密方案。该方案通过向授权用户共享文件密钥来实现,当要撤销用户时,需要重新生成新的共享文件密钥。

根据是否有可信第三方来协助数据共享,又可以将该应用模型分为依赖可信第三方(Trusted Third Party,TTP)的[20-25]和不依赖可信第三方的[26-28]多对多应用模型。

Sun 等人[21]基于密文策略属性基加密(Ciphertext Policy Attribute Based Encryption,CP-ABE)实现了一个可以让数据拥有者进行细粒度授权的多用户可搜索加密方案。该方案利用代理重加密和懒惰重加密技术把用户的授权工作外包给云服务器,可信第三方只负责密钥(包括公钥、系统主密钥和重加密密钥)的生成和分发。文献[23]和[25]也是采用属性基加密实现多用户可搜索加密方案。

目前大部分多对多应用模型的可搜索加密方案依赖可信第三方,可信第三方可以实现高效的密钥分发和权限的撤销,但在云存储环境下,可信第三方是很难实现的。目前也有一些不依赖可信第三方的可搜索加密方案,如文献[26]和[27]的方案将数据拥有者授权信息附加在文件后面,而文献[28]改进了文献[27]的方案,提出一种基于关键词授权二叉树

(Keyword Authorization Binary Tree,KABtree)的方案,使得数据拥有者可以指定授权用户在关键词的子集中进行搜索,从而实现细粒度的访问控制。

在多对多应用模型中,任何用户都可以上传数据,并与其他用户共享数据。这是密文搜索中最复杂的应用模型,也是云存储环境下的实际应用场景,也将是今后的主要研究方向。

以上还只是讨论了单服务器模型,而没有考虑多服务器模型,比如跨服务提供商的云存储模型,或者是混合云模型的情况。当然,也有这方面的研究工作。

Xhafa 等人[29]在 2014 年提出一种混合云环境下的基于匿名 ABE 的支持模糊关键词的可搜索加密方案,用户利用私有云作为一个可信代理来部署个人健康档案(Personal Health Record,PHR)数据到公有云上。其中基于匿名 ABE 技术实现细粒度的访问控制,使用基于通配符的方法进行模糊关键词检索,并使用基于符号的遍历搜索(Symbol-Based Trie-Traverse Search)技术提高搜索效率。

6.2 密文搜索发展现状

上一节介绍了密文搜索技术的分类和应用模型,本节将以密文搜索技术的功能属性和安全属性为线索,介绍密文搜索技术的发展现状。

6.2.1 密文搜索功能属性与安全属性

密文搜索技术从最早的仅支持单关键词搜索发展到支持多关键词搜索,然后到支持多用户,支持动态更新,支持相似搜索、模糊搜索,再到对搜索结果进行排序等,功能日益丰富。而从安全性角度来看,密文搜索技术还可以实现公开验证搜索结果或数据的完整性,实现用户与服务器之间的公平性,保护搜索过程中的数据隐私,以及保护搜索的访问模式和搜索模式等。总结密文搜索技术的属性,可分为功能属性和安全属性,如图 6-6 所示。

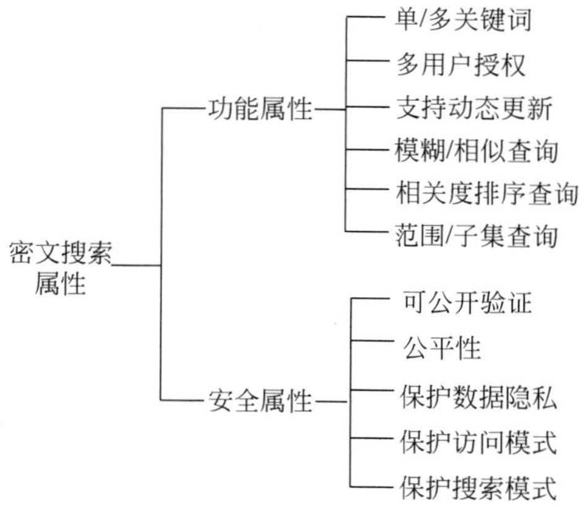

图 6-6 密文搜索属性

通常,在可搜索加密方案中会泄露以下信息。

(1) 索引信息(Index Information):索引是对文件提取关键词后建立的。目前通常基于倒排索引,包含了关键词与文件的对应关系。一旦索引上传到云服务器,便会泄露每篇文档中关键词的个数、文档数量、文档密文长度、文档名以及文档之间的相似性。

(2) 搜索模式(Search pattem):指的是可以判断两次搜索是否是对相同关键词的搜索。对于基于确定性加密的方案,针对相同关键词的搜索陷门是相同的,因此就泄露了搜索模式。

(3) 访问模式(Access pattem):用户每次搜索,云服务器都会知道每个查询对应的查询结果。云服务器可以从这些数据中推测出一些信息。比如,某次搜索返回了文件 A,而另一次搜索返回了文档 A 和 B,可以推测出第一次搜索的条件更加严格。

通常,在设计可搜索加密方案时,除了以上 3 类信息的泄露,不允许泄露其他任何信息。当然,一个好的可搜索加密方案,其泄露的信息越少,则安全性越强。

Goldreich 和 Ostrovsky[30] 提出的不经意的 RAM(Oblivious RAM,ORAM)通过访问多份数据,来隐藏真实的访问目标。目前大家认为 ORAM 是保护云存储访问隐私性的最有潜力的方法,将 ORAM 技术应用于可搜索加密方案中,可以隐藏搜索模式和访问模式,但是 ORAM 往往需要对数多项式的计算和通信开销,以及对数级多轮交互,通常所用访问时间比直接访问时间多出几十甚至上百倍[31]。

全同态加密[32] 为直接对云存储服务器中的加密数据进行运算和操作提供了理论保障。但目前全同态加密方案的计算开销非常大,难以在现有计算技术条件下有效实现,因此尚未进入实用化阶段。此外,在数据库应用下的保密信息检索(Private Information Retrieval,PIR)[33] 与可搜索加密的研究内容也有一定关系,但 PIR 关注的是信息查询过程中的数据隐私性,而并不关注数据本身是否加密。

除了以上丰富的功能属性与安全属性,密文搜索方案的正确性、灵活性、丰富的表达式以及算法的效率等都是密文搜索技术的研究重点。

6.2.2 密文搜索现状与发展趋势

因为云存储环境下,通常采用基于对称密码算法的可搜索加密方案,所以本书也主要介绍可搜索对称加密方案(Searchable Symmetric Encryption,SSE)。

2000 年,Song 等[4] 首次提出一个非交互式的基于单关键词的 SSE 方案。该方案通过对密文文件进行扫描并与密文单词进行比较,来确定关键词是否存在。在海量数据环境下,其效率不佳。为了改进效率,Goh[5] 提出使用安全索引的方法实现对海量密文数据的快速检索,并基于 Bloom Filter 构建了一种适应性选择关键字攻击安全的安全索引 Z-IDX。在该索引上进行搜索时,处理每个文档的时间为 $O(1)$,并且能够处理任意长度单词。但是 Bloom Filters 的引入使得该方法的检索结果具有一定的错误率。

2006 年,Curtmola 等[18] 提出第一个子线性搜索时间的方案 SSE-1 和 SSE-2,整个文档集关联一个加密的倒序索引,每个入口由关键词的门陷和相关文档标识符的加密集组成。

方案的搜索时间是$O(r)$，r是包含关键词的文件数量。他们利用广播加密实现多用户环境下的搜索授权，并在Song[4]的基础上给出更严格的安全性定义。Chase等[34]提出一个基于Suffix Trees的支持子串搜索的SSE方案。Dai等[35]提出两个基于Physical Unclonable Functions (PUFs)的可抵抗内存泄露的SSE方案。

为了实现密文数据更新，Liesdonk等[20]第一次明确地提出动态性的SSE方案，但他们的方案只支持有限次的更新。Kamara等[36]扩展Curtmola等[18]的倒排索引的方法，提出动态SSE的形式化的安全定义，并构造了第一个动态的、CKA2安全的SSE方案。接下来，在文献[37]中，他们基于关键词红黑树(Keyword Red-Black，KRB)构造了可并行且支持更新的SSE方案。Hahn等[38]提出一个子线性检索时间的方案，其更新只泄露数据访问模式。该方案可存放搜索历史信息，用于优化更新时间，但索引不具动态性，更新时会泄露关于关键词的信息。Stefanov等[39]使用文档关键词对的对数级层次结构实现了数据更新。Naveed等[40]引入一个新的元语——盲存储，允许用户将一组文件存储在远程服务器上，但服务器并不知道存储了多少文件，也不知道单个文件的长度。当文件被检索时，服务器只是知道文件的存在，但不知道文件名及内容。Yang等[41]实现了一个常量更新时间的方案。

为了对搜索结果按相关度排序，Wang等[42]考虑关键词词频信息，提出基于对称密码保序加密技术的单关键词分级密文排序搜索方法(Ranked SSE，RSSE)。为了实现模糊检索，Li等[7]提出基于编辑距离的加密字符串模糊搜索方案，该方案为每个字符串附加一个基于通配符的模糊字符串组，用多个精确匹配来实现模糊搜索。在文献[43]中，他们使用属性加密实现多用户模糊关键词搜索，并利用基于符号的遍历树搜索算法提高搜索效率。Xhafa等[29]使用匿名的基于属性加密技术加密对称密钥，将访问控制信息隐藏在密文中。Wang等[44]利用压缩技术建立存储高效的相似关键词集合，使用编辑距离作为相似性度量。黄汝维等[45]设计的CESVMC方案，运用向量和矩阵的各种运算，支持对加密字符串的模糊搜索。

以上方案只支持单关键词搜索，为了实现多关键词密文搜索，Moatazt等[46]提出一种基于关键词域上的格拉姆-施密特正交化过程的布尔搜索方案。王尚平等[47]采用授权用户和存储服务器先后对关键词加密的方式设计了一个基于连接关键词的方案，该方案使授权用户能利用连接关键词的陷门搜索加密文档。Cash等[8]提出OXT(Oblivious Cross-Tags)协议，可以在SSE中运行常用的布尔查询。Kurosawa[48]提出基于扩展的满足标签重用隐私的乱码电路(Garbled Circuit)实现多关键字查询。Shen等[49]提出将搜索请求转换为多项式形式，采用拉格朗日多项式表示用户的偏好，并将偏好多项式变换成一个搜索向量，然后使用文件矢量和搜索向量的内积表明文件和搜索请求之间的相关性。为了克服集中式云模型中存在的单一点故障问题，Zhang等[50]提出一种适用于地理位置分布的云模型中的多关键字搜索方案。

为了实现多关键词查询结果的排序，Cao等[51]扩展了Wang等[42]的工作以支持多关键词查询，并基于安全kNN(k-Nearest Neighbor)查询技术中索引向量与查询向量间"内积相似度"来实现排序。Sun等[52]提出一种支持相似度排序的多关键词文本检索方案，基于词频和向量空间模型构建索引，并利用余弦相似性度量来实现更高的查询精度。Li 等[53]利用分段矩阵解决关键词字典的膨胀问题，可以在增加关键词或文件时降低字典重构以及索引解密时间。Yu 等[54]采用向量空间模型，使用文件向量记录关键词和文件之间的相关性得分，搜索向量记录用户的偏好，两向量的内积表示它们的相似性。Zhang 等[22]提出同时支持多个数据拥有者的可排序的多关键字搜索方案，该方案基于加法阶和隐私保护的函数族编码，使服务器返回最相关的搜索结果而不泄露敏感信息。Xu 等[55]采用保序加密计算相关性得分，Li 等[56]基于盲存储隐藏数据访问模式，Fu 等[57]提出支持同义查询的排序多关键词搜索方案。Wang 等[10]利用 Bloom Filter 中的 LSH(Locality-Sensitive Hashing)函数构建索引提供多关键词的模糊检索，利用欧氏距离表示相似度，利用内积计算进行排序。Hu 等[58]基于倒排索引和 Bloom Filter，提出一种支持通配符搜索、模糊搜索和析取搜索的支持文件更新的方案。Gajek[59]提出一种基于约束函数加密的动态方案。

以上方案都是基于诚实但好奇(Honest-But-Curious，HBC)的服务器安全模型下的 SSE 方案，但在现实环境下，云服务器都不是完全可信的，可能是半诚实的(Semi-Honest)甚至是恶意的(Malicious)。在半可信但好奇(Semi-Honest But Curious，SHBC)与不可信且好奇(Dishonest and Curious，DHAC)的服务器安全模型下，要求对服务器返回的搜索结果以及密文数据进行完整性验证，甚至当出现错误时，服务器应当定位错误并进行数据恢复。

2012 年，Chai 等[60]提出第一个可验证的 SSE 方案。该方案扩展了 Curtmola 等[18]的方案，允许对单关键词的搜索结果进行验证。Kurosawa 等[61]研究了可验证的通用可组合(Universally Composable)安全的 SSE 方案，提出可验证 SSE 安全的形式化定义。在文献[62]中，他们提出一种基于 RSA accumulator 的可验证的更新方案，并证明为 UC 安全(Universally Composable Security)，但该方案需要为每个关键词生成一个 MAC(Message Authentication Code)，所以修改文件的效率比较低。Sun 等[63]基于先前的研究工作[52]，通过对索引树的根进行 RSA 签名实现搜索结果的验证。接着，他们又提出一个 UC 安全的可验证的动态合取关键词查询方案[64]。该方案采用倒排索引结构，并基于双线性映射构造 Accumulation Tree 来实现验证。Cheng 等[65]提出基于安全的不可区分混淆(indistinguishable Obfuscation，iO)电路的可验证 SSE 方案，支持连接和布尔查询，并且可实现公开验证，但 iO 电路会带来潜在的开销。Zheng 等[23]提出基于属性加密与 Bloom filter 的可验证 SSE 方案。Wang 等提出基于 Bloom Filter[66]和 Symbol-tree[67]实现基于通配符的模糊关键词搜索及对搜索结果的验证。Fu 等[68]提出支持语义搜索的可验证方案。Bost 等[69]改进文献[39]，提出基于 Merkle Hash 树和 Cryptographic Accumulators 的可验证 SSE 方案。

此外，宋伟等[70]提出了一种基于开源 Lucene 全文检索引擎架构的密文全文检索系统——Mimir，基于 B+树构建了一种安全密文索引结构。与传统的全文检索系统相比，Mimir 密文索引中没有存储索引词的位置信息和词频信息，可以有效地抵御已知明文攻击、选择明文攻击和词频统计攻击。Ishal 等[71]提出一种基于双服务器模型的应用于数据库环境的 SSE 方案。项菲等[72]对经典的密文搜索技术进行了分类总结和说明。文献[2]和

[3]围绕可搜索加密技术基本定义、典型构造和扩展研究，对可搜索加密相关工作进行了综述。

综上所述，密文搜索技术循着实际需求和功能丰富的方向一直发展，到目前为止，已经取得了非常丰硕的研究成果。但以上所述方案并不全部适用于云存储环境，下文将详细讨论云存储环境下密文搜索的需求，并介绍最新云存储密文搜索的研究成果。

6.3　云存储环境下密文搜索

本节介绍云存储环境下密文搜索的特殊需求和最新的云存储密文搜索方案。

6.3.1　云存储环境下的特殊需求

密文数据检索成为信息安全和密码学领域的一个重要问题，主要原因有以下几点。

(1) 检索是我们访问数据的重要方式。

(2) 越来越多的用户将数据存放于第三方存储服务器上。

(3) 对第三方存储服务器越来越缺乏信任。

云存储服务要真正实现让用户"存得放心""找得快速""用得方便"，就必须解决密文环境下的数据检索。

针对不可信云存储环境中海量的数据、大量的租户及数据的动态性等特点和安全需求，云存储环境下密文搜索有一些特殊的需求。

1. 不可信云存储环境的安全需求

上述大部分 SSE 方案基于诚实但好奇(Honest-But-Curious，HBC)的服务器安全模型，在此模型下，用户认为服务器诚实地执行搜索协议，只是试图推断关于数据或搜索的相关信息。然而，现实环境下，受到硬件、软件、操作系统、网络或人为操作等因素的影响，云存储服务器都是不完全可信的，可能是半诚实的(Semi-Honest)，甚至是恶意的(Malicious)。目前关于半可信但好奇(Semi-Honest But Curious，SHBC)与不可信且好奇(Dishonest and Curious，DHAC)的服务器安全模型下的 SSE 方案比较少。在 SHBC 和 DHAC 安全模型下，服务器可能只执行部分搜索操作，或者为了节省资源，只返回部分搜索结果。因此，为了保证搜索结果的完整性和正确性，要求服务器证明诚实地执行了搜索操作是至关重要的，这也是可验证 SSE 方案的功能目标。可验证 SSE 方案可以对服务器返回的搜索结果以及密文数据进行完整性验证，要求服务器证明诚实地执行了搜索操作，甚至当出现错误时，服务器应当定位错误并进行数据恢复。更进一步地，当云服务器不诚实时，能有一定的惩处措施，让恶意服务器承担一定的后果。

2. 多对多用户读写模式的需求

不同于传统企业级单数据拥有者，云存储环境下数据搜索应用具有多数据拥有者数据发布及选择性访问授权、多源数据查询等特征。该特征下，将使用户面临更具威胁的攻击，如不可信服务提供者与部分恶意数据拥有者合谋对其他任何用户隐私的攻击等。数据加密后，海量的数据将涉及大量私钥的管理。在多对多用户读写模式中，涉及大量用户之间的安全认证、数据共享与秘密协商，同时因为我们的方案需要多用户之间可以授权搜索操作并进行权限回收，因此权限管理是研究中的重点和难点。

实现密文搜索方案中的多对多用户读写是一件复杂的事情。在此模型中，如果有一个可信第三方，那么相对来说，实现会容易很多，但往往这样的可信第三方是很稀缺的，很难找到这样一个合适的角色。

3. 大数据量情景下的效率需求

"不管是安全搜索还是其他安全或隐私保护问题，如果频繁使用开销极大的公钥密码，其意义最多只是提供了一个'从无到有'的思路。一个方案要付诸实践，必须减少公钥密码的使用次数"，与文献[73]的作者观点不谋而合，在本人的博士学位论文[74]中，我也曾表达了这样的观点。在云存储服务环境下，大量的数据与大量的用户，需要有高效的密文搜索方案。

6.3.2 最新云存储密文搜索方案

针对云存储环境下特殊的需求，已经有一些最新的研究成果。这些研究为云存储环境下密文搜索找到了出路，也提供了新的研究思路。下文将详细介绍 4 篇最新研究论文。

1. 基于区块链技术的云上加密数据的搜索

区块链[75]是一种按照时间顺序将数据区块以顺序相连的方式组合成一种链式数据结构，并以密码学方式保证数据不可篡改和不可伪造的分布式账本。它也是利用块链式数据结构来验证与存储数据、利用分布式节点共识算法来生成和更新数据、利用密码学的方式保证数据传输和访问的安全、利用由自动化脚本代码组成的智能合约来编程和操作数据的一种全新的分布式基础架构与计算方式。区块链具有去中心化、公开透明、集体维护、信息不可篡改、匿名性等特征。

在文献[76]中，作者提出一种基于区块链的去中心、可靠与公平的密文搜索方案。该方案利用区块链的抗篡改、不可否认且可验证等特性，使得数据拥有者(Data Owner)、数据用户(Data User)和云存储服务器(Cloud Server)三者可以公平地利用资源，即用户使用付费的方式访问数据拥有者的数据，如果存在数据不正确或不完整的情况，区块链的内在结构会决定这次交易会失败，数据拥有者将得不到任何回报。

在该方案中，数据拥有者与数据用户作为点对点节点存储数据索引信息，并且采用以太坊(Ethereum)[77]中智能合约(Smart Contract)的方式存储，区块链的内在特性决定该方案天然地具有抵制恶意服务器的能力。

智能合约是一种以数据化方式传播、验证与执行的计算机程序，它允许在没有第三方的情况下进行可信交易，所有交易可追踪且不可逆，其目标是既提供优于传统合同方法的安全保障，又减少与合同相关的其他交易成本。智能合约概念于 1994 年由 Nick Szabo[78] 首次提出。

作者使用智能合约取代中心服务器，实现了一个分布式的保障隐私的密文搜索方案。

有了区块链机制，即使有恶意的用户，也不需要进行验证，用户可以放心地接收到正确的搜索结果。在该方案中，引入了公平性(Fairness)机制，利用区块链的激励机制，保障诚实的用户可以得到回报，而恶意用户什么也得不到。他们实现了一个部署在本地仿真的网络上，使用官方以太坊测试网络的原型系统。

该方案的数据索引也是使用倒排索引结构，但方案并没有考虑加密数据的存放，认为加密数据可以存储于任何分布式存储网络，比如星际文件系统(InterPlanetary File System, IPFS)[79]。其系统结构如图 6-7 所示，数据拥有者将加密的倒排索引存放到以太坊智能合约上，请求访问时发送搜索凭证(Search Token)，智能合约利用凭证中的密钥读取相应索引信息，返回搜索结果。同时，该方案还支持索引的更新操作。

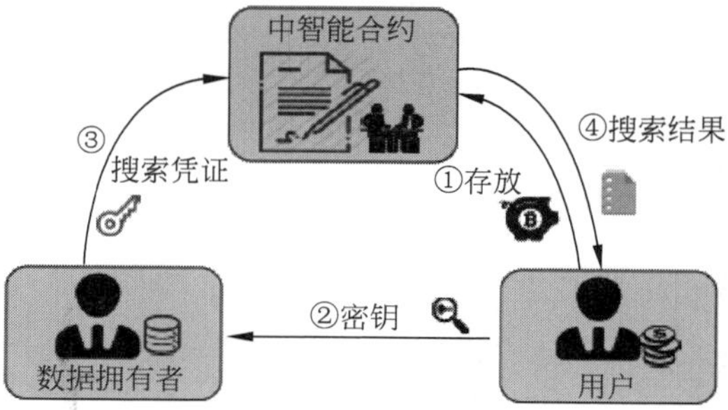

图 6-7 系统结构

该方案定义了 4 个算法：Setup、Search、Add 和 Delete，分别描述如下。

Setup 算法如图 6-8 所示。该算法首先为每个关键词生成倒排索引，然后将索引中的文件标识(File Identifier)分成 $\alpha+1$ 份，每份包括 p 个文件 ID。对于每一份文件 ID 集，生成随机数 r、随机化后的文件 ID 集 d 和定位符 l，将(l,d,r)按字母序存入列表。然后将列表又分成 n 个块，逐一发送到智能合约，将$(l,d||r)$存入智能合约的字典 γ 中。

Setup(DB):

1) The data owner initializes an empty list L, and an empty dictionary σ, and samples three keys $K, K^A, K^D \xleftarrow{\$} \{0,1\}^\lambda$.
2) **For** each keyword $w \in \mathsf{W}$:
   a) $K_1 \leftarrow F(K, 1||w)$; $K_2 \leftarrow F(K, 2||w)$;
   b) Set $\alpha \leftarrow \lfloor \frac{|\mathsf{DB}(w)|}{p} \rfloor$, $c \leftarrow 0$, where p denotes the number of file identifiers that can be packed.
   c) Divide $\mathsf{DB}(w)$ into $\alpha+1$ blocks. Pad the last block to p entries if needed.
   d) **For** each block in $\mathsf{DB}(w)$:
      - $\widetilde{\mathsf{id}} \leftarrow \mathsf{id}_1||\mathsf{id}_2||...||\mathsf{id}_p$; $r \xleftarrow{\$} \{0,1\}^\lambda$; $d \leftarrow \widetilde{\mathsf{id}} \oplus G_{K_2}(r)$; $l \leftarrow F(K_1, c)$; $c++$.
      - Add (l,d,r) to the list L in lex order.
3) Set EDB = L; Partition EDB into n blocks EDB_i for $1 \leqslant i \leqslant n$, and send them to the smart contract.
4) The smart contract initializes two empty dictionaries γ and γ^A, and an empty list $\mathsf{ID}_{\mathsf{del}}$.
5) For each received EDB_i, the smart contract parses each entry in EDB_i into (l,d,r), and adds each $(l,d||r)$ to γ.

图 6-8 Setup 算法

Search 算法如图 6-9 所示。该算法首先根据查询关键词生成搜索时需要的几个密钥，然后根据索引大小将该搜索分解为 R 轮，每轮有 step 步，相当于整个查询过程要进行 R 次交易，每次交易读取 step * p 个文件 ID。该方案的核心搜索思路是，在生成索引时加入了定位符 l，那么查询时，便利用该定位符找到关键词对应的文件 ID。在搜索算法中，涉及方案提到的公平性，每个用户都需要为他的查询操作付费，而且在以太坊的智能合约中，使用 Gas 作为支付的基本单位，查询用户一方面要向数据拥有者支付预设的一个费用，同时还要向合约中执行操作的节点(Worker 或 Miner)支付一定的协助费用。

Search(K, K^A, K^D, w):

1) $K_1 \leftarrow F(K, 1||w)$, $K_2 \leftarrow F(K, 2||w)$, $K_1^A \leftarrow F(K^A, 1||w)$, $K_2^A \leftarrow F(K^A, 2||w)$, $K_1^D \leftarrow F(K^D, w)$.
2) The data owner sets $c \leftarrow 0$, and estimates R and step.
3) **For** $i = 0$ **to** R:
   Send search token $ST = (K_1, K_2, K_1^A, K_2^A, K_1^D, c)$ to the smart contract; Set $c \leftarrow c + \mathsf{step}$.
4) The smart contract asserts that the estimated gas cost is lower than the balance, and then:
   a) **For** $i = 0$ until Get returns $\perp$ or $i \geqslant \mathsf{step}$:
      - $l \leftarrow F(K_1, c)$; $d, r \leftarrow \mathsf{Get}(\gamma, l)$; $\widetilde{\mathsf{id}} \leftarrow d \oplus G_{K_2}(r)$; $c++$; $i++$.
      - Parse $\widetilde{\mathsf{id}}$ into $(\mathsf{id}_1, \cdots, \mathsf{id}_p)$; Assert $\mathsf{id}_j \notin \mathsf{ID}_{\mathsf{del}}$ $(1 \leqslant j \leqslant p)$ and save id_j to the state.
   b) Assert γ^A has not been searched.
   c) **For** $c = 0$ until Get returns $\perp$:
      - $l \leftarrow F(K_1^A, c)$; $d, r \leftarrow \mathsf{Get}(\gamma^A, l)$; $\mathsf{id} \leftarrow d \oplus G_{K_2^A}(r)$; $c++$;
      - Assert $\mathsf{id} \notin \mathsf{ID}_{\mathsf{del}}$ and save id to the state.

图 6-9 Search 算法

为了支持索引的更新，增加了 Add 算法和 Delete 算法，其主要思想是维护一个 Add 和一个 Delete 列表。在搜索算法中，除了查询原有索引，还要查询 Add 列表，并且要判断查询到的文件 ID 是否在 Delete 列表中，最后查询的结果就是原有索引和 Add 列表中所有文件 ID 去掉 Delete 列表中相应记录。Add 算法如图 6-10 所示。该算法首先计算所有相关密钥，然后判断新加入的关键词对应的文件 ID 是否在 Delete 列表中。若在，则删除 Delete 列表中相应记录，然后将其余的文件 ID 像 Setup 算法那样加入区块链中。

Add$(K, K^A, K^D, \mathsf{id}, \mathsf{W}_{\mathsf{id}})$:

1) The data owner initializes an empty list L^A, and then:
   a) **For** each keyword $w \in \mathsf{W}_{\mathsf{id}}$:
      - $K_1 \leftarrow F(K, 1||w)$; $K_2 \leftarrow F(K, 2||w)$; $K_1^A \leftarrow F(K^A, 1||w)$; $K_2^A \leftarrow F(K^A, 2||w)$; $K_1^D \leftarrow F(K^D, w)$.
      - $r \xleftarrow{\$} \{0,1\}^\lambda$; $c \leftarrow \mathsf{Get}(\sigma, w)$; If $c = \perp$ then $c \leftarrow 0$; $l \leftarrow F(K_1^A, c)$; $d \leftarrow \mathsf{id} \oplus G_{K_2^A}(r)$; $\mathsf{id}_{\mathsf{del}} \leftarrow F(K_1^D, \mathsf{id})$.
      - Add $(l, d, r, \mathsf{id}_{\mathsf{del}})$ to L^A in lexicographic order.
   b) Send L^A to the contract.
2) The smart contract initializes an empty list re of size $|\mathsf{L}^A|$, and parses each tuple of L^A into $(l, d, r, \mathsf{id}_{\mathsf{del}})$, set $i \leftarrow 0$.
3) **For** each tuple in L^A:
   if $\mathsf{id}_{\mathsf{del}} \in \mathsf{ID}_{\mathsf{del}}$, then $\mathsf{re}[i] \leftarrow 1$ and delete $\mathsf{id}_{\mathsf{del}}$ from $\mathsf{ID}_{\mathsf{del}}$, **else** $\mathsf{re}[i] \leftarrow 0$ and add $(l, d||r)$ to γ^A; $i++$.
4) The data owner reads re from the smart contract, and then:
   For $i = 0$ **to** $|\mathsf{re}|$:
      - **if** $\mathsf{re}[i] = 0$ then fetch the i-th keyword w in W_{id}; $c \leftarrow \mathsf{Get}(\sigma, w)$; c++; Insert (w, c) into σ.

图 6-10 Add 算法

Delete 算法如图 6-11 所示。该算法将被删除的关键词包含的文件 ID 加入 Delete 列表中。

Delete(K^D, id, W_{id}):

1) The data owner initializes an empty list L^D, and then:

For each keyword $w \in W_{id}$:

- $K_1^D \leftarrow F(K^D, w)$, $id_{del} \leftarrow F(K_1^D, id)$; Add id_{del} to L^D in lex order.

2) Send L^D to the contract.

3) The smart contract adds id_{del} to ID_{del} for each element id_{del} in L^D:

图 6-11 Delete 算法

该方案提供了一种抵制恶意服务器,保证用户公平性的思路。该方案的缺点在于,只支持单关键词的检索。

其他基于区块链技术实现密文搜索的方案还有文献[80],该方案将索引与数据全部存储于区块链的对等网络中。本书作者认为这种方式需要有一定的驱动机制,让用户相信存在这样一个大规模的对等网络可以存放大量的数据,而且保证数据随时随地可以访问。

2. 云环境下支持隐私保护的大规模的基于内容的加密图像搜索

由于图像处理技术的快速发展,大量高分辨率的照片和视频以指数级的速度增长,使得这样海量的图像数据的存储、共享和搜索成为一个极具挑战性的问题。例如,Facebook 上每月增加的图片超过 10 亿张,Flickr 图片社交网站 2015 年用户上传图片数目达 7.28 亿张,淘宝网的后端系统上保存着 286 亿多张图片。如何组织、表达、存储、管理、查询和检索这些海量的数据,是传统数据库技术面临的一个重大挑战。由于图像具有形象、直观、内容丰富等特点,更接近人们的认知方式,因此成为不可或缺的多媒体内容。如何在浩瀚的图像库中方便、快速、准确地查询用户所需的图像,成为图像信息检索领域研究的热点。而在当前云计算环境下,如何保障图像信息的隐私安全,也是一个极具挑战性的问题。

2018 年年初 Facebook 被曝其 8700 万用户数据遭到泄露,一时间用户隐私权保护问题成为外界关注焦点。根据伊利诺伊州州法,每张被 Facebook 私自决定识别的照片,都可能获得 1000～5000 美元的赔偿。因数据隐私保护问题给该公司带来巨额罚单的同时,也使其声誉及用户对其的认可与信任度大幅下降。

2017 年,一款名为 Facezam 的 App 应用宣称其利用部署在云端的神经网络,可以在 10 秒内完成对数十亿 Facebook 账号的对比匹配,并达到 70%的正确率。其令人惊讶的索引和面部识别技术,让 Facebook 用户深感不安。虽然后来发现 Facezam 是一家名为 Zacozo 的广告创意公司的一个骗局,但此事件也不是子虚乌有,其功能以目前的技术是不难实现的。

例如,Facebook Messenger 应用新增了一项人工智能功能,可以从上传到该服务的照片中识别出用户的好友。这项新功能最初在澳大利亚推出,但短期内可能无法进入欧洲市场。其原因在于,在人脸识别技术是否侵犯用户隐私这一问题上,该公司一直与欧盟数据保护监管者存在分歧。

在当前的云计算大背景下,已经有一些云服务提供者支持图像和视频数据存储服务,比如 Amazon Cloud Drive、Apple iCloud、Cloudinary、Flicker、Youtube 和 Google 等。

通常，个人照片和图像数据中包含有大量的敏感信息，比如人的肖像、与他人的关系、情景、位置和亲属关系等，而目前关于云环境中的图像隐私保护方案还比较缺乏。

为了保护图像信息的隐私，通常是在将图像上传到云存储服务器之前，对图像数据进行加密处理，而图像加密后，如何在用户大量的图像中找到需要的图片是一个亟待解决的问题。

图像检索的本质是对图像特征的提取与基于特征的匹配技术。图像的特征包括图像的文本特征和视觉特征。所谓图像的文本特征，是指与图像相关的文本信息，比如图像的名称、对图像的注解文字等。图像的视觉特征是指图像本身所拥有的视觉信息，又可以进一步分为通用的视觉特征和领域特征，如颜色、纹理、形状等属于图像通用特征，而光谱特征则属于地理科学中遥感影像独有的特征。图像的内容包括图像的视觉信息等物理特征，还包括视觉特征所带来的高层语义特征。物理特征属于低层视觉信息，主要包括颜色、纹理、形状；语义信息属于图像的高层视觉信息，主要包括对象、空间关系、场景、行为、情感等图像内容。

图像检索按描述图像内容方式的不同可以分为两类，一类是基于文本的图像检索(Text Based Image Retrieval，TBIR)，另一类是基于内容的图像检索(Content Based Image Retrieval，CBIR)。早期基于文本的图像检索技术，需要对图像进行标注，带来较大的额外开销，使得它只适用于小规模的图像数据。针对目前的大规模图像数据，比较广泛采用的是基于内容的图像检索。

典型的基于内容的图像检索基本框架如图 6-12 所示。它利用计算机对图像进行分析，建立图像特征矢量描述并存入图像特征库。当用户输入一张查询图像时，用相同的特征提取方法提取查询图像的特征得到查询向量，然后使用某种相似性度测量方法计算查询向量与特征库中各个图像的特征向量的相似性大小，最后按相似性大小进行排序并顺序输出对应的图片。

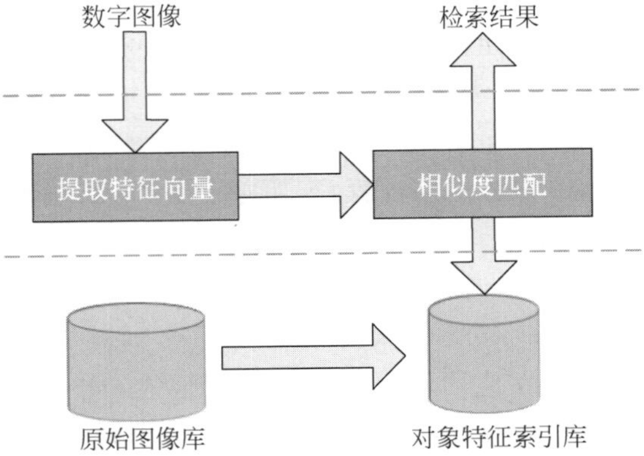

图 6-12 图像检索基本框架

但是，密文图像信息的检索则涉及加密图像上的处理。最近，Zhang 等[81]提出一种云环境下支持隐私保护的大规模的基于内容的加密图像搜索方案，利用同态加密算法进行密文域上数据的处理。该方案利用基于属性的密码算法，采用访问树结构，从而支持细粒度的访问控制。

在该方案中，搜索用户可以通过数据拥有者基于属性的授权访问他的图像文件，而不需要用户与数据拥有者之间的交互，其大部分计算密集型的工作都由云服务器完成。该方案有 4 个实体，即用户(Users)、云服务器(Cloud Server，CS)、密钥代理(Key Agent，KA)和一个可信方(Trusted Party，TP)，其中云服务器和密钥代理是半可信的。

该方案中的 KA 和 CS 在云端，实验时采用 4 台 PC 搭建了一个集群，部署了 Hadoop HDFS 和 MapReduce，由 1 个名字节点(Name Node)和 4 个数据节点(Data Node)组成，TP 用一台专门的 PC 实现，客户端使用 Android 手机和平板电脑，测试数据集使用了一百万多张现实中的生活照片，并且使用 OpenCV 作为特征提取库。

查询图像的特征向量为 $X=\{x_1,\cdots,x_\alpha\}$，有 N 幅图像记为 $\{Y^1,\cdots,Y^N\}$，向量的相似度测量函数定义如公式(6-1)所示，采用 k 近邻算法(k-Nearest Neighbors，k-NNs)进行相似性分值的计算。

$$S^n = S^n + \delta(x_i, y_j^n)$$

式中：

$$\delta(x_i, y_j^n) = \begin{cases} 1 \text{ if } y_j^n \text{ is a } k\text{-NN of } x_i \\ 0 \qquad\qquad \text{otherwise} \end{cases} \tag{6-1}$$

在 k-NNs 中，使用欧氏距离(Euclidean Distance)来度量相似性，并且利用聚类方法(Clustering)来减少搜索时间，使用多级同态加密(Multi-level Homomorphic Encryption)来实现数据拥者和查询用户的非交互授权。其中，同态加密算法的同态性如公式(6-2)所示。

$$\begin{aligned} &\text{HE. E}(m_1,k)\cdot \text{HE. E}(m_2,k)=\text{HE. E}(m_1\, m_2,k) \\ &\text{HE. E}(m_1,k)+\text{HE. E}(m_2,k)=\text{HE. E}(m_1+m_2,k) \end{aligned} \tag{6-2}$$

多项式函数的同态性如公式(6-3)所示。

$$f(\text{HE. E}(m_1,k),\text{HE. E}(m_2,k),\cdots,\text{HE. E}(m_l,k)) = \text{HE. E}(f(m_1,m_2,\cdots,m_l),k) \tag{6-3}$$

密钥的转换如公式(6-4)所示。

$$\begin{aligned} &k=\prod_i k_i \\ &\left(\prod_i k_i^{-1}\right)\cdot E(m,1)\cdot\left(\prod_i k_i\right)=E\left(m,\prod_i k_i\right)=\text{HE. E}(m,k) \end{aligned} \tag{6-4}$$

欧氏距离计算如公式(6-5)所示。

$$\begin{aligned} &D(x,y)=d^2(x,y) \\ &\text{HE. E}(D(x,y),k)=\sum_k(\text{HE. E}(x(j),k)-\text{HE. E}(y(j),k))^2 \end{aligned} \tag{6-5}$$

因为同态密码算法的同态性，欧氏距离的计算可以外包给任何云服务器。该云服务器既不用知道密文的密钥，也不用知道特征向量，而且其计算结果也不会泄露。设 Φ_D 表示同态函数，欧氏距离的计算公式如(6-6)所示。

$$\Phi_D(\text{HE. E}(\boldsymbol{x},k),\text{HE. E}(\boldsymbol{y},k)) = \text{HE. E}(D(\boldsymbol{x},\boldsymbol{y}),k) \tag{6-6}$$

该方案的系统结构图如图 6-13 所示。首先数据拥有者从原始图像提取特征，生成图像描述符，然后根据这些描述符构造索引，同时将该索引发送到云服务器存储，将图像描述符使用同态密码算法加密发送给 KA。云服务器通过访问树判断查询用户是否满足数据拥有者预设的属性条件，如果是授权用户，云服务器就查询数据找到匹配的图像描述符，然后请求 KA 进行密钥转换，利用同态性计算查询图像与图像库中图像的相似性得分，并返回 Top-k 个相似性分值最高的图像 ID。

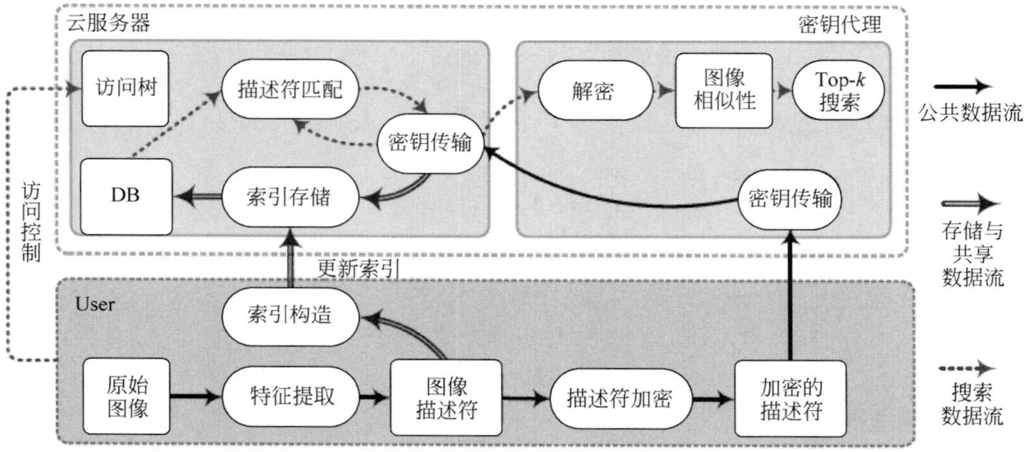

图 6-13 系统结构

TP 负责生成密钥。在初始化阶段，TP 生成用于同态加密的主密钥(Master Key)k，并生成两个随机密钥 k_{CS} 和 k_{KA}，满足 $k_{CS}k_{KA}=k$，将 k_{CS} 和 k_{KA} 通过安全信道分别发送给 CS 和 KA。

在密钥生成与策略公告阶段，一旦有新用户加入，TP 生成 3 个随机密钥 k_u，k'_u，k''_u，满足 $k= k_u k'_u k''_u$，将 k_u，k'_u，k''_u 通过安全信道分别发送给该新用户、CS 和 KA。

每个用户为自己的数据自定义访问策略，用访问树作为 CP-ABE 的授权策略树，将属性的 Hash 值作为叶子节点，查询用户将自身属性的 Hash 值发送给 CS，CS 根据用户的属性是否满足访问树决定是否授权查询操作。

当用户上传图像时，他首先提取特征描述符，然后使用自己的密钥加密这些特征向量，见公式(6-7)。

$$\text{HE. E}(\{\boldsymbol{X}_{i,1},\boldsymbol{X}_{i,2},\cdots\},k_u) \tag{6-7}$$

创建索引时，用户将特征向量的密文发送给 KA，KA 计算公式如(6-8)所示，得到使用 $k_u k'_u$ 加密的密文。

$$k'^{-1}_u\ \text{HE. E}(\{\boldsymbol{X}_{i,1},\cdots\},k_u)\ k'_u = \text{HE. E}(\{\boldsymbol{X}_{i,1},\cdots\},k_u k'_u) \tag{6-8}$$

然后，KA将以上生成的新密文发送给CS，CS执行操作见公式(6-9)，得到最后的密文。CS将此用户的索引发送到CS的数据库，但要标记该索引的数据拥有者。

$$\begin{aligned} k''^{-1}_u \text{ HE. E}(\{\boldsymbol{X}_{i,1},\cdots\},k_u k'_u)\ k''_u &= \text{HE. E}(\{\boldsymbol{X}_{i,1},\cdots\},k_u k'_u k''_u) \\ &= \text{HE. E}(\{\boldsymbol{X}_{i,1},\cdots\},k) \end{aligned} \tag{6-9}$$

搜索过程分为两个阶段，在第一级搜索(Level-1 Search)中，查询用户根据查询的图像生成查询向量 $\boldsymbol{X}_q$，并使用其密钥加密查询向量 HE. E($\boldsymbol{X}_q$, k_q)，然后发送给KA。

KA生成新的密文 HE. E($\boldsymbol{X}_q$, $k_q k'_q$)并发送给CS，CS最后生成密文见公式(6-10)。

$$\begin{aligned} \text{HE. E}(\boldsymbol{X}_q,k_q k'_q k''_q k_{CS}) &= \text{HE. E}(\boldsymbol{X}_q,k\ k_{CS}) \\ &= \text{HE. E}(\boldsymbol{X}_q,k_{KA}) \end{aligned} \tag{6-10}$$

KA找到与查询特征向量最近的聚类，并得到该类中的k-NN。KA的引入可以让CS得不到相似距离。

在第二级搜索(Level-2 Search)中，请求CS计算 x 与所有NN聚类向量的距离，将距离密文发送给KA，KA解密并确定，基于距离向量和相应的图像ID，计算所有图像的相似性得分，将最高得分的图像ID发送给用户，用户再从数据库中检索图像。

该方案的缺点在于，一个可信第三方的实现在实际场景中较难找到。

3. 基于CAK-means聚类算法的可搜索加密方案

聚类就是将一个数据对象的集合划分成类似的对象集的过程。每一个类也称为簇(Cluster)，每一个簇都有一个中心点，同簇中的对象彼此相近，不同簇中的对象相异。文档聚类就是对文档进行划分，使得同类间的文档相似度比较大，不同类的文档相似度比较小。主要的聚类算法可以分为如下几类：基于层次方法的聚类算法、基于密度的聚类算法、基于网格的聚类算法以及基于模型的聚类算法。

为了提高密文检索的效率，Chen等[82]提出了一种基于层次聚类的支持隐私保护和排序的关键词密文检索方案(Multi-keyword Ranked Search over Encrypted data based on Hierarchical Clustering Index，MRSE-HCI)。该方案提出了一种基于动态K-means的分层聚类(Quality Hierarchical Clustering，QHC)算法，它事先指定一个阈值，在此基础上对文档进行聚集并划分为多个子簇，直到达到集群的约束条件。此外，还引入了最小哈希子树结构来验证检索结果的完整性。但QHC算法需要经过多次迭代计算才能得到一个稳定的 K 值。

为了改善以上问题，作者提出了一个基于CAK-means(a Combination of Affinity propagation (AP) and K-means clustering)聚类算法的可搜索加密方案[83]。因为K-means算法需要事先指定 K 值以及 K 个初始类簇中心点，而这 K 个中心点往往是随机选取的，因而具有很大的随意性。K-means聚类方法通过多次迭代得出更为合理的聚类结果。为了提高 K 值和中心点选取的效率，先使用AP算法初始化K-means，得到较为合理的 K 值和中心点，然后再进行K-means聚类。该方法不仅大大减少了算法迭代的次数，而且提高了聚类结果的科学性。

此外，因为同个聚类中的文档通常以较大概率同时读取，为了改进查询效率，该方案提出将同一聚类中的密文文档连续存储，可以极大地提高文件读写效率。

该方案使用向量空间模型，生成每个文档的关键词二进制向量，然后使用安全 k-NNs 算法和欧氏距离计算文档的相似性得分，对搜索结果进行排序。

K-means 方法是把含有 n 个对象的集合划分成指定的 K 个簇。每一个簇中对象的平均值称为该簇的聚点(中心)，两个簇的相似度就是根据两个聚点而计算出来的。假设聚点 x,y 都有 m 个属性(在本文介绍的文档聚类中指的是 m 个关键词)，取值分别为 $x_1,x_2,\cdots,x_m,y_1,y_2,\cdots,y_m$，则 x 和 y 的距离如公式(6-11)所示。

$$d_{xy}=\sqrt{\left(\sum_{k=1}^{m}|x_k-y_k|^2\right)} \tag{6-11}$$

近邻传播算法(Affinity Propagation Algorithm)，简称 AP 算法，是由 Brendan J. Frey 和 Delbert Dueck[84] 于 2007 年在著名科学杂志《科学》(*SCIENCE*)中提出的一种新型的聚类算法。该算法的基本思想是将数据看成网络中的节点，通过在数据点之间传递消息——吸引度(Responsibility)和归属度(Availability)，不断修改聚类中心的数量与位置，直到整个数据集相似度达到最大，同时产生高聚类中心，并将其余各点分配到相应的聚类中。

该方案的文件加密、索引构造、聚类和搜索过程如图 6-14 所示。首先数据拥有者将每个文件转换成一个关键词二进制向量；然后调用 CAK-means 聚类算法建立聚类索引；最后调用安全 k-NNs 算法加密索引。向量的维数取决于字典的大小，它直接决定了向量转换的时间。生成完整索引的时间与数据集 F 中的文件数和字典中关键字的数量有关。

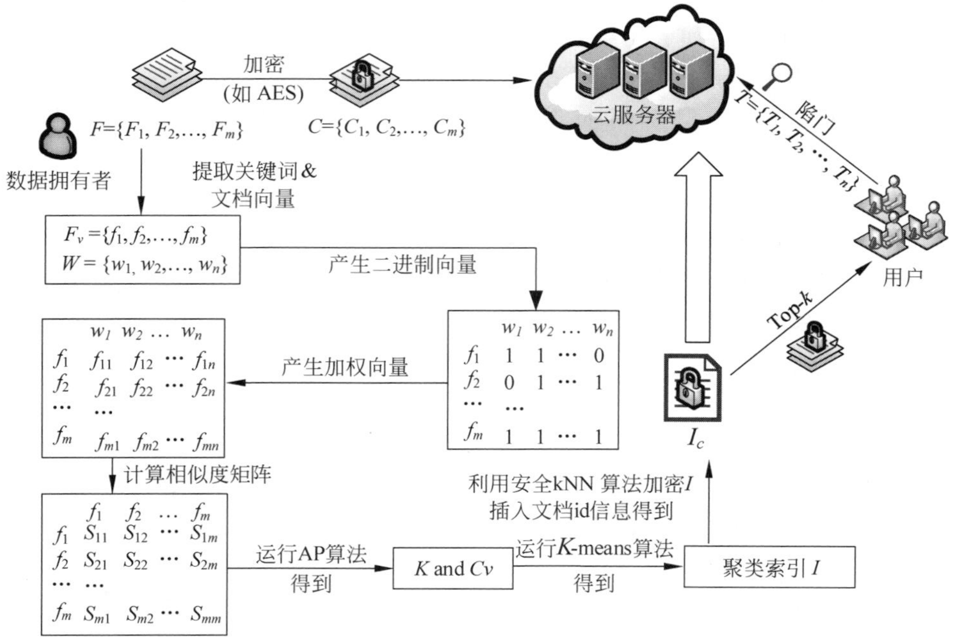

图 6-14 文件加密、索引构造、聚类和搜索过程

详细的检索过程：在用户收到检索陷门后，服务器利用相似性得分公式计算出索引中每个簇中心点与检索陷门的相关性分数，得到一个相关性的排序结果；然后取出相关性最高的簇中心点，计算该簇内其他点与陷门的相关性分数，设置一个阈值，分数高于该阈值的点则被提取出来；接着对临近的簇依次重复以上步骤，直到得到满足条件的文档。基于CAK-means算法的SSE方案具体构造如下：

Keygen(1^l)：

(1) 数据拥有者随机产生一个$(n+u+1)$维向量S和两个可逆的$(n+u+1)\times(n+u+1)$维矩阵$\{M_1, M_2\}$，$sk=\{S, M_1, M_2\}$；

(2) 随机产生一个n位密钥k。

Index(F, sk)：

(1) 输入私钥$\{sk, k\}$和数据集F；

(2) 从F中提取出字典W；

(3) 将F中的每个文档F_i转换为向量f_i；

(4) 调用CAK-means聚类算法生成明文聚类索引I；

(5) 通过将f_i分解为两个向量，将f_i的维度从n扩展到$(n+u+1)$，如下所示。

如果S的第j位是0

$$d'_i[j]=d''_i[j]=d_i[j]$$

否则

$$d'_i[j]=d_i[j]-d''_i[j]$$

将索引加密为$\{M_1^T f'_i, M_2^T f''_i\}$并上传给云服务器。图6-14详细介绍了密文聚类索引的构造过程。

Enc(k, F)：利用对称加密算法加密文档集合F并上传至云服务器。

Trapdoor(Q, sk)：数据用户将要搜索的关键字发送给数据拥有者。在分析查询请求之后，数据拥有者将用字典W建立查询向量Q。

通过将Q分解为两个向量，将Q的维度从n扩展到$(n+u+1)$，如下所示。

如果S的第i位是1

$$Q'[j]=Q''[j]=Q[j]$$

否则

$$Q''[j]=Q[j]-Q'[j]$$

最后，产生陷门$T_Q=\{M_1^{-1}Q', M_2^{-1}Q''\}$，并且将其发回给数据用户。

Search(T_Q, I_c, k_{top})：云计算服务器接收到来自数据用户的查询T_Q后，按照公式(6-12)计算T_Q和索引I_c的相关性得分。

$$\begin{aligned}T_Q \cdot I_c &= \{M_1^{-1}Q', M_2^{-1}Q''\} \cdot \{M_1^T f'_i, M_2^T f''_i\} \\ &= Q' \cdot f'_i + Q'' \cdot f''_i \\ &= S_{Qfi}\end{aligned} \tag{6-12}$$

服务器选择最高相关性得分集群。对于匹配集群中包含的每个文件，云服务器从索引 I_c 中提取相应的加密文件向量，然后根据文件相似性返回 k_{top} 个文件。

Dec($\boldsymbol{E}_Q$,$\boldsymbol{k}$)：在接收到 k_{top} 个加密文件后，数据用户使用密钥 k 解密密文 E_Q 以获得明文文件。

我们提出的基于 CAK-means 算法的 SSE 方案，提高了检索效率以及检索向量与文档之间的相关性，对密文排序产生了有益影响；并且通过改进文件存放位置(File Locality)问题，极大地提高了文件读写效率。

4. 基于 PUF 的抵抗内存泄露攻击的多关键词排序密文检索方案

大部分已有的 SSE 方案都是基于攻击者无法获取数据拥有者内存中的私密数据，然而在实际应用中，各种侧信道攻击方法总是可以得到内存中的隐私数据。针对目前普遍存在的侧信道攻击，若干内存泄露攻击方案[85,86]被提出。

针对 SSE 方案中可能存在内存泄露攻击，Dai 等[35]首次提出了一种安全的抵抗内存泄露攻击的 SSE 方案(Memory Leakage-Resilient Searchable Symmetric Encryption，MLR-SSE)。该方案利用物理不可克隆函数(Physically Unclonable Functions，PUFs)和模糊提取器(Fuzzy Extractor，FE)，实现抵抗内存泄露攻击。但 MLR-SSE 方案仅支持简单的关键词检索。

为了实现一个抵抗内存泄露攻击的多关键词排序密文检索方案，作者提出了一个基于 PUF 的方案(Multi-keyword Ranked Search Scheme against Memory Leakage，MRSS-ML)[87]。MRSS-ML 利用 PUFs[88,89]和 FE[90]实现抵抗内存泄露攻击的更高安全性，并通过构造查找表和相似性得分表来实现多关键词排序检索。

首先，物理不可克隆函数的定义如下。

定义 6-1 物理不可克隆函数(Physically Unclonable Functions，PUFs)：算法 $P=$ (Sample，Eval) 是一个含有三元组参数(l,d,δ) 的 PUFs 族，P 应满足以下特性：

- 不可预测性：对于一个激励-响应对集合 Φ，在小差错范围内很难预测到新随机激励 s'的响应 r'，其中 $\Phi=\{s_i,r_i,1\leqslant i\leqslant q\}$且 $s',r'\notin\Phi$。具有这种性质的 PUF 称之为满足三元组参数(l,d,δ) 的 PUF。
- 评估：Eval 算法以安全参数 1^λ、索引标识符 idp 和激励 s 为输入，高效输出响应 r。
- 有界噪声：对于同一激励 $s\in\{0,1\}^l$，执行两次算法 Eval$(1^\lambda,idp,s)$后，两次响应(r_1 和 r_2)的汉明距离 $d_{1,2}$ 应满足 $d_{1,2}<d$，其中 d 是一个噪声界限。
- 不可克隆：给定一个 PUF，不存在有效技术使得克隆出另外的 PUF′满足 PUF′ = PUF。
- 单向性：对于给定 PUF 和响应 r，无法找到其对应满足等式 Eval$(1^\lambda,idp,s)=r$ 的激励 s。

从上述介绍可知，依赖于物理架构的 PUF 可以计算物理激励并输出可能存在噪声的响应。为了克服 PUF 噪声缺陷，利用模糊提取器恢复有用的私密信息。模糊提取器[90]的定义见定义 6-2。

定义 6-2　模糊提取器(Fuzzy Extractor, FE)：一个满足三元组参数(l,d,δ)的 FE 是由两个高效算法(Gen, Rep)构成。

- Gen：生成算法，输入一个 l 位的串 w，输出一个随机串 $st\in\{0,1\}^{\delta}$ 和辅助数据 $ad\in\{0,1\}^{*}$。
- Rep：重现算法，输入一个 l 位的噪声串 w' 和辅助数据 ad，输出一个 δ 位随机串 st。

模糊提取器具有以下两个特性：

- 正确性：设 dis 为两个变量(w 和 w')的汉明距离，重现算法 FE. Rep$(w',ad)=st$ 成立当且仅当汉明距离满足 $dis\leqslant d$。
- 安全性：设 U 是具有最小熵 δ 的均匀分布，噪声串 w 从 U 中选出，即使辅助数据 ad 被暴露，FE 输出 st 仍满足 U。

为了实现保护隐私的搜索结果的排序，MRSS-ML 方案还利用了保序函数加密相似性得分。这里定义的保序函数是对文献[22]的改进，其形式化定义如下。

定义 6-3　保序函数(Order-Preserving Function, OPF)：$f(x)=\Sigma_{1\leqslant i\leqslant\tau}a_i\cdot h(x,i)+r$。其中，$\tau$ 是函数的度，a_i 是一个正系数，$h(x,i)$是一个递归计算，r 是一个为保护函数免遭攻击的随机数。$h(x,i)$进一步定义如公式(6-13)所示。

$$h(x,i)=\begin{cases}1 & \text{if} \quad i=0;\\ x & \text{if} \quad i=1;\\ (1+\varepsilon)\cdot(h(x,i-1)+\beta\cdot x) & \text{if} \quad i>1\end{cases} \tag{6-13}$$

其中 β,ε 是两个常数。为了确保排序结果，随机数 r 应满足$r\in(0,2^{\gamma-1})$，其中 γ 是一个整数。OPF 具体定义和证明参见文献[22]。

主要构造过程如图 6-15 所示。

Keygen(1^{λ})：由数据拥有者执行的密钥生成算法。输入参数 λ，输出密钥 K。

(1) 选取满足各个 3 元组参数的 PUF：$(p+\log_2 n,d_1,\delta_1)$ PUF_1，(t,d_2,δ_2) PUF_2 和 (t,d_3,δ_3) PUF_3。

(2) 输出密钥 $K=(\text{PUF}_1,\text{PUF}_2,\text{PUF}_3)$。

BuildIndex(K, D)：由数据拥有者执行的索引创建算法。输入密钥 K 和文档集 D，输出索引 I 和加密文档集 C。

(1) 初始化。

① 遍历文档集 D 并创建包含不同关键词的词典 W'。

② 创建包含 W'和虚拟关键词的新词典 W，根据关键词 $w_i\in W$ 构造链表 $D(w_i)$。

(2) 创建查找表 T。

① 对于 $w_i\in W$ 和 $j\in[1,n]$，计算 $ut_{i,j}=\text{PUF}_1(w_i||j)$和$(rt_{i,j},adt_{i,j})\leftarrow FE_1.\text{Gen}(ut_{i,j})$。

② 对于 $w_i\in W$ 和 $D_j\in D$，计算 $us_{i,j}=\text{PUF}_3(id(D_{i,j}))$ 和 $idc_{i,j}=\text{Enc}(us_{i,j},id_{i,j})$，其中 $idc_{i,j}$ 是 $D(w_i)$中第 j^{th} 个加密标识符。

③ 对于 $w_i\in W$ 和$j\in[1,|D(w_i)|]$，置 $T[rt_{i,j}]=idc_{i,j}$。若 $v<\tilde{v}$，则余下 $\tilde{v}$-v 个m_1 位随机串被分配到 T 中，确保 T 中无空闲位，且将余下 $\tilde{v}$-v 个对应地址设成随机值。

图 6-15　MRSS-ML 方案构造

(3) 生成辅助数据表 T'。

① 对于 $i\in[1,m]$ 和 $j\in[1,n]$，置 $T'[w_i]=adt_{i,j}$。

② 对于 $i\in[m+1,|\Omega|]$ 和 $j\in[1,n]$，置 $T'[w_i]=adrt_{i,j}$，其中 $adrt_{i,j}$ 是与 $adt_{i,j}$ 长度相同的随机串。

(4) 构造得分表 Δ。

① 对于 $D_j\in D$ 和 $w_i\in W$，计算相似性得分 $S_{j,i}=\mathrm{Score}(D_j,w_i)$，计算 $CS_{j,i}=f(S_{j,i})$，其中 $f(\cdot)$ 是一个保序函数。

② 对于 $D_j\in D$ 和 $w_i\in W$，置 $\Delta[idc_{j,i}]=CS_{j,i}$。

(5) 生成加密文档 C_j。

对于 $D_j\in D$，计算 $uc_j=\mathrm{PUF}_2(id(D_j))$、$(rc_j,adc_j)\leftarrow \mathrm{FE}_2.\mathrm{Gen}(uc_j)$ 和 $C_j=\mathrm{Enc}((rc_j,D_j),adc_j)$。

(6) 输出索引 $I=(T,\Delta)$ 和加密文档集 $C=(C_1,C_2,\cdots,C_n)$。

TrapdoorGen(K,Q)：由数据拥有者执行的陷门生成算法。输入密钥 K 和查询关键词集 Q，输出陷门 T_w。

(1) 对于 $w_i\in Q$ 和 $j\in[1,n]$，计算 $\hat{u}t_{i,j}=\mathrm{PUF}_1(w_i||j)$ 和 $rt_{i,j}=\mathrm{FE}_1.\mathrm{Rep}(\hat{u}t_{i,j},adt_{i,j})$，其中 $adt_{i,j}$ 是存储在 T' 中的辅助数据。

(2) 输出陷门 $T_w=\{T_{wi},1\leqslant i\leqslant q\}$，其中 $T_{wi}=(rt_{i,1},rt_{i,2},\cdots,rt_{i,n})$。

Search(I,T_w)：由云服务器执行的检索算法。输入索引 I 和陷门 T_w，输出加密文档标识符集 IDC_w。

(1) 根据陷门 T_w 遍历查找表 T：对于 $1\leqslant i\leqslant q$ 和 $j\in[1,n]$，若 $T[rt_{i,j}]\neq\perp$，则将 $idc_{i,j}$ 插入到包含查询关键词的加密标识符集 IDC 中。

(2) 根据 IDC 遍历得分表 Δ：对于 $idc_{j,i}\in\mathrm{IDC}$，若 $\Delta[idc_{j,i}]\neq\perp$，则计算 $VS_j=\Sigma_{1\leqslant i\leqslant q}CS_{j,i}$。

(3) 输出前 k 个最相关的包含查询关键词的加密标识符集 $\mathrm{IDC}_w=\{id(D_j),1\leqslant j\leqslant k\}$。

Decrypt(K,ID_w)：由用户执行的解密算法。输入密钥 K 和加密文档标识符集 IDC_w，输出相关文档集 D_w。

(1) 云服务器根据 IDC_w 返回包含查询关键词的加密文档集 C_w。

(2) 对于每个文档 D_j，$j\in[1,k]$，用户计算 $uc_j=\mathrm{PUF}_2(id(D_j))$ 和 $rc_j=\mathrm{FE}_2.\mathrm{Rep}(uc_j,adc_j)$。

(3) 计算 $D_{wj}=Dec(rc_j,C_{wj})$，$j\in[1,k]$。

(4) 输出前 k 个最相关文档集 $D_w=(D_{w1},D_{w2},\cdots,D_{wk})$。

图 6-15 （续）

在 MRSS-ML 方案中，文档集 D 与加密索引 I 相关联。加密索引 I 由两个表格构成，分别是查找表 T 和相似性得分表 Δ。查找表 T 创建过程如下：创建之前，先提取出包含若干虚拟关键词的关键词词典 W 并对每一个关键词 $w_i\in W$ 构造链表 $D(w_i)$。首先，对于 $j\in[1,n]$ 和 $w_i\in W$，设 $v=\Sigma|D(w_i)|$、$u=max(|D_j|)$ 和 $\tilde{r}=n\cdot u$，其中 $|D_j|$ 表示从文档 D_i 提取出的关键词个数。对于 $w_i\in W$ 和 $j\in[1,n]$，利用一个物理不可克隆函数 PUF_1 随机化关键词 w_i。随后，利用模糊提取器生成算法 $\mathrm{FE}_1.\mathrm{Gen}$ 生成两组数据。一组数据 $rt_{i,j}$ 作为随机化后的查找表 T 中各元素地址密钥，另一组数据 $adt_{i,j}$ 是辅助数据。对于 $i\in[1,m]$ 和 $j\in[1,n]$，辅助数据 $adt_{i,j}$ 存储在一个辅助数据表 T' 中，T' 存储于数据拥有者的非易失性内存中。设 Ω 表示从文档集 D 提取得到的所有关键词集合，则 $|\Omega|$ 表示从文档集 D 提取到的所有关键词个数。对于 $i\in[m+1,|\Omega|]$ 和 $j\in[1,n]$，随机生成的辅助数据串 $adrt_{i,j}$ 被插入到表 T' 中。在陷门生成过程中，辅助数据 $adt_{i,j}$ 用于恢复密钥 $rt_{i,j}$。再利用一个物理不可克隆函数 PUF_3 来计算包含关键词 w_i 文档标识符的随机串 $us_{i,j}$。随后利

用以 $us_{i,j}$ 为密钥的对称加密机制（如 AES）加密文档标识符。将包含关键词 w_i 的加密标识符插入到 T 中随机地址的对应位置中，T 中其余位置插入随机串。

相似性得分表 Δ 创建过程如下：利用 TF-IDF 方法计算文档 D_j 与关键词 w_i 之间的相似性得分。相似性得分利用定义的保序函数进行加密。相似性得分总和作为排序查询结果的相关性判断标准。得分表 Δ 地址由加密文档标识符进行随机化，加密相似性得分插入到对应得分表 Δ 的相应位置中。再利用一个物理不可克隆函数 PUF_2 生成文档 D_j 标识符的随机串。调用模糊提取器生成算法 FE_2. Gen 生成两组数据，一组数据 $rc_{i,j}$ 作为加密文档 D_j 的密钥，另一组数据 $adc_{i,j}$ 作为恢复密钥 $rc_{i,j}$ 的辅助数据。

数据拥有者将加密索引 I 和加密文档集 C 存储到云服务器上。当用户被授权检索包含关键词 w_i（$w_i \in Q$，Q 是查询关键词集）的文档时，数据拥有者调用函数 PUF_1 和模糊提取器重现算法 FE_1. Rep 计算陷门加密密钥。云服务器收到陷门后立即遍历查找表 T，得到候选文档标识符集 IDC。随后，云服务器遍历得分表 Δ 并计算加密得分总和。最后，数据拥有者调用函数 PUF_2 和模糊提取器重现算法 FE_2. Rep 恢复用于解密前 k 个最相关的密文文档的密钥。

MRSS-ML 方案实现了一种安全的多关键词排序密文检索方案，不仅实现了高效的多关键词排序检索，而且增强了多关键词排序检索的安全性。

6.4　未来发展方向

密文云存储信息检索自云存储服务兴起以来，取得了大量的研究成果。总结已有的这些方案，密文云存储信息检索的未来发展方向包括以下几个方面。

1. 多媒体密文检索与隐私权保护

随着互联网、图像处理、云计算与云存储一系列技术的发展，多媒体信息以爆炸式速度增长，特别是以视频与图像为代表的多媒体信息，其增长速度更是惊人。而且图像与视频信息中包含大量的敏感信息，一旦上传到互联网上，很难保证数据的彻底删除。

为了保护隐私，在将这类数据上传到云存储服务器之前，应该将数据加密，这样就算非法用户取得数据，没有密钥也无法得到实际图像信息。但是数据加密后，如何在海量的图像密文数据中查询需要的图像，成为一个很棘手的问题。目前关于文本文件的密文检索方案非常多，但关于多媒体密文数据检索的方案还比较缺乏，特别是视频数据的加密与检索方案还是空白。

另外，随着公共社交平台的高速发展，图像数据的隐私保护问题日益突出。类似微信朋友圈这样的私密社交平台其实是少数，像 Facebook、Twitter、Instagram 以及国内的微博等社交平台除非用户自主设置，否则都默认向所有人公开信息，包括用户上传的各种图像数据。本来社交平台就是因为开放的特性，受到广大网友的喜爱，一旦将所有的内容设置成只有双向关注才能看到，就限制了社交平台上一些需要广播的应用。因此，像公共社交平台这类应用，其隐私保护技术，可能更多地需要通过管理手段来实现，比如关于图像隐私权的立法等。

2. 特殊应用场景中的密文信息检索

密文信息检索从早期的非共享模型，发展到共享模型，从一对多发展到多对多，便是特殊应用场景发展的需要。

目前，在电子健康医疗领域，密文信息检索就有特殊的需求。因为电子健康医疗记录，包含着很多非常敏感的信息。这些记录同时对很多医院和研究机构，甚至包括保险公司，都有着非常重要的价值。怎样保护这些敏感信息，同时也对其他用户产生价值，是一个有着重大意义的研究课题。

在财政数据审计领域，怎样利用企业的财务信息得到有价值的供需关系，同时不泄露企业的一些商业机密，也是一项很有意义的研究内容。

3. 安全、灵活、高效的密文信息检索

安全性与效率总是一对矛盾，高安全必须带来高开销，怎样平衡安全性与效率需要极大的智慧。同时，方便灵活的搜索语句不仅能够让用户可以更加精确地定位到所需要的数据，同时也可以让用户更加灵活地表述搜索需求。密文搜索技术从早期的支持单关键词检索，发展到支持多关键词，支持数据更新，支持结果验证等。如何在支持丰富、灵活的搜索功能的同时，找到合适的安全性假设，来证明其安全性，同时又实现高效率的搜索，是一个长期的研究课题。

6.5 本章小结

本章从密文搜索技术分类和应用模型讲起，介绍了密文搜索的发展历程以及未来发展趋势；然后详细介绍了云存储环境下的密文搜索的需求和最新的密文搜索方案，从中了解到最新的密文搜索技术都是别出心裁地找到最新的安全技术，应用到云存储密文搜索方案中；最后总结了密文搜索技术的未来发展方向。

参考文献

[1] Gary W Small，Teena D Moody，Prabba Siddarth，et al. Your Brain on Google：Patterns of Cerebral Activation During Internet Searching [J]. The American Journal of Geriatric Psychiatry：Official Journal of the American Association for Geriatric Psychiatry，2009，17(2)：116-26.

[2] 沈志荣，薛巍，舒继武. 可搜索加密机制研究与进展[J]. 软件学报，2014，25(4)：880-895.

[3] 李经纬，贾春福，刘哲理，等. 可搜索加密技术研究综述[J]. 软件学报，2015，26(1)：109-128.

[4] Song D X，Wagner D. Perrig A. Practical Techniques for Searches on Encrypted Data [C]. In：Proc. of the IEEE Symp. on Security and Privacy，2000：44-55.

[5] Goh E J. Secure Indexes [DB/OL]. Cryptology ePrint Archive：Report 2003/216，2003[2018-10-15]. http://eprint. iacr. org/2003/216.

[6] Yan-Cheng Chang，Michael Mitzenmacher. Privacy Preserving Keyword Searches on Remote

Encrypted Data [C]. In Proceedings of the Third International Conference on Applied Cryptography and Network Security (ACNS'05),2005: 442-455.

[7] Jin Li,Qian Wang,Cong Wang,et al. Fuzzy Keyword Search over Encrypted Data in Cloud Computing [C]. In: Proc. of the Int. Conf. on Computer Communications,San Diego,CA,2010: 1-5.

[8] David Cash, Stanislaw Jarecki, Charanjit S. Jutla, et al. Highly-Scalable Searchable Symmetric Encryption with Support for Boolean Queries [C]. In: Proc. of the International Cryptology Conference (CRYPTO '13),2013: 353-373.

[9] Ning Cao, Cong Wang, Ming Li, et al. Privacy-Preserving Multi-Keyword Ranked Search over Encrypted Cloud Data [J]. IEEE Transactions on Parallel and Distributed Systems, 2014, 25(1): 222-233.

[10] Wang B,Yu S,Lou W,et al. Privacy-Preserving Multi-keyword Fuzzy Search over Encrypted Data in the Cloud [C]. In Proc. of the Int. Conf. on Computer Communications,Toronto,Canada,2014: 2112-2120.

[11] Zhangjie Fu,Xingming Sun,Qi Liu,et al. Achieving Efficient Cloud Search Services: Multi-Keyword Ranked Search over Encrypted Cloud Data Supporting Parallel Computing [J]. IEICE Transactions on Communications,2015,98(1): 190-200.

[12] Jin Li, Xiaofeng Chen, Fatos Xhafa, et al. Secure Deduplication Storage Systems with Keyword Search [J]. Journal of Computer and System Sciences,2015,81(8): 1532-1541.

[13] Zhihua Xia,Xinhui Wang,Xingming Sun,et al. A Secure and Dynamic Multi-keyword Ranked Search Scheme over Encrypted Cloud Data [J]. IEEE Transactions on Parallel and Distributed Systems, 2016,27(2): 340-352.

[14] Zhangjie Fu,Xinle Wu,Chaowen Guan,et al. Toward Efficient Multi-Keyword Fuzzy Search over Encrypted Outsourced Data with Accuracy Improvement [J]. IEEE Transactions on Information Forensics and Security,2016,11(12): 2706-2716.

[15] Mikhail Strizhov,Zachary Osman,Indrajit Ray. Substring Position Search over Encrypted Cloud Data Supporting Efficient Multi-User Setup [J]. Future Internet,2016,8(3): 1-26.

[16] Dan Boneh,Giovanni Di Crescenzo,Rafail Ostrovsky,et al. Public Key Encryption with Keyword Search [C]. In Proc. of the International Conference on the Theory and Applications of Cryptographic Techniques (EUROCRYPT),2004: 506-522.

[17] Michel Abdalla,Mihir Bellare,Dario Catalano,et al. Searchable Encryption Revisited: Consistency Properties,Relation to Anonymous IBE,and Extensions [C]. In Proc. of the Annual International Cryptology Conference (CRYPTO),2005: 205-222.

[18] Curtmola R,Garay J,Kamara S,et al. Searchable Symmetric Encryption: Improved Definitions and Efficient Constructions [C]. In Proc. of the CCS '06,2006: 79-88.

[19] Amos Fiat,Moni Naor. Broadcast Encryption [C]. In Proc. of the Annual International Cryptology Conference (CRYPTO),1993: 480-491.

[20] Peter Van Liesdonk, Saeed Sedghi, Jeroen Doumen, et al. Computationally Efficient Searchable Symmetric Encryption [C]. In Proc. of the 7th VLDB Conference on Secure Data Management (SDM'10),2010: 87-100.

[21] Wenhai Sun,Shucheng Yu,Wenjing Lou,et al. Protecting Your Right: Attribute-Based Keyword Search with Fine-Grained Owner-Enforced Search Authorization in the Cloud [C]. In Proc. of the IEEE Conference on Computer Communications (INFOCOM 2014),Toronto,ON,2014: 226-234.

[22] Wei Zhang, Sheng Xiao, Yaping Lin, et al. Secure Ranked Multi-keyword Search for Multiple Data Owners in Cloud Computing [C]. In Proc. of the 44th Annual IEEE/IFIP International Conference on Dependable Systems and Networks, Atlanta, GA, 2014: 276-286.

[23] Qingji Zheng, Shouhuai Xu, Giuseppe Ateniese. VABKS: Verifiable Attribute-Based Keyword Search over Outsourced Encrypted Data [C]. In Proc. of the IEEE Conference on Computer Communications (INFOCOM 2014), Toronto, ON, 2014: 522-530.

[24] Wei Zhang, Yaping Lin, Sheng Xiao, et al. Privacy Preserving Ranked Multi-Keyword Search for Multiple Data Owners in Cloud Computing [J]. IEEE Transactions on Computers, 2016, 65(5): 1566-1577.

[25] Jun Ye, Jianfeng Wang, Jiaolian Zhao, et al. Fine-grained Searchable Encryption in Multi-User Setting [J]. Soft Computing, 2017, 21(20): 6201-6212.

[26] Raluca Ada Popa, Nickolai Zeldovich. Multi-Key Searchable Encryption [DB/OL]. IACR Cryptology ePrint Archive, 2013[2018-10-15]. http://eprint.iacr.org/2013/508.pdf.

[27] Qiang Tang. Nothing is for Free: Security in Searching Shared and Encrypted Data [J]. IEEE Transactions on Information Forensics and Security, 2014, 9(11): 1943-1952.

[28] Zuojie Deng, Kenli Li, Keqin Li, et al. AMulti-User Searchable Encryption Scheme with Keyword Authorization in a Cloud Storage [J]. Future Gener. Comput. Syst., 2017, 72(C): 208-218.

[29] Xhafa F, Wang J, Chen X, et al. An Efficient PHR Service System Supporting Fuzzy Keyword Search and Fine-Grained Access Control [J]. Soft Computing, 2014, 18(9): 1795-1802.

[30] Goldreich O, Ostrovsky R. Software Protection and Simulation on Oblivious RAMs [J]. Journal of the ACM, 1996, 43(3): 431-473.

[31] Ren L, Fletcher C, Kwon A, et al. Constants Count: Practical Improvements to Oblivious RAM [C]. In Proc. of the USENIX Security, 2015: 415-430.

[32] Lai J, Deng R H, Ma C, et al. CCA-Secure Keyed-Fully Homomorphic Encryption [C]. In Proc. of the PKC, 2016: 70-98.

[33] Liu T, Vaikuntanathan V. On Basing Private Information Retrieval on NP-Hardness [C]. In Proc. of the TCC, 2016: 372-386.

[34] Chase M, Shen E. Substring-Searchable Symmetric Encryption [C]. In Proc. of the PET, 2015: 263-281.

[35] Shuguang Dai, Huige Li, Fangguo Zhang. Memory Leakage-Resilient Searchable Symmetric Encryption [J]. Future Generation Computer Systems, 2016, 62(C): 76-84.

[36] Kamara S, Papamanthou C, Roeder T. Dynamic Searchable Symmetric Encryption [C]. In Proc. of the CCS, 2012: 965-976.

[37] Kamara S, Papamanthou C. Parallel and Dynamic Searchable Symmetric Encryption [C]. In Proc. of the FC, 2013: 258-274.

[38] Hahn F, Kerschbaum F. Searchable Encryption with Secure and Efficient Updates [C]. In Proc. of the CCS, 2014: 310-320.

[39] Stefanov E, Papamanthou C, Shi E. Practical Dynamic Searchable Symmetric Encryption with Small Leakage [C]. In Proc. of the NDSS, 2014: 1-15.

[40] Naveed M, Prabhakaran M, Gunter C A. Dynamic Searchable Encryption via Blind Storages [C]. In Proc. of the SP, 2014: 639-654.

[41] Yang Y, Li H, Liu W, et al. Secure Dynamic Searchable Symmetric Encryption with Constant

Document Update Costs [C]. In Proc. of the GLOBECOM2014：775-780.

[42] Wang C,Cao N,Li J,et al. Enabling Secure and Efficient Ranked Keyword Search over Outsourced Cloud Data [J]. IEEE Transactions on Parallel and Distributed Systems,2012,23(8)：1467-1479.

[43] Li J,Chen X. Efficient Multi-User Keyword Search over Encrypted Data in Cloud Computing [J]. Computing & Informatics,2013,32(4)：723-738.

[44] Wang C, Ren K, Yu S, et al. Achieving Usable and Privacy-Assured Similarity Search over Outsourced Cloud Datas [C]. In Proc. of the INFOCOM,2012：451-459.

[45] 黄汝维，桂小林，余思，等. 云环境中支持隐私保护的可计算加密方法[J]. 计算机学报，2011，34(12)：2391-2402.

[46] Moataz T,Shikfa A. Boolean Symmetric Searchable Encryptions [C]. In Proc. of the ASIACCS, 2013：265-276.

[47] 王尚平，刘利军，张亚玲. 一个高效的基于连接关键词的可搜索加密方案[J]. 电子与信息学报，2013，35(9)：2266-2271.

[48] Kurosawa K. Garbled Searchable Symmetric Encryptions [C]. In Proc. of the FC,2014：234-251.

[49] Shen Z,Shu J,Xue W. Preferred Keyword Search over Encrypted Data in Cloud Computings [C]. In Proc. of the IWQoS,2013：1-6.

[50] Zhang W,Lin Y,Xiao S,et al. Secure Distributed Keyword Search in Multiple Cloudss [C]. In Proc. of the IWQoS,2014：370-379.

[51] Cao N,Wang C,Li M,et al. Privacy-Preserving Multi-Keyword Ranked Search over Encrypted Cloud Data [C]. In Proc. of the INFOCOM,2011：829-837.

[52] Sun W, Wang B, Cao N, et al. Privacy-preserving Multi-Keyword Text Search in the Cloud Supporting Similarity-Based Ranking [C]. In Proc. of the ASIACCS,2013：71-82.

[53] Li R,Xu Z,Kang W,et al. Efficient Multi-Keyword Ranked Query over Encrypted Data in Cloud Computing [J]. Future Generation Computer Systems,2014,30 (1)：179-190.

[54] Yu J,Lu P,Zhu Y,et al. Toward Secure Multikeyword Top-K Retrieval over Encrypted Cloud Data [J]. IEEE Transactions on Dependable and Secure Computing,2013,10(4)：239-250.

[55] Xu J,Zhang W,Yang C,et al. Two-step-ranking Secure Multi-Keyword Search over Encrypted Cloud Data [C]. In Proc. of the CSC,2012：124-130.

[56] Li H,Liu D,Dai Y,et al. Enabling Efficient Multi-Keyword Ranked Search over Encrypted Mobile Cloud Data Through Blind Storage [J]. IEEE Transactions on Emerging Topics in Computing, 2015,3(1)：127-138.

[57] Fu Z,Sun X,Linge N,et al. Achieving Effective Cloud Search Services：Multi-Keyword Ranked Search over Encrypted Cloud Data Supporting Synonym Query [J]. IEEE Transactions Consumer Electronics,2014,60(1)：164-172.

[58] Hu C,Han L,Yiu S M. Efficient and Secure Multi-Functional Searchable Symmetric Encryption Schemes [J]. Security and Communication Networks,2016,9(1)：34-42.

[59] Gajek S. Dynamic Symmetric Searchable Encryption from Constrained Functional Encryption [C]. In Proc. of the CT-RSA,2016：75-89.

[60] Chai Q,Gong G. Verifiable Symmetric Searchable Encryption for Semi-Honest-But-Curious Cloud Servers [C]. In Proc. of the ICC,2012：917-922.

[61] Kurosawa K,Ohtaki Y. UC-secure Searchable Symmetric Encryption [C]. In Proc. of the FC, 2012：285-298.

[62] Kurosawa K, Ohtaki Y. How to Update Documents Verifiably in Searchable Symmetric Encryption [C]. In Proc. of the CANS, 2013: 309-328.

[63] Sun W, Wang B, Cao N, et al. Verifiable Privacy-Preserving Multi-Keyword Text Search in the Cloud Supporting Similarity-Based Ranking [J]. IEEE Transactions on Parallel Distributed Systems, 2014, 25(11): 3025-3035.

[64] Sun W, Liu X, Lou W, et al. Catch You If You Lie to Me: Efficient Verifiable Conjunctive Keyword Search over Large Dynamic Encrypted Cloud Data [C]. In Proc. of the INFOCOM, 2015: 2110-2118.

[65] Cheng R, Yan J, Guan C, et al. Verifiable Searchable Symmetric Encryption from Indistinguishability Obfuscation [C]. In Proc. of the ASIACCS, 2015: 621-626.

[66] Wang J, Ma H, Tang Q, et al. A New Efficient Verifiable Fuzzy Keyword Search Scheme [J]. Journal of Wireless Mobile Networks, Ubiquitous Computing, and Dependable Applications, 2012, 3(4): 61-71.

[67] Wang J, Ma H, Li J, et al. Effcient Verifiable Fuzzy Keyword Search over Encrypted Data in Cloud Computing [J]. Computer Science Information Systems, 2013, 10(2): 667-684.

[68] Fu Z, Shu J, Sun X, et al. Smart Cloud Search Services: Verifiable Keyword-Based Semantic Search over Encrypted Cloud Data [J]. IEEE Transactions on Consumer Electronics, 2014, 60(4): 762-770.

[69] Bost R, Fouque P, Pointcheval D. Verifiable Dynamic Symmetric Searchable Encryption: Optimality and Forward Security [EB/OL]. Cryptology ePrint Archive: Report 2016/062, 2016[2018-10-15]. https://eprint.iacr.org/2016/062.pdf.

[70] 宋伟，彭智勇，王骞，等. Mimir：一种基于密文的全文检索服务系统 [J]. 计算机学报，2014，37(5)：1170-1183.

[71] Ishai Y, Kushilevitz E, Lu S, et al. Private Large-Scale Databases with Distributed Searchable Symmetric Encryption [C]. In Proc. of the CT-RSA, 2016: 90-107.

[72] 项菲，刘川意，方滨兴，等. 云计算环境下密文搜索算法的研究[J]. 通信学报，2013，34(7)：143-153.

[73] 董晓蕾，周俊，曹珍富. 可搜索加密研究进展[J]. 计算机研究与发展，2017，54(10)：107-212.

[74] 陈兰香. 网络存储中保障数据安全的高效方法研究[D]. 华中科技大学博士学位论文，2009.

[75] 邵奇峰，金澈清，张召，等. 区块链技术：架构及进展[J]. 计算机学报，2018，41(5)：969-988.

[76] Shengshan Hu, Chengjun Cai, Qian Wang, et al. Searching an Encrypted Cloud Meets Blockchain: A Decentralized, Reliable and Fair Realization [C]. In Proc. of the IEEE International Conference on Computer Communications (INFOCOM), Honolulu, USA, 2018: 792-800.

[77] Wood G. Ethereum: A Secure Decentralised Generalised Transaction Ledger [EB/OL]. Ethereum Project Yellow Paper, 2014[2018-10-15]. http://gavwood.com/paper.pdf.

[78] Szabo N, Smart Contracts: Building Blocks for Digital Markets, Extropy [EB/OL]. 1996[2018-10-15]. http://www.fon.hum.uva.nl/rob/Courses/InformationInSpeech/CDROM/Literature/.

[79] The IPFS Project. 2015[2018-10-15]. https://ipfs.io/.

[80] Huige Li, Fangguo Zhang, Jiejie He, et al. A Searchable Symmetric Encryption Scheme using BlockChain [EB/OL]. 2017[2018-10-15]. https://arxiv.org/pdf/1711.01030.pdf.

[81] Lan Zhang, Taeho Jung, Kebin Liu, et al. PIC: Enable Large-Scale Privacy Preserving Content-Based Image Search on Cloud [J]. IEEE Transactions on Parallel and Distributed Systems, 2017, 28(11): 3258-3271.

[82] Chen C, Zhu X, Shen P, et al. An Efficient Privacy-Preserving Ranked Keyword Search Method [J]. IEEE Transactions on Parallel & Distributed Systems, 2016, 27(4): 951-963.

[83] Lanxiang Chen, Nan Zhang, Kuan-Ching Li, et al. Improving File Locality in Multi-Keyword Top-k Search Based on Clustering [J]. Soft Computing, 2018, 22(9): 3111-3121.

[84] Brendan J. Frey, Delbert Dueck. Clustering by Passing Messages between Data Points [J]. Science, 2007, 315(5814): 972.

[85] Frederik Armknecht, Roel Maes, Ahmad-Reza Sadeghi, et al. Memory Leakage-Resilient Encryption Based on Physically Unclonable Functions [C]. In Proc. of the International Conference on the Theory and Application of Cryptology and Information Security (ASIACRYPT 2009), 2009, 685-702.

[86] Olivier Pereira, François-Xavier Standaert, Srinivas Vivek. Leakage-Resilient Authentication and Encryption from Symmetric Cryptographic Primitives [C]. In Proc. of the 22nd ACM SIGSAC Conference on Computer and Communications Security (CCS), NY, USA, 2015: 96-108.

[87] Lanxiang Chen, Linbing Qiu, Kuan-Ching Li, et al. A Secure Multi-keyword Ranked Search over Encrypted Cloud Data against Memory Leakage Attack [J]. Journal of Internet Technology, 2018, 19(1): 167-176.

[88] Ravikanth P S. Physical One-Way Functions [J]. Science, 2002, 297(5589): 2026-2030.

[89] Lanxiang Chen. A Framework to Enhance Security of Physically Unclonable Functions Using Chaotic Circuits [J]. Physics Letters A, 2018, 382(18): 1195-1201.

[90] Dodis Y, Reyzin L. Fuzzy Extractors: How to Generate Strong Keys from Biometrics and Other Noisy Data [C]. In Proc. of the International Conference on the Theory and Applications of Cryptographic Techniques, 2004: 523-540.

第7章 云存储服务的数据完整性审计

引用美国前总统罗纳德·里根的一句名言,"要我相信你,请你先证明给我看(Trust but verify)"。

云存储具有众多优点,但是因为用户对其安全性、可靠性及可用性等问题有所怀疑,导致目前云存储无法得到广泛的应用。特别地,在微软弄丢了 Sidekick 用户的数据,SwissDisk 的文件管理器出现崩溃故障,Amazon S3 宕机频繁,曾经一次持续了 8 个小时……哪个用户还敢将数据托付给云存储服务呢?即便是一些业界著名的品牌服务商,也没有担保其云存储服务的安全性与可靠性。

所以在云存储中,让用户可以对云存储服务的数据完整性进行审计,验证服务提供者正确地持有其数据,且如果检测发生错误可以恢复其数据,是一件很有意义的研究工作。

7.1 数据完整性审计概述

Google 每月有超过 400PB 的数据存储到其分布式文件系统(Google File System,GFS)中[1],FaceBook 每天有超过 500TB 数据存储到 Amazon 的云存储服务器上[2]。EMC 公司指出,64%的受调查企业在过去 12 个月中经历过数据丢失或宕机事故。如何保障云存储服务器上的这些数据的完整性与可用性是至关重要的。

云存储服务中数据完整性审计的任务是验证不可信的存储服务器是否正确地持有(保存)数据,避免存储服务提供者删除、篡改数据,并确保存储数据的可恢复性。本节首先分析在云存储服务环境下存在数据完整性与可用性问题的起源,然后介绍当前的完整性审计方案的分类,以及云存储环境下数据完整性审计的目标。

7.1.1 问题的起源

如上文所述,用户将数据存储到云服务器后,失去了对数据的绝对控制权。因为云服务器不完全可信,导致用户数据的可用性和安全性受到威胁。另外,当采用云存储后,用户将数据上传到云服务器,而没有在本地保存任何数据副本,其数据的完整性与可用性对用户至关重要。因此,才存在云存储环境下数据完整性审计的问题。综合起来,主要源自以下几方面的原因。

(1) 天灾人祸等因素，如发生地震、洪水、火灾与其他事故等造成的云存储服务中心发生物理损坏，此类数据损坏是不可恢复的。因此，云存储服务器的选址及对应的灾害防备措施极其重要。

(2) 计算机系统不能实现100%的可靠性，会存在硬件损坏、软件失效、系统漏洞、操作失误等系统或人为问题，还有比特衰减(Bit Rot)、磁盘控制器错误、磁带失效、重复数据删除中的元数据错误，以及由软件故障导致的元数据错误等情况都可能发生在云存储系统中，从而造成对用户数据完整性的破坏。

(3) 软件病毒与网络攻击等外在恶意入侵，比如存储在云中的数据可能遭到其他用户的恶意损坏。文献[3]以Amazon EC2存储服务为例，介绍了恶意用户如何对云中同一宿主机上的其他虚拟机发起攻击，并损坏其他用户的数据。

(4) 为了节约成本，云服务提供者(Cloud Service Provider，CSP)可能并没有遵守服务等级协议(Service Level Agreement，SLA)，而将用户很少访问的数据转移到非在线存储设备上，甚至将其删除以节省存储开销，导致用户不能实时访问存储到云中的数据或所存储数据丢失。

(5) 云服务提供者可能隐瞒由于管理不当或设备故障造成的数据损坏或丢失，以维护自身的声誉和逃避赔偿。

数据完整性审计机制能及时地发现存储在云服务器中数据的损坏，从而尽早地采取挽救措施；同时它能让用户自己检测数据的完整性，使其比较放心地使用云存储服务。因此，对数据完整性进行审计是非常必要的。

7.1.2 完整性审计方案分类

云存储系统中完整性审计方案的架构如图7-1所示。用户通过各类轻量级设备，如手机、平板电脑、笔记本电脑或PC等，将数据上传到云服务器上，但对其数据的完整性和可用性比较担心，因此经常去检测一下“我的数据还在吗？是完整的吗？”。只有当用户得到肯定的答复时，才会比较放心这些数据。

根据完整性方案的审计者(Auditor)是数据拥有者还是第三方审计者(Third Party Auditor，TPA)，可分为数据拥有者直接对云端个人数据进行完整性检查方案[4-7]和委托给可信第三方进行云端数据的完整性检查方案[8-15]，要求数据不会泄露给第三方(各种隐私保护技术)[14,15]。如图7-1所示就是一种用户直接与云存储服务器交互，得到数据完整性审计结果。

在两方审计系统模型中，因为用户的设备资源受限，可能在某些应用场景存在稳定性和效率的问题，因此引入可信第三方的审计架构，如图7-2所示。第三方拥有用户所没有的审计经验和能力，可以代替用户对云中存储的数据进行审计，减轻用户在验证阶段的计算负担。将数据持有性验证工作委派给一个可信第三方的优点在于：发生纠纷时，比如服务提供者认为存放了数据，但是可能是放在次级存储器或者离线存放，而使用者要求提供的是在

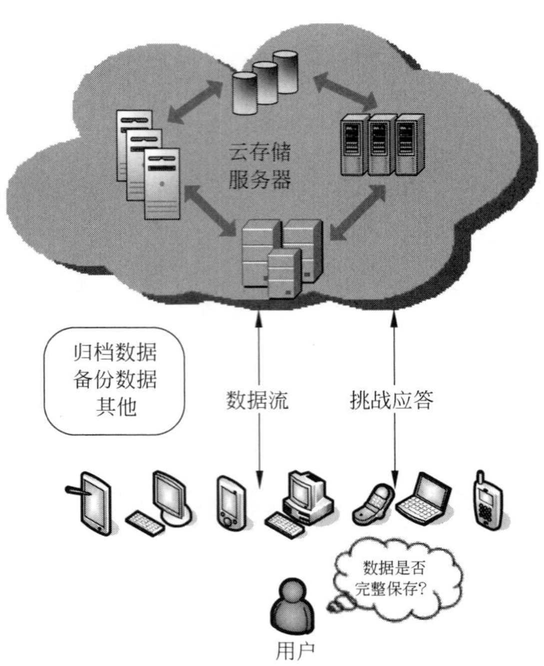

图 7-1 云存储系统中完整性审计方案的架构

线访问，且认为性能没有达到声称的要求，都可以由第三方进行仲裁。可信第三方只需要掌握少量的公开信息即可代替用户进行数据完整性检测，还能对用户和云端的行为进行记录和监督，帮助两方处理数据纠纷问题，减轻用户在数据验证方面的负担。

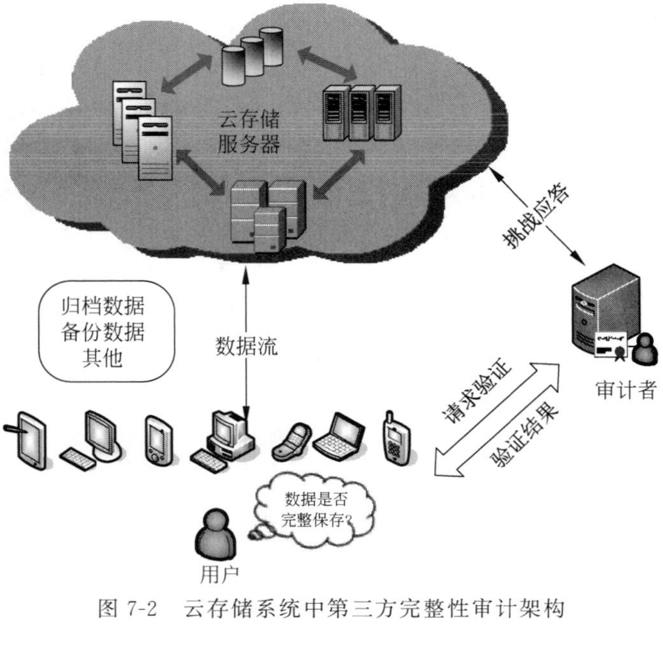

图 7-2 云存储系统中第三方完整性审计架构

在第三方完整性审计方案中,用户将自己的数据存储在云服务提供商的服务器上,本地不再保存原有数据,而只保存进行数据完整性检测所必需的元数据信息。当用户上传的数据通过了云服务提供商的合法性和有效性审核后,被存储在云服务提供商的云服务器中。当用户需要进行数据完整性检测时,则向可信第三方发送验证请求。可信第三方根据用户的情况,向云存储服务器发起挑战应答协议(Challenge Response Protocol,CRP),云服务器根据挑战请求计算结果并回复相应的数据完整存储证明。最后可信第三方根据云服务器回复的数据完整证明计算最终结果、验证数据完整性并将检测结果通过报告的形式发送给用户。

使用第三方审计时要求提供隐私保护技术[16-18],就是要求不向第三方泄露数据。隐私保护实现方法如下:

(1) 先将数据加密后再计算相关验证信息,验证的时候使用的是加密的数据,因此不会泄露数据。

(2) 因为使用抽样检查,所以响应的是不连续数据,也不返回原始数据,而是对原始数据计算验证信息。

(3) 使用常用的隐私保护方法,在数据中穿插一些随机数据。这种方法会增加额外的开销。

云存储服务中数据完整性审计方案根据是否对数据文件进行了容错预处理可以分为可证明数据持有(Provable Data Possession, PDP)方案和可恢复证明(Proof Of Retrievability,POR)方案。PDP 和 POR 方案的主要区别是:PDP 方案可检测到存储数据是否完整,但无法确保数据可恢复性;POR 方案进行了容错预处理,所以可以保证存储数据的可恢复性。

根据方案采用的核心技术,现有的可证明数据持有 PDP 方案包括基于消息认证码(Message Authentication Code,MAC)的 PDP 方案[4,6]、基于 RSA 签名的 PDP 方案[8,19,20]、基于 Boneh-Lynn-Shacham (BLS)签名的 PDP 方案[9-16][22-25][26-33]、基于聚合签名的 PDP 方案[34-38]、基于 Merkle Hash Tree (MHT)的 PDP 方案[39-40]、基于 Dynamic Hash Table (DHT)的 PDP 方案[18]等;可恢复证明 POR 方案包括基于哨兵的 POR 方案、紧缩的 POR 方案、基于编码的 POR 方案等。

根据方案的功能,PDP 方案和 POR 方案可以分为支持动态更新的[20,26-30]、支持多副本的[19,22-25]、支持隐私保护的[14-15]、支持多用户批量验证[16,21]、支持数据共享的[21-32,41-44]及支持公开验证等方案。关于完整性审计方案分类如图 7-3 所示。

支持动态更新的方案允许用户对存储之后的数据块进行插入、修改和删除操作;支持公开验证的方案允许任何具有公钥的第三方充当审计者,帮助数据拥有者完成对数据完整性的验证;支持隐私保护的方案使第三方审计者和云服务器不会获取任何关于用户身份的信息;支持多副本的方案采用分布式存储的方式将数据副本存储到不同的云服务器,避免单个服务器故障造成数据的丢失。

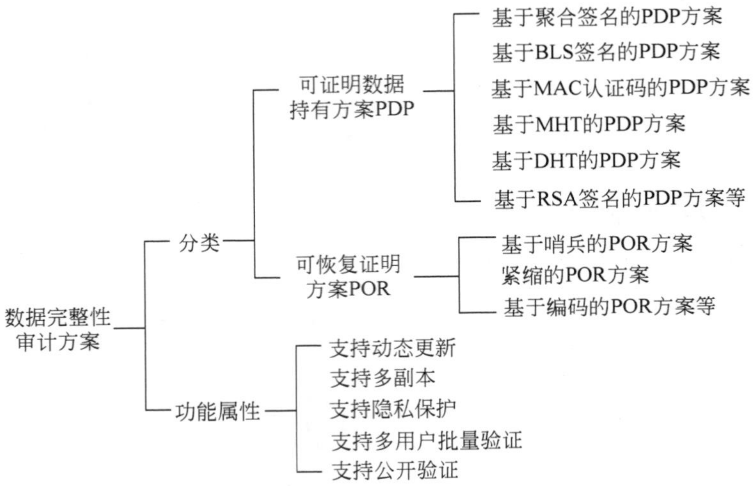

图 7-3 完整性审计方案分类

7.1.3 完整性审计目标

云存储服务中数据完整性审计的任务是验证不可信的存储服务器是否正确地持有(保存)数据,避免存储服务提供者删除、篡改数据,并确保存储数据的可恢复性。相应地,数据完整性审计方案的目标如下。

(1) 如果存储在云服务器上的数据没有被损坏或者篡改,即数据是完整无误且可用的,则云服务器可以通过挑战应答协议,通过审计者的检测。

(2) 如果存储在云服务器上的数据发生损坏或者被攻击者篡改,则云服务器不能通过挑战应答协议,审计者将通知用户其数据被破坏。

(3) 保证用户在其数据生命周期内,可以随时随地并执行任意次数的挑战应答协议。

另外,在云存储环境下,将海量的数据下载到本地进行完整性审计的方法根本不实用,因此实现无须读取数据的审计是云存储中数据完整性审计方案的基本要求[18-19]。

通常,考核数据完整性审计方案优劣的指标有下面几个。

(1) 计算复杂度,包括用户预处理文件、服务器生成证据及用户验证等开销。

(2) 通信复杂性,指用户与服务器之间的数据传输量。

(3) 存储需求,指用户与服务器需要的额外的存储空间。

(4) 允许的数据更新,包括数据修改、插入、添加、删除;如果不支持更新,就只能用于静态数据,一旦存储就不再改变,比如归档存储。

(5) 允许验证的次数,是否支持公开验证。

(6) 检测到错误后是否可恢复,比如是否使用纠删码/纠错码等。

（7）因为基于抽样原理，挑战应答协议的错误识别率要足够高。要求每次抽样的数据块数要足够多，以达到需要的错误识别率。

（8）安全性证明，确保方案的安全性。

（9）是否需要访问数据块以及需要访问多少数据块等。

在挑战应答协议中，错误识别率与抽样数据块数量密切相关。要实现不同的错误识别率，需要的抽样块数不同。假设数据块总数为 n，抽样的块数为 c，用 r 表示被破坏的文件块数，X 表示抽样的块中检测到的被破坏的块数，P_X 表示至少有一个被破坏的块被检测到的概率，则

$$P_X = P\{X \geqslant 1\} = 1 - P\{X = 0\} = 1 - \frac{n-r}{n} \cdot \frac{n-1-r}{n-1} \cdot \frac{n-2-r}{n-2} \cdots \frac{n-c+1-r}{n-c+1}$$

因为

$$\frac{n-i-r}{n-i} \geqslant \frac{n-i-1-r}{n-i-1}$$

所以

$$1-\left(\frac{n-r}{n}\right)^c \leqslant P_X \leqslant 1-\left(\frac{n-c+1-r}{n-c+1}\right)^c$$

服务器检测到错误的概率与抽样块数的关系如图 7-4 所示，如果错误率 $r/n=1\%$，用户只需要抽样 460 个数据块就可以达到 99%的错误识别率，只需要抽样 300 个数据块就可以达到 95%的错误识别率。

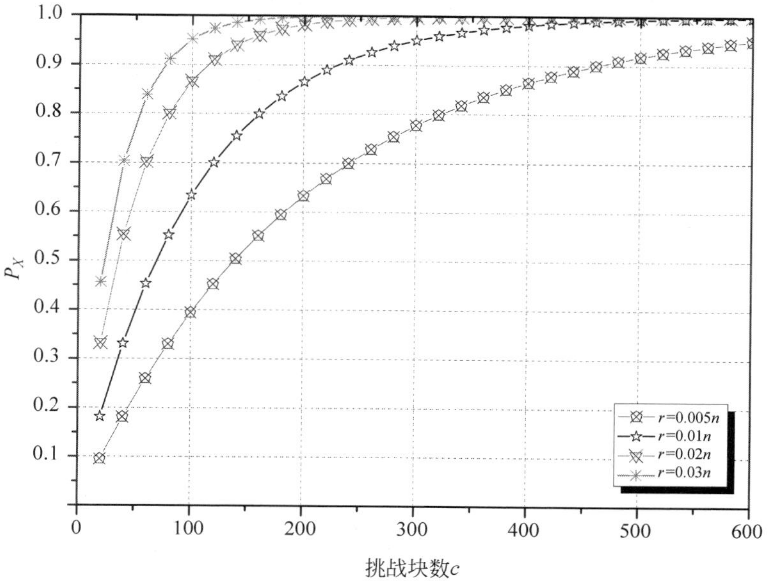

图 7-4　服务器检测到错误的概率与抽样块数的关系

7.2 云存储中数据完整性审计发展现状

根据上小节对云存储服务中的数据完整性审计方案的分类和目标，下面将详细介绍数据完整性审计方案的发展现状和趋势。首先介绍当前的完整性审计方案的通用框架；然后在此基础上，对当前的研究成果进行总结分析。

7.2.1 完整性审计框架

云存储服务中的数据完整性审计方案主要包括 4 个阶段，即初始化、挑战、响应与验证。通常包括以下几个算法。

(1) Setup：在初始化阶段，数据拥有者生成方案需要的一些密钥，该算法输入一个安全参数，输出相应的密钥信息。

(2) TagGen：在初始化阶段，数据拥有者对数据文件进行分块、编码等预处理操作，该算法输入数据分块和保密密钥，输出为每个数据块生成的验证标签集，以利于后面进行数据的完整性审计。将数据文件和标签集存储到云服务器上，本地只保存少量的密钥信息生成标签集，作为认证的元数据。

(3) Challenge：在挑战阶段，基于抽样机制，从分块索引集合中随机选择 c 个块索引，并且为每个索引选取一个随机数，发送给云服务器。

(4) Response：在响应阶段，云服务器收到挑战请求后，以公开密钥、数据文件、数据块标签集合以及挑战请求信息为输入，输出对应挑战块的完整性验证信息。

(5) Verify：在验证阶段，审计者将接收到的完整性验证信息进行运算，输入为公开密钥、保密密钥、挑战信息以及验证信息，输出为目标文件检测完整性的结果。

当完整性审计方案支持数据动态更新时，还包括以下两个更新算法。

(1) Update：由云服务器执行，将需要更新的文件、相应的标签集及数据请求作为输入，输出更新文件和更新标签集及相应的更新证据。

(2) UpdateVerify：由审计者执行，验证该更新操作是否正确执行。

数据完整性审计方案基本流程如图 7-5 所示。其中的审计者可以是数据拥有者，也可

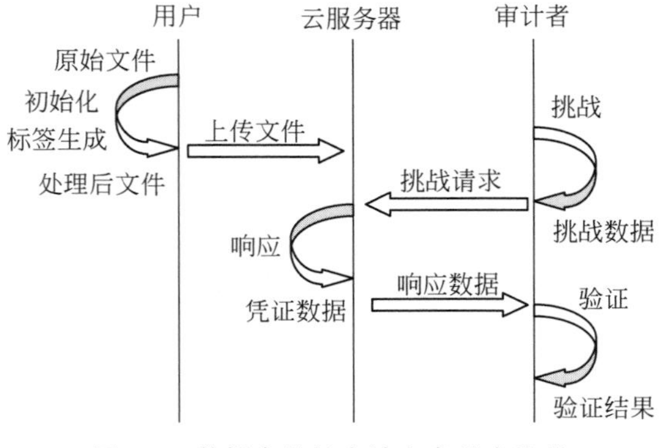

图 7-5 数据完整性审计方案基本流程

以是可信任的第三方。数据完整性审计方案的主要思想是：将上传的文件分成若干个数据块，并对每个数据块计算一个验证标签。在不需要下载整个文件的情况下，利用同态标签、MAC签名和聚合签名等各种技术使审计者可以验证云服务器上用户数据的完整性。

7.2.2 云存储环境下的需求

云存储环境下数据完整性审计方案主要是采用在数据预处理阶段生成的审计元数据信息与云服务器返回的响应凭证进行对比，以确定服务器端数据的完整性。不同的实现机制在计算复杂度、通信开销和存储量方面的开销均有不同。

相比于传统分布式网络如P2P网络、网格计算等，云存储环境下数据完整性审计方案具有以下几方面的需求。

(1) 因为云存储环境下海量的数据，所以数据完整性审计方案不能要求用户从云服务器读取数据后再进行审查，而应该只需要用户保存少量的元数据信息甚至不需要保存任何信息，就可以对云服务器端的数据完整性进行检测。

(2) 传统的数据完整性验证机制为每一个数据块生成不可伪造的数据签名标签集合，当数据进行更新时需要重新生成签名标签，使得计算代价和通信开销较大，所以需要设计更轻便、高效的动态更新方案。

(3) 在云存储环境下，为了方便用户在轻量级的设备上访问数据，数据的完整性审计需要一个可信第三方可以托管，以减少用户端的开销。

(4) 无论使用哪种审计方案，用户数据及其身份的隐私性都应该得到保护。

(5) 在不同的云存储环境下，一方面要提高完整性审计方案的效率，另一方面其功能性及扩展性也要考虑。

另外，数据的备份需求，比如使用多副本的方式存放多份数据，也可以验证服务器对多份复本数据的完整性审计；当文件的数据块索引与分块在数据块集合中的位置无关时，比较容易实现数据的动态更新操作；采用加密算法对数据进行加密，可以实现支持隐私保护的数据完整性检测；采用纠错或纠删编码对数据进行编码，再结合完整性审计技术，可实现可恢复证明POR方案。下面将对现有的数据完整性审计方案是否满足以上需求进行分析。

7.2.3 发展现状与趋势

本小节根据以上分类、评价指标和需求详细介绍PDP方案和POR方案及其相关工作在国内外的研究现状，并将相关工作进行对比分析，指出发展趋势。

1. PDP方案

Deswarte等[45]最早提出远程数据的完整性检查，使用基于RSA的Hash函数对整个文件计算Hash值。其原理为：令N为RSA模数，F为代表文件的大整数，$g\in Z_N^*$，检查者保存$a=g^F \bmod N$；在挑战中，检查者生成任意元素r并发送g^r到服务器，服务器返回$s=(g^r)^F \bmod N$，检查者计算a^r，并验证等式$s=a^r \bmod N$是否成立。因为该方法基于公钥密码技术,计算开销很大;特别当存储文件大的时候,该方案的计算开销更大。文献[46]的原理与此相同,但其目的是阻止数据传输中的欺骗。文献[47]利用基于RSA的Hash函数的同态性,可以在初始化时间开销与用户的存储开销间进行权衡。该方案也是基于RSA,用户和存储服务器都有模指运算,计算开销太大。

美国约翰·霍普金斯大学(Johns Hopkins University)的Ateniese等人在这方面做了一些研究工作,他们在文献[8]中第一次正式定义了PDP方案。文中提出的两个PDP方案都是使用同态可验证标签(Homomorphic Verifiable Tags),用户为每个数据块生成一个Tag,将此Tag连同数据存放在服务器上。验证时,用户随机选择一些块向服务器发出挑战,要求服务器返回持有这些块的证据。服务器利用请求块及相应的标签生成持有证据。因为同态性,多个文件块的标签可以聚合成一个值,因此极大地节省了响应带宽。用户通过验证响应信息确认数据拥有,而不需要检索数据。提出的方案只需要用户维护常量的元数据信息,服务器的开销也近似为一个常量,挑战应答只需1Kb左右。实验表明,方案的性能受限于磁盘I/O而不是密码计算。文中作者第一次提出公开验证的方法。但是该方案在生成证据时使用基于RSA的模指运算,也没有考虑数据更新问题。并且该方案的多个服务器可以共谋(Collusion Attacks),所以不适用于多副本协议。

自从Ateniese等提出同态可验证标签,研究者们提出了很多基于同态标签的PDP方案。根据采用的签名算法,主要可分为基于RSA的PDP[8][19][20]与基于BLS的PDP[9-16][22-25][26-33]。

基于RSA的PDP方案主要是利用了RSA算法的同态特性,具体构造方案如下。在预处理阶段,用户生成密钥对 $PK=(N,g,pk)$,$SK=(sk)$,其中 N 为两个大素数 p,q 的RSA模数,g 为模 N 二次剩余集的生成元,随机数 pk,sk 满足 $pk\cdot sk\equiv 1\bmod(p-1)(q-1)$;而后将文件 F 分块,即 $F=\{m_i|0<I<n\}$,并为每个数据块生成RSA签名作为其对应标签,即 $\sigma_i=(h(i||v)g^{mi})^{sk}$,其中 i 代表数据块标号,n 为数据块数目,v 为文件标识符,h 为哈希函数;最后将文件 F 以及数据块标签集 Ω 一同上传至云服务器。在挑战阶段,为了节省通信开销,通常采用抽样审计的方式。审计者随机选择两个密钥 $k1,k2$,生成挑战信息 $\text{chall}=(c,k1,k2,gs)$ 发送至云服务器,其中 c 为抽取数据块数目,$gs=g^s$,s 为随机值。云服务器收到挑战信息后,首先计算 $a_i=f_{1k1}(i)$,$b_i=f_{2k2}(i)(0<i<c)$,其中 f_1,f_2 均为随机数生成函数,生成的 a_i 表示被抽样的数据块序号,b_i 是每个数据块对应的随机值;继而计算数据块证据信息 $M=H(gs^D)$,$D=b_1m_{a1}+b_2m_{a2}+\cdots+b_cm_{ac}$,标签证据信息 $T=\Pi_{0<i<c}\sigma_{ai}^{bi}$;最后将审计证据$(M,T)$发送至审计者。审计者收到证据后,首先计算 $t=t/h(a_i||v)^{bi}(0<i<c)$,其中 $t=T^{sk}$,接着判断 $H(t^s)$ 与 M 是否相等。若两者相等,则验证通过;反之则不通过。

Ateniese等在文献[8]中已证明,若数据块出错概率为1%,要达到99%的错误识别率,只需要随机抽取460个数据块进行抽样验证即可;要达到95%的错误识别率,只需要随机抽取300个数据块进行抽样验证即可。

从基于RSA的PDP方案的构造过程可知,该方案利用同态签名的可聚合特性,将云服务器与审计者之间的通信开销降低至常数级。然而,该类方案需要为每个数据块生成与安全系数成正比的标签信息，使得云服务器与用户间通信开销以及云服务器对标签的存储开销较大。BLS是Boneh等人提出的一种新的签名技术[48]，在同等安全强度下，其签名长度较之RSA签名更短。因而，有研究者提出用BLS签名代替RSA签名[14-15,26]，以降低通信和存储开销，并提高审计效率。

基于BLS签名的公开审计方案(BLS-PA)主要利用了双线性映射的相关性质，其一般构造过程描述[14-16]如下。在预处理阶段，用户根据乘法循环群 G_1 生成密钥 $SK=(sk)$，$PK=(g,u,pk)$，其中 g 为 G_1 的生成元，$sk,u\in Z_p$ 均为随机值，且 $pk = g^{sk}$；继而为每个数据块生成BLS标签，即 $\sigma_i = (h(i||v)g^{mi})^{sk}$，并将文件与数据块标签集一同存储至云服务器。在挑战阶段，审计者随机抽取 c 个数据块序号 a_i，为每个序号选取一个随机值 b_i，并将它们作为挑战 $\text{chall}=\{(a_i,b_i)\mid 0<i<c\}$ 发送到云服务器。收到挑战后，云服务器按照抽样序列分别聚合数据块和标签，即 $T = \Pi_{0<i<c}\sigma_{ai}^{bi}$，$M = \Sigma_{0<i<c}b_i m_{ai}$，并将得到的聚合值$(T,M)$作为审计证据发送到审计者。审计者收到证据后，通过判断等式 $e(T,pk) = e(\Pi_{0<i<c}\ h(a_i||v)^{bi}\cdot u^M,g)$ 是否成立来对数据完整性进行验证。若等式成立，则验证通过；否则不通过。

另外，Ateniese等在文献[49]中提出在随机预言模型(Random Oracle Model)下使用任何具有同态属性的鉴定协议(Identification Protocol)构造公钥同态线性认证器(Homomorphic Linear Authenticator，HLA)的通用机制，并表明怎样将任何公钥HLA转化为公开可验证的存储证明方案(Proofs of Storage，PoS)，使通信复杂度与文件长度无关，并且支持无限次验证。但是该方案也是基于公钥密码技术，所以计算开销比较大。在文献[17]中，他们提出基于对称密码技术构造PDP方案。该方案在初始化的时候，由用户设定要挑战的次数和内容，将响应作为元数据存放在用户端，因此更新次数和挑战次数都是有限的。而且它只支持append-类型的插入，也不支持公开验证。Chen等[50]利用代数签名的同态性和高效性提出一个高效的基于代数签名的数据持有性方案。

在公开可验证的完整性审计方案中，由于TPA的引入，如何保护用户隐私在审计过程中不被泄露成为一个需要重点解决的问题。虽然上述基于同态认证技术的审计方案中，TPA没有直接接触用户数据，但从理论上讲TPA完全有可能通过求解线性方程组的方式从其收到的数据块聚合值中分析出用户原始数据的相关信息，从而使得用户隐私存在被泄露的风险。为应对这一挑战，Wang等[14-15]提出将随机掩码植入到数据块聚合值中以防止TPA的逆向解析。具体来说，云服务器植入随机掩码的过程可表述为：$M'=M+rH(u^r)$，其中 u 为事先协商好的全局参量(Global Parameter)，$H(x)$ 为哈希函数。随后，云服务器将$\{M',r\}$作为审计信息发送给TPA。随机掩码的引入不会影响数据完整性的验证，但TPA已无法通过求解线性方程组的方式获知任何的数据信息。此种保护用户隐私的机制也在其后的审计方案[16~18]中得到了广泛的应用。

在公开审计中，TPA经常同时收到来自多个用户的审计请求。若TPA将任务进行排队再逐一审计，其效率显然是不高的。因此，审计过程中常采用批量审计的方式[16,21]，即利用同态标签的可聚合特性，将不同审计请求产生的审计证据聚合后再一次性完成验证。在

基于BLS算法的审计方案中,对于存储在云端的 w 个不同用户的 w 个文件而言,批量审计构造过程可描述如下。在数据预处理阶段,w 个用户分别产生他们的密钥 $\{SK_i=(sk_i), PK_i=(u_i,g_i,pk_i)|0<i<w\}$ 后,将文件分块并计算每个数据块的BLS标签,随后用户将所有数据块 $F=\{m_{ij}|0<i<w,0<j<n\}$(n 为数据块数目)、数据块对应标签 $\Omega=\{\sigma_{ij}|0<i<w,0<j<n\}$ 一同存储于云服务器。在挑战阶段,TPA同时收到来自 w 个用户的审计请求,即 $R=\{req_i|0<i<w\}$,并依照前文所述,生成挑战信息 $\text{chall}=\{(a_i,b_i)|0<i<c\}$,同时发送给存储了 w 个文件的云服务器。云服务器对所有返回的数据块和标签信息 $\{(\sigma_{ij}, m_{ij})|0<i<w,0<j<c\}$ 分别计算标签证据 $\Phi=\Pi_{0<i<w}(\Pi_{0<j<c}\sigma_{i,aj}^{bj})$ 和数据块证据 $M_i=\Sigma_{0<j<c}b_j m_{i,aj}(0<i<w)$,并将证据信息 $(\Phi,\{M_i|0<i<w\})$ 发送到TPA。TPA收到证据信息后,判断等式 $e(\Phi,g)=\Pi_{0<i<w}e(\Pi_{0<j<c}h(v||j)^{bj}u^{Mi},pk)$ 是否成立;若成立则审计通过,反之不通过。

从上述过程不难看出,较之逐一审计的方式,批量审计有如下优势:其一,所有标签信息在传递给TPA之前就被聚合,有效地减少了通信开销;其二,由于审计证据是聚合后再一次性验证,减少了TPA做双线性映射运算的次数。简言之,批量审计不仅可有效提高TPA的审计效率,同时可减少云服务器与TPA间的通信开销。然而,值得注意的是,在批量审计中,只有当所有用户数据均正确且完整时,“打包”处理的高效性才能体现。而一旦有数据出错,审计将无法通过,此时定位出错数据将成为需要解决的一个新问题[51]。当然,最直接的解决措施是对各数据块逐一进行审计以找出错误。但该方式的处理效率显然是不高的。因此,如何快速定位出错数据仍是有待解决的重要问题。

此外,在云存储应用中,用户通常会要求采用多副本备份的方式提高其数据的可靠性[19]。不同于前述方案,多副本数据的审计既需要保证各副本的完整性,还需保证副本数目的正确性。由于所有副本数据的内容是一致的,如果用户将其直接存储在云端,不诚信的云服务器只需持有少量甚至单个正确的副本即可通过审计。因此,在数据初始化阶段,需对多副本数据进行差别化处理。

Curtmola等[19]通过改进基于RSA签名的审计方案第一次提出多副本PDP(Multiple-Replica PDP,MR-PDP)方案,允许用户通过挑战应答协议验证服务器存储文件 t 个副本:每个副本是可用的、使用 t 倍的存储空间存储数据的 t 个副本。MR-PDP扩展了文献[18]的单副本的情况,还可以增加新的副本,而不需要对文件进行预处理。该方案的构造过程如下:在数据预处理阶段,用户密钥和数据块对应标签的生成方式与前述基于RSA签名的审计方案相同。但为实现多副本数据的差别化,用户先使用私钥 sk 将文件加密成 $F'=\{m_i'|0<i<n\}$,然后利用随机掩码为之生成多个不同的副本数据块,即 $F_i'=\{b_{ij}|0<i<w,0<j<n\}$,$b_{ij}=m_i'+r_{ij}$,其中 w 为副本数目,n 为数据块数目,r_{ij} 为随机数生成函数和用户私钥共同作用生成的随机掩码。在挑战阶段,审计者依次验证每一个副本的完整性。其挑战chall生成和证据 (T,M) 生成过程均与上述基于RSA签名的审计方案一致。所不同的是,由于引入了随机掩码,审计者收到证据后需要先对标签聚合值进行处理:$T=T\cdot g^{r_{\text{chall}}}$,$r_{\text{chall}}=\Sigma_{0<i<c}r_{ai}$,再做验证。该方案初步解决了多副本数据审计的问题,但仍存在如下不足:其

一，审计阶段所要用到的信息 r_{chall} 是用户密钥生成的掩码累加值，因而审计工作不能交由除用户外的其他实体完成，即不支持公开审计；其二，对于多个副本文件需逐一审计，其效率显然是不高的。

随后，Barsoum 等[24]提出了一种基于 BLS 签名的多副本公开审计方案。该方案通过加密的方式实现副本数据的差别化，并采用类似批量审计的方式通过单次交互即可验证多副本数据的持有性。在数据预处理阶段，用户需要为给定文件 F 生成指定个数副本 $\{F'_i|0<i<w\}$，其中每个副本由用户将 F 与其副本序号拼接并加密得到，即 $F'_i=E_{sk}(F||i)$，i 为副本序列号，sk 为用户私钥，E 为加密算法。此处私钥生成、标签生成等过程与前述 BLS-PA 相同。在挑战阶段，挑战信息将发送到所有存储有副本的服务器；云服务器将所有副本的数据块与标签分别聚合，其过程为：$\Phi=\Pi_{0<i<w}(\Pi_{0<j<c}\sigma_{i,aj}^{bj})$，$M_i=\Sigma_{0<j<c}b_j m_{i,aj}$ $(0<i<w)$，其中 $m_{i,aj}$ 表示第 i 个副本的第 a_i 个数据块，其他变量与前述 BLS-PA 一致。云服务器最后将 $(\Phi,\{M_i|0<i<w\})$ 作为审计证据发送给 TPA。TPA 收到审计信息后，通过判断等式 $e(\Phi,g)=e((\Pi_{0<j<c}h(v||j)^{bj})^w,pk)$ 是否成立对多副本持有性进行验证。若成立则审计通过，否则不通过。与前述 MR-PDP 方案[21]相比，该方案具有如下优势：审计过程无需用户参与，从而可支持公开审计；审计过程通过 TPA 与云服务器的一次交互即完成，相较于 MR-PDP 的逐一审计，有效地降低了通信开销和计算开销。然而，该方案中实现副本区别化的加密方式开销较大，特别是对于频繁更新的动态数据，反复地加密、解密显然不是一个理想的选择。而且，上述两种方案均不支持动态多副本数据的审计。此外，与批量审计类似，当所有副本数据都正确且完整的，现有方案所采用的“先聚合证据再审计”策略能显著提高审计效率，而一旦有副本出错，如何快速定位出错副本将成为一个新的值得深入研究的重要问题[24]。付等人[52]提出了一种多副本文件的完整性验证方案，与以往的多副本数据完整性验证方案不同，该方案能够验证所有副本文件的完整性。

清华大学的舒继武教授等人提出的数据持有性检查（Data Possession Checking，DPC）[53]是国内第一篇关于数据持有性证明的论文。方案的基本思想是在一次挑战中，检查者指定文件中 c 个随机位置的数据块和一个密钥 k_2，服务器根据这些数据块和密钥 k_2 由单向 Hash 函数 $h(\cdot)$ 计算出一个 Hash 值，并和一个与之对应的校验块一起返回给检查者，检查者检查 Hash 值和校验块是否匹配以确定应答是否有效。为了避免检查者为每个挑战记住 c 个随机位置和密钥，每次挑战的位置由伪随机置换 $g(\cdot)$ 根据一个密钥 k_1 生成，并且第 j 次挑战的 k_1 和 k_2 可由第 $j-1$ 次挑战的 k_1 和 k_2 得到，这样检查者只需为每个文件记住两个密钥即可。同时，他们提出一种基于校验块循环队列的挑战更新机制，通过更新挑战允许动态增加检查者可发起的有效挑战的次数。测试结果表明，检查者端的存储开销与检查者和服务器间的通信开销均为常数量级，如一次置信度为 99.4% 的持有性检查的计算开销为 1.8ms，与磁盘 I/O 开销相比可以忽略不计。方案通过避免使用公钥密码系统，将文件预处理的计算开销降低了 3 个数量级。但是他们没有提供安全性证明。

云存储环境中存在大量的需频繁更新（需进行增加、删除和修改操作）的数据，称之为动态数据。传统的基于静态数据（或称归档数据）的审计方案不能直接应用此类数据，其原因

主要是：传统审计方案中数据块标签的计算过程 $\sigma=(h(i||v)g^{mi})^{sk}$ 涉及数据块的序号值 i，而对于数据块的增删操作会引起序号值的变化，并最终导致相关数据块标签需要重新生成，从而给用户带来较大的额外开销；频繁更新操作使得数据块的版本信息不断变化，审计过程不但要验证数据的完整性，还需确保数据的新鲜度(即最新版本)。鉴于此，需设计支持数据动态性的云数据持有性审计方案[17,20,26-30]。

布朗大学(Brown University)的 Erway 等人提出两种动态数据持有性证明方案(Dynamic PDP，DPDP)[20]实现数据更新。一种使用基于等级的鉴别跳表(Rank-based Authenticated Skip Lists)，一种基于 RSA 树结构。其主要工作是实现动态性，即实现插入操作。整个方案仍然是基于 RSA 的模指运算。随后，Wang 等人[26]提出了一种基于 MHT(Merkle Hash Tree)的动态数据公开审计方案(MHT-PA)。为进一步提高动态数据的审计和更新效率，Zhu 等人[17]提出了一种基于 IHT(Index Hash Table)的审计方案(IHT-PA)。

美国伊利诺理工大学(Illinois Institute of Technology)的 Wang 和美国伍斯特理工学院(Worcester Polytechnic Institute)的 Lou 在文献[54]中第一次在云计算环境下考虑数据存储的安全性，他们提出的方案可以定位发生错误的服务器，并实现了部分数据更新操作。在接下来的工作[55]中，他们提出结合基于 BLS 的同态鉴别器和 MHT，支持公开验证和数据更新。在文献[14]中，他们考虑的是引入一个第三方的审计者，结合随机掩码技术实现隐私保护，不向第三方审计者泄露信息。但是他们的数据持有性证明方案都是基于公钥密码技术，且没有考虑相关数据恢复技术。

Wang 等[56]提出一个多云环境下的基于身份 ID 的无证书的云端数据完整性验证方案。Liu 等[57]提出一个大数据环境下的动态的支持公开审计的 PDP 方案，该方案实现了一种高效的可验证的细粒度更新机制。

以上都是数据持有性证明的方案，这些方案考虑到各种需求，比如动态更新、多副本数据等，同时为了提高检测效率，提出公开审计与批量审计，但所有这些方案都没有考虑到检测到错误后，如何进行数据恢复的问题。

2. POR 方案

RSA 实验室的 Juels 和 EMC 公司的 Kaliski 第一次提出 POR 的概念[4]，并提出基于“哨兵”(Sentinel)的 POR 方案。其基本思想是首先将文件加密并使用纠错码编码，在编码后的文件中随机插入和文件数据不可区分的“哨兵”；检查者在挑战时要求服务器返回在这些随机位置的“哨兵”。他们证明只要服务器以大于一定值的概率做出有效应答，则文件是可恢复的。因为每挑战一次就消耗一个岗哨，并且没有挑战更新机制，因此只能进行有限次的挑战。因为编码及增加的“哨兵”导致文件的膨胀率达到 15%。

美国加州大学圣地亚哥分校的 Shacham 和得克萨斯大学奥斯汀分校的 Waters 在文献[6]中提出的两个方案也是使用同态标签：一个方案基于伪随机函数，不支持公开验证；另一个方案基于 BLS 签名[58]，支持公开验证。他们使用纠删码编码，但是没有考虑数据更新问题。

在文献[59]中，Dodis 等人第一次提出 POR 码，并对其进行形式化及理论分析工作，给出了几个将 POR 码转换为 POR 方案的方法。他们提出在安全性与其他参数(如使用次数、挑战位置和服务器存储开销等)之间进行权衡的方案,但文中没有特别考虑通信开销及计算开销,也没有考虑数据更新问题。

RSA 实验室的 Bowers 等人在文献[60]中提出一个设计 POR 的理论框架,用于改进已有方案的 POR 构造,实现更低的存储开销和更高的检错率。他们指出关于文件更新及公开验证仍然是未解决的公开问题。

Curtmola 等人将前向纠错码(Forward Error Correcting Codes,简记 FEC)集成到 PDP 方案中[61],是因为考虑到不同的 FEC 编码具有不同的性能、灵活性、可配置性、纠错码效率和数据输出格式等。他们认为 RS 编码效率太低,所以将原始文件交换位置,从中选择一部分进行 RS 编码,从而提高编码效率;而且攻击者不知道冗余码是从哪些块计算得到的,可以提高安全性。但是,他们提出的方案需为每个块独立生成 MAC,显然会带来很大的存储开销。

RSA 实验室的 Bowers 等人在文献[62]中提出的 HAIL 方案可在多个存储服务提供者的云服务器存放数据副本,然后使用 POR 方案检测数据是否被破坏。当检测到某一服务提供者的数据被破坏时,可以利用其他服务器的数据进行恢复。作者提出将 MAC 码嵌入奇偶校验块中。首先 HAIL 使用分散码(Dispersal Code)将文件块分散到不同服务器上,因为 MAC 和奇偶校验块都可以基于 UHFs (Universal Hash Functions),作者提出结合 PRFs、ECCs 及 UHFs 的可以保证完整性的纠错码 IP-ECC。文中对攻击模型有一个重要的约束条件:在一个给定的时间段,只能控制 n 个服务器中的 b 个,这样的一个时间段叫作 epoch,那么过了 n/b 个 epoch,数据可能都被破坏。HAIL 方案保护静态数据的完整性,不能进行数据更新,也不能进行公开验证。

从以上方案的构造可知,POR 方案通常是在 PDP 方案的基础上加入纠错/纠删码来实现数据的可恢复性,但如何将纠错/纠删码与已有的 PDP 方案高效地结合在一起,也是一个需要研究的问题。

3. 其他方案

美国圣塔克莱拉大学(Santa Clara University)的 Schwarz 和美国加州大学圣克鲁兹分校(UCSC)的 Miller 在文献[63]中提出使用线性纠删码将数据编码,使用代数签名(algebraic signature)对块计算指纹。因为代数签名具同态属性,而且 ECC 是线性码,所以只要在相同的域上计算签名和奇偶校验,就可以使用数据的签名计算得到唯一的奇偶校验的代数签名。他们考虑的是 P2P 的环境下,将数据编码后分条存放在 Internet 上的普通机器上,没有给出方案的安全性证明。

HP 实验室的 Lillibridge 等人在文献[64]中提出利用 Internet 的普通机器实现 P2P 备份系统。每个计算机有一个伙伴集,并且由一个简单的中心服务器来寻找伙伴。每个计算机周期地向中心服务器更新它的身份及需要的伙伴,中心服务器向它提供侯选伙伴集,该计算机再联系这些伙伴。为保证机密性,数据发送给伙伴机器前使用对称密码技术加密,并且使用 Reed-Solomon 纠错码在伙伴机器间进行冗余纠错。数据拥有者可以向伙伴机器发起挑战，判断该伙伴是否完整保存数据。类似于 PDP 方案，验证时使用 MAC 码，额外的存储开销比较大。

HP 实验室的 Shah 等人在文献[65]中提出了基于数据委托的方案。基于加密文件的 MAC，第三方审计者通过挑战应答验证存储服务提供者持有一个加密的文件。因为挑战是预计算的，只能进行有限次的验证，元数据也随挑战次数线性增长；并且方案只能用于加密的文件，要求审计者维护长期的状态信息。在文献[66]中他们提出了具有隐私保护特性的方案，即不向第三方泄露任何信息。该方案也只能用于加密的文件，也要对整个文件计算 MAC 以及使用 MAC 验证数据持有性，有较大的计算和存储开销，且没有考虑数据更新问题及相关数据恢复技术。

美国布朗大学(Brown University)的 Heitzmann 等人在文献[67]中提出验证服务器响应的数据与用户执行的更新是否一致。该方案不同于 PDP 方案，其目标不在于检测到数据破坏，而是验证服务器响应的数据与 Client 执行的更新一致，因此响应数据只被用于验证完整性，并且只在请求文件的时候才执行。方案使用鉴别跳表维护认证信息，支持简单、快速的更新。他们实现了一个在 Amazon S3 上的原型系统，用户只需存放一个 Hash 值，存储开销为 O(1)，服务器的计算开销是 $O(\log(n))$。

Sebe 等人在文献[68]中提出的方案基于 Diffie-Hellman 问题，要求用户为每个块存放 N 位 RSA 模位数，因此其存储开销随着数据块数线性增长，并且协议要求服务器访问整个文件。新加坡国立大学(National University of Singapore)的 Chang 和 Xu 在文献[69]中提出 Remote Integrity Check (RIC)，RIC 方案结合文献[46]中基于 RSA 的方案和文献[70]中基于 ECC 的鉴定器，它不是 POR 系统，但是所有在 RIC 下证明安全的方案也可用于 POR 系统。RIC 的目标在于只需要验证者存放少量的额外信息就可以定期地检测远程服务是否保存了一个大文件。但是他们的方案也继承了文献[46]和[70]中方案的缺陷，基于公钥密码技术，并且要求对整个文件取幂，计算开销很大。在文献[71]中，Yamamoto 等人也提出使用基于 RSA 的同态 Hash 函数进行数据持有性验证，同时还提出使用批验证提高效率。

另外，与 PDP 相关的是存储复杂度的概念。它表明服务器保存的是与 Client 数据量相等的信息，而不一定存放的是原始文件。Golle 等人在文献[72]中第一次提出执行存储复杂度，他们提出一个基于 Diffie-Hellman 假设的方案，使证明者表明其至少使用了大小为 $|F|$ 的存储空间，但证明者没有直接证明存放了文件 F，只是证明已经分配了足够的资源来做这些事情。

PDP 也是一种形式的内存检测[70,73]。Blum 等人在文献[73]中第一次提出验证文件完整性而不需要整个文件数据的问题，他们探究了如何高效地检测内存管理程序的正确性。随后，一些研究者开始探究在一定范围与环境下动态的内存检测问题。如文献[74]考虑只使用少量状态信息验证可信实体的问题，如可信计算模块，用来验证不可信的、外部的、动态改变的内存的任何块的完整性。他们的构造采用 Merkle Hash 树，对内存内容计算 Hash。而 PDP 和 POR 方案可以看成是静态文件的内存完整性检测。

沈文婷等[75]针对用户用于生成数据签名的私钥可能会因为存储介质的损坏、故障等原因而无法使用的情况，提出了第一个具有私钥可恢复能力的共享数据云存储完整性检测方案。在方案中，当一个群用户的私钥不可用时，可以通过群里的 t 个或者 t 个以上的用户帮助其恢复私钥。同时设计了随机遮掩技术，用于确保参与成员私钥的安全性。用户也可验证被恢复私钥的正确性。

Liu 等人在文献[76]中对云端数据完整性验证方案的研究工作进行了综述，并总结和比较了具有代表性的云端数据完整性验证方案。谭霜等在文献[77]中给出了数据完整性证明机制的协议框架，分析了云存储环境下数据完整性证明所具备的特征；其次，在对各种数据完整性证明机制加以分类的基础上，介绍了各种典型的数据完整性验证机制并进行了对比；最后，指出了云存储中数据完整性验证面临的挑战及发展趋势。

肖达等[78]提出面向真实云存储环境的安全、高效的 PDP 系统 IDPA-MF-PDP。通过基于云存储数据更新模式的多文件持有性证明算法 MF-PDP，显著减少了审计多个文件的开销。通过隐式第三方审计架构和防篡改审计日志，最大限度地减少了对用户在线的需求。用户、云服务器和隐式审计者的三方交互协议，将 MF-PDP 和隐式第三方审计架构结合在一起。理论分析和实验结果表明，IDPA-MF-PDP 具有与单文件 PDP 方案等同的安全性，且审计日志提供了可信的审计结果历史记录，IDPA-MF-PDP 将持有性审计的计算和通信开销由与文件数线性相关减少到接近常数。

王宏远等[79]给出了一种支持数据去重的群组 PDP 方案(GPDP)。基于矩阵计算和伪随机函数，GPDP 可以在支持数据去重的基础上，高效地完成数据持有性证明，并且可以在群组中抵抗恶意方选择成员攻击。他们在标准模型下证明了 GPDP 的安全性，并且在百度云平台上实现了 GPDP 的原型系统。徐光伟等[80]提出一种数据验证结果的检测算法来抵御来自不可信验证结果的伪造欺骗攻击，算法中通过建立完整性验证证据和不可信检测证据的双证据模式来执行交叉验证，通过完整性验证证据来检测数据的完整性，利用不可信检测证据判定数据验证结果的正确性，此外构建检测树来确保验证结果的可靠性。理论分析和模拟结果表明，该算法通过改善有效的验证结果保证了验证结果的可靠性，提高了验证效率。

王惠峰等[81]针对现有的数据完整性审计模型采用固定参数审计所有文件，从而浪费了大量计算资源，导致系统审计效率不高，提出了一种自适应数据持有性证明方法(self-adaptive provable data possession，SA-PDP)。该方法基于文件属性和用户需求动态调整文件的审计方案，使得文件的审计需求和审计方案的执行强度高度匹配。为了增强审计方案更新的灵活性，依据不同的审计需求发起者，设计了 2 种审计方案动态更新算法。主动更新算法保证了审计系统的覆盖率，而被动更新算法能够及时满足文件的审计需求。实验结果表明，相较于传统方法，SA-PDP 的审计总执行时间至少减少了 50%，有效增加了系统审计文件的数量。此外，SA-PDP 方法生成的审计方案的达标率比传统审计方法提高了 30%。

在文献[82]中，田晖等从云数据持有性审计的一般模型和审计系统的设计目标出发，按照实现的审计功能，对近年来的研究成果进行了详细的综述，并对已有研究成果进行对比分析，指出了云数据持有性审计研究中存在的开放问题及发展趋势。关于云存储环境下的数据完整性审计还有一些综述文献，参见[96-100]。

4. 方案比较分析

随着云存储的发展与普及，数据完整性审计方案取得了丰硕的研究成果。综合以上的研究工作，所提出的方案在审计特性或审计功能方面各有侧重，总结如表 7-1 所示[82]。

表 7-1 云数据持有性审计方案的功能比较

审计方案	公开审计	动态数据	批量审计	多副本	可共享性	数据隐私保护	身份隐私保护	安全假设
CPOR[6]	√	×	×	×	×	×	—	RSA
SPDP[7]	×	√	×	×	×	×	—	RSA
PDP[8]	√	×	×	×	×	×	—	RSA
PPDP[9]	√	×	×	×	×	√	—	DLP
CL-PDP[10]	√	×	×	×	×	×	—	DLP
ID-RDP[11]	√	×	×	×	×	×	—	DLP
3P-PDP[14]	√	×	×	×	×	√	—	DLP
DAP[16]	√	√	√	×	×	√	—	DLP
IHT-PA[17]	√	√	—	×	×	√	—	DLP
DHT-PA[18]	√	√	√	×	×	√	—	DLP
MR-PDP[19]	×	×	×	√	×	√	—	RSA
DPDP[20]	×	√	×	×	×	×	—	RSA
BLS-PDP[22]	√	×	×	√	×	√	—	DLP
MF-RDC[23]	√	√	×	√	×	√	—	DLP
DM-DC[24]	√	√	×	√	×	√	—	DLP
2M-PDP[25]	√	×	√	√	×	√	—	DLP
MHT-PA[26]	√	√	√	×	×	√	—	DLP
FU-DPA[27]	√	√	×	×	×	√	—	DLP
DPA-FA[28]	√	√	√	×	×	√	—	DLP
MuR-DPA[29]	√	√	×	√	×	√	—	DLP
TB-PMDDP[30]	√	√	×	√	×	√	—	DLP
3P-ASD[31]	√	×	×	×	√	×	√	DLP
SM-PDP[32]	√	×	×	×	√	×	√	DLP
Panda[33]	√	√	√	×	√	×	×	DLP
Knox[41]	√	×	×	×	√	√	√	DLP
Oruta[42]	√	√	√	×	√	√	√	DLP
PBA-PDP[43]	√	×	√	×	√	√	×	DLP

注："√"表示支持；"×"表示不支持；"—"表示未提及或未涉及；RSA 指 Rivest-Shamir-Adleman，公钥加密系统；DLP 指 Discrete Logarithm Problem，离散对数问题。（来源：文献[82]）

云存储环境中存在大量的需要进行更新操作的数据，因此一系列针对动态数据的完整性审计方案相继被提出。表 7-2[82]列出了几种具有代表性的动态数据完整性审计方案的性能比较。其中 CSP(Cloud Service Provider)表示云服务器，DO(Data Owner)表示数据拥有者，TPA(Third Party Auditor)表示第三方审计者。

表 7-2　动态数据完整性审计方案性能比较

审计方案	通信开销	计算开销				检测率
		验证		更新		
		CSP	审计者	CSP	DO/TPA	
DPDP[20]	$cO(\log n)$	$cO(\log n)$	$cO(\log n)$	$tO(\log n)$	$tO(\log n)$	$1-(1-v)^c$
MHT-PA[26]	$cO(\log n)$	$cO(\log n)$	$cO(\log n)$	$tO(\log n)$	$tO(\log n)$	$1-(1-v)^c$
FU-DPA[27]	$cO(\log n)$	$cO(\log n)$	$cO(\log n)$	$tO(\log n)$	$tO(\log n)$	$1-(1-v)^{c\cdot s}$
DAP[16]	$O(c)$	$O(c)$	$O(c\cdot s)$	$O(t)$	$O(t\cdot n)$	$1-(1-v)^{c\cdot s}$
IHT-PA[17]	$O(c+s)$	$O(c+s)$	$O(c+s)$	$O(t)$	$O(t\cdot n)$	$1-(1-v)^{c\cdot s}$
DHT-PA[18]	$O(c)$	$O(c)$	$O(c\cdot s)$	$O(t)$	$O(t\cdot n)$	$1-(1-v)^c$
MuR-DPA[29]	$cO(\log w\cdot n)$	$cO(\log w\cdot n)$	$cO(\log w\cdot n)$	$tO(\log w\cdot n)$	$tO(\log w\cdot n)$	$1-(1-v)^c$

注：n 为文件的数据块数目；s 为每个数据块的分段数；c 为审计的数据块数目；v 为文件错误率；t 为更新数据块数目。对于错误率为 v 的文件，抽样审计 c 个数据块($c\cdot s$ 个数据段)，至少一个数据块(段)被检测到的概率为 $1-(1-v)^c(1-(1-v)^{c\cdot s})$。(来源：文献[82])

总结已有的研究成果，现有方案仍然存在如下一些缺陷：大部分方案基于公钥密码技术，所以计算开销很大，特别是数据量大的时候。针对大数据应用场景，作者认为应该尽量减少计算开销大的公钥密码算法。上述批量完整性审计方案可以极大地减少计算和通信开销，但一旦有数据出错，定位出错数据将成为需要解决的一个新问题。

随着云计算与云存储技术的发展，对数据完整性审计的要求会越来越高，设计、开发功能丰富、效率高且非常安全的数据完整性审计方法成为迫切需要解决的问题。

7.3　最新完整性审计方案

本节将 2017 年以来的最新成果进行总结性的介绍。

2017 年以来，云存储环境下的数据完整性审计方案又取得了丰硕的研究成果。Yan 等[83]提出一种基于同态 Hash 函数的支持动态数据更新的 PDP 方案，通过引入一个操作记录表(Operation Record Table，ORT)跟踪文件块的操作实现动态数据更新，可以抵抗伪造攻击(Forgery Attack)、替换攻击(Replace Attack)和重放攻击(Replay Attack)。Yu 等[37]提出一种基于 ID 的 PDP 方案，使用密钥同态密码原语(Key-Homomorphic Cryptographic Primitive)来降低系统复杂性和 PKI 体系中建立和管理公钥认证框架的开销。

Wang 等[38]提出一个基于 ID 的审计方案，允许用户授权给一个指定的代理者代表用户上传数据到云存储服务器。比如，公司可以授权员工上传文件到公司的云账号中。代理通过可识别的ID来进行认证和授权，以减少复杂的证书管理。该方案不仅可以审计外包的数据完整性，还可以审计数据来源、类型和文件的一致性。Wang等[84]提出在线/离线PDP模型的形式化，将数据处理阶段分成离线和在线阶段，将大部分开销大的数据处理计算放在离线阶段，在线阶段只处理轻量级的计算。

Yu等[85]提出一个抵抗密钥泄露的云存储审计方案，可以让一个时间段的密钥暴露后，不影响其他时间段的审计。在每个时间段，让第三方审计者(Third Party Auditor，TPA)使用自己的保密密钥生成一条更新消息，然后发送给客户端，客户端基于私钥更新他的签名保密密钥，这样恶意服务器在未暴露密钥的时间段就无法获得该签名保密密钥，从而即使在某个时间段的密钥被泄露，也不会影响其他时间段的数据审计。Shen等[86]提出一个支持公开验证的、批量审计和动态数据更新的方案，该方案提出一个新的由一个双链接信息表(a Doubly Linked Info Table)和一个位置数组(Location Array)组成的动态结构，可以极大地减少计算和通信开销。Lin等[87]提出两个移动云计算环境下的PDP方案，使用Merkle Hash树和BLS短签名，支持动态数据更新。

2018年，Fu等[88]提出一个动态数据的POR方案DIPOR，该方案基于信息分散算法(Information Dispersal Algorithm，IDA)，通过健康服务器上的部分健康数据可以恢复被破坏的数据。He等[89]提出一个基于双线性对的无证书PDP方案，用于基于云计算的智能电网中的数据管理系统。

此外，还有一些只在网络上在线公开发表的研究成果。Tian等[90]指出在云存储环境下进行数据完整性审计的重要性，并提出公开数据审计的架构与需要满足的特征，然后对已有的研究工作给出了一个完备的综述，结合各种审计目标与功能，如隐私保护、动态审计、批审计、多副本审计和共享数据审计，总结存在的问题和以后的发展趋势。针对公共审计下第三方审计者可能造成数据拥有者敏感信息泄露的问题，Fu等[91]提出一种通过构造同态可验证群签名实现隐私感知的公开审计方法，该方法要求至少t个群管理员才能协作恢复密钥，因此降低了单审计者滥用权力的风险。通过设定的二叉树让群组用户可以跟踪数据修改，当数据块被破坏时，可以恢复最新的正确版本。

针对现有的数据审计方案中复杂的密钥管理问题，Li等[36]引入基于ID的模糊审计，用户的ID被认为是一个可以描述的属性集合，使用生物特征作为模糊ID，每个ID绑定一个私钥用于验证其他用户响应数据的正确性。针对大部分的PDP方案基于传统的公钥基础设施(Public Key Infrastructure，PKI)，有比较大的证书管理开销，所以基于ID的密码算法(Identity-based Cryptography，IBC)被用于PDP方案中。但IBC方案存在密钥托管(key escrow)问题，因此，Li等[92]提出使用无证书签名技术来检查群组之间共享数据的完整性。在该方案中，密钥包括两个部分：一部分密钥由群组管理员生成，一部分密钥由用户自己选择。为保证用户公钥的正确性，每个用户的公钥与其唯一ID关联，比如电话号码等，因此，不需要证书并且没有密钥托管问题。所提的方案支持有效的用户撤销。

Rao等[93]提出一个动态数据的审计方案，可以防止不可信服务器和审计者的合谋攻击。该方案基于叶子认证批处理的Merkle哈希树(batch-leaves-authenticated Merkle

Hash Tree)，可以批量验证多个叶子节点和它们的索引。相比于传统的 Merkle 哈希树逐个叶子节点验证，该方法更适用于动态数据更新。在已有的支持用户撤销的 PDP 方案中，用户撤销的计算开销与该用户持有的文件块总数呈线性增长。为了解决这个问题，Zhang 等[94]提出一个基于 ID 的支持用户撤销的 PDP 方案，让用户撤销与用户持有的文件块数无关。该方案使用一种新的密钥生成和私钥更新技术，在撤销用户时，只需要更新非撤销群组用户的私钥。Nayak 等[95]提出一个支持隐私保护的 PDP 方案，该方案支持多数据拥有者、动态数据更新和批量验证。

7.4 未来发展方向

自从第一个远程数据的完整性审计方案提出以来，经历了十几年的发展，同时伴随着云存储技术的快速发展，云存储环境下的数据完整性审计得到了充分的重视，并取得了丰硕的研究成果。但是，随着云存储技术的进一步发展和研究工作的不断深入，将来云存储环境下的数据完整性审计研究工作仍然面临一些新的挑战和有待进一步探索的问题[82]。

1. 公开验证时密钥管理与第三方审计者的信任问题

考虑到外包数据的大容量和用户端有限的计算资源，用户通常可能无法承担繁琐的验证工作，需要将审计工作委托给可信第三方审计者(Third Party Auditor，TPA)执行。但是每当 TPA 要执行审计任务时，都需要与数字证书认证机构(Certificate Authority，CA)通信以完成对用户身份的认证。当用户数量很大时，TPA 需要管理大量的与用户认证相关的密钥，造成很大的密钥管理开销。因此，自 2017 年以来的最新方案中，有不少针对密钥管理问题提出的方案，采用基于 ID 的身份密码技术结合无证书认证，来简化大量用户带来的密钥管理。

另外，引入第三方审计者，认为该可信第三方会提供可靠的验证结果，却忽略了在实际的云存储环境中是否能够找到这样一个可信实体的问题。在实际的开放的云存储环境中，并不存在绝对可靠的数据验证者，他们可能因为利益或其他原因给数据验证结果的准确性和可靠性带来威胁。这样在需求与现实之间存在矛盾，怎样解决这样的信任问题也是需要探索的问题。

2. 细粒度的动态数据完整性审计

数据更新操作主要包括数据的修改、插入、添加、删除。动态数据更新对于存储服务是一项非常重要的特征，它将决定用户是否选择使用该服务。现有的动态数据审计方案都是以数据块为更新粒度，即所有的增加、删除操作都必须以数据块为最小单位。在实际应用中，存在许多频繁而数据量很小的更新。如果对分块大小为 1MB 的文件做 n 次数据增加操作，每次操作所增加数据大小均为 1KB，但由于以数据块为最小更新粒度，增加 n KB 的数据将需要插入 n MB 的数据，这显然是极其低效的。因此，未来还需进一步研究支持细粒度更新的数据完整性审计方案。

3. 多副本/批量审计中错误定位问题

针对多个用户审计请求和多个副本进行批量审计操作是提高审计效率的有效方式。然而，此种操作方式的优势仅在所有用户数据或多副本数据都正确且完整的情况下才能体现，而一旦审计不通过，即存在用户数据或副本数据出错时，这种操作方式将无法定位出错的用户文件或副本文件。当然，转而对各用户的请求或多副本文件逐一进行审计，是最简单和直接的方式，但是其效率显然是相当低下的。此外，文献[24]中曾设想通过"二分查找"的方式进行定位，虽未实现，但是不难想见该方式的查找过程中将涉及大量审计信息的多次聚合和验证操作，仍会给云服务器和 TPA 带来较大的通信和计算开销。因此，如何快速、准确地定位出错的用户文件(或副本文件)仍是批量审计(多副本审计)中一个尚待解决的开放问题。

4. 高效的多媒体数据审计

图像、音频与视频等多媒体数据占用空间较大，是被上传至云服务器的常见数据类型之一。由于此类数据在生成后一般不作修改，可以看作是静态数据。因为此类多媒体数据量大，如果采用现有的静态数据的完整性审计方法，需要生成大量的同态标签，将有大量的计算开销，因此并不是最有效的方法。针对多媒体数据的特征，可以利用可逆透明水印来实现高效审计。通过将水印嵌入图像、音频或视频中作为审计证据，代替现有的基于同态标签技术的审计方案，解决标签计算量、存储量过大的问题。当然，在不影响数据完整性的前提下，如何提取作为审计证据嵌入的水印并进行高效的验证是需要深入研究的重要问题。

5. 在新型计算体系下设计更安全的审计方案

在量子计算模型下，大数分解、离散对数等计算难题都能在亚指数时间复杂度内完成，使得基于这些困难问题的安全模型将不再安全。因此，在云存储环境下构造新型计算体系下安全的数据完整性审计方法是面临的一个严峻问题。

6. 完整性审计方案效率与扩展性

云存储服务中高效且安全的数据完整性审计与恢复方案的设计，一方面要提高数据审计的计算、通信、存储效率；另一方面要提高检测效率，以高概率和高精度检测到错误并实现数据恢复。同时，也要提供服务质量保证。一方面要提供不同质量的服务；另一方面要让用户可以利用性能跟踪工具以及多副本协议等来评价服务提供者的质量，以达到服务器声称的性能及质量。比如，声称数据带宽为 100KB/s，就应该达到 100KB/s；如果声称是 t 份副本，则确实拥有 t 份副本。

7.5 本章小结

本章首先对云存储环境下数据完整性审计进行概述，从问题的起源、完整性审计方案分类和审计目标讲起，然后介绍数据审计的发展现状，进一步详细介绍了最新的完整性审计方案，最后总结以上工作，提出完整性审计的未来发展方向。

参考文献

[1] 李国杰. 大数据研究的科学价值[J]. 中国计算机学会通讯,2012,8(9): 8-15.

[2] 罗军舟,金嘉晖,宋爱波,等. 云计算: 体系架构与关键技术[J]. 通信学报,2011,32(7): 3-21.

[3] Thomas Ristenpart,Eran Tromer,Hovav Shacham,et al. Hey,You,Get off of My Cloud: Exploring Information Leakage in Third-Party Compute Clouds [C]. In Proc. of the 16th ACM Conference on Computer and Communications Security (CCS '09),New York,NY,USA,2009: 199-212.

[4] Juels A,Kaliski J R B S. PoRs: Proofs of Retrievability for Large Files[C]. In Proc. of the 14th ACM Conference Computer and Communications Security (CCS '07),2007: 584-597.

[5] Sebé F,Domingo-Ferrer J,Martínez-Ballesté A,et al. Efficient Remote Data Possession Checking in Critical Information Infrastructures [J]. IEEE Transactions on Knowledge and Data Engeering,2008, 20(8): 1034-1038.

[6] Shacham H,Waters B. Compact Proofs of Retrievability [C]. In Proc. of the 14th Theory and Application of Cryptology and Information Security: Advances in Cryptology (ASIACRYPT '08), 2008: 90-107.

[7] Ateniese G,Pietro R D,Mancini L V,et al. Scalable and Efficient Provable Data Possession [C]. In Proc. of the 4th International Conference on Security and Privacy in Communication Networks (SecureComm '08),2008: 1-10.

[8] Giuseppe Ateniese,Randal Burns,Reza Curtmola,et al. Provable Data Possession at Untrusted Stores [C]. In Proc. of the 14th ACM Conference on Computer and Communications Security (CCS '07), New York,NY,USA,2007: 598-609.

[9] Hong Wang. Proxy Provable Data Possession in Public Clouds [J]. IEEE Transactions on Services Computing,2013,6(4): 551-559.

[10] Wang B,Li B,Li H,et al. Certificateless Public Auditing for Data Integrity in the Cloud [C]. In Proc. of the IEEE Conference on Communications and Network Security,2013: 136-144.

[11] Wang H,Wu Q,Qin B,et al. Identity-based Remote Data Possession Checking in Public Clouds [J]. IET Information Security,2014,8(2): 114-121.

[12] Yu J,Ren K,Wang C,et al. Enabling Cloud Storage Auditing with Key-Exposure Resistance [J]. IEEE Transactions on Information Forensics and Security,2015,10(6): 1167-1180.

[13] Liu C,Rajiv R,Zhang X,et al. Public Auditing for Big Data Storage in Cloud Computing: A Survey [C]. In Proc. of the 16th IEEE International Conference on Computational Science and Engineering, 2013: 1128-1135.

[14] Wang C,Wang Q,Ren K,et al. Privacy-preserving Public Auditing for Data Storage Security in Cloud Computing [C]. In Proc. of the 29th IEEE International Conference on Computer Communications (INFOCOM 2010),San Diego,CA,USA,2010: 1-9.

[15] Wang C,Chow S,Wang Q,et al. Privacy-Preserving Public Auditing for Secure Cloud Storage [J]. IEEE Transactions on Computers,2013,62(2): 362-375.

[16] Yang K,Jia X. An Efficient and Secure Dynamic Auditing Protocol for Data Storage in Cloud Computing [J]. IEEE Transactions on Parallel and Distributed Systems. 2013,24(9): 1717-1726.

[17] Zhu Y,Ahn G J,Hu H,et al. Dynamic Audit Services for Outsourced Storage in Clouds [J]. IEEE

Transactions on Services Computing, 2013, 6(2): 227-238.

[18] Hui Tian, Yuxiang Chen, Chin-Chen Chang, et al. Dynamic-Hash-Table Based Public Auditing for Secure Cloud Storage [J]. IEEE Transactions on Services Computing, 2017, 10(5): 701-714.

[19] Curtmola R, Khan O, Burns R C, et al. MR-PDP: Multiple-Replica Provable Data Possession [C]. In Proc. of the 28th IEEE International Conference on Distributed Computing Systems, 2008: 411-420.

[20] Erway C C, Küpçü A, Papamanthou C, et al. Dynamic Provable Data Possession [C]. In Proc. of the 16th ACM Conference Computer and Communications Security, 2009: 213-222.

[21] Zhu Y, Hu H, Ahn G J, et al. Cooperative Provable Data Possession for Integrity Verification in Multi-Cloud Storage [J]. IEEE Transactions on Parallel and Distributed Systems, 2012, 23(12): 2231-2244.

[22] Hao Z, Yu N. A Multiple-Replica Remote Data Possession Checking Protocol with Public Verifiability [C]. In Proc. of the 2nd IEEE International Symposium on Data, Privacy and E-Commerce, 2010: 84-89.

[23] Xiao D, Yang Y, Yao W, et al. Multiple-File Remote Data Checking for Cloud Storage [J]. Computers & Security, 2012, 31(2): 192-205.

[24] Barsoum A F, Hasan M A. On Verifying Dynamic Multiple Data Copies over Cloud Servers[DB/OL]. Cryptology ePrint Archive: Report 2011/447, 2011 [2018-10-15]. https://eprint.iacr.org/2011/447.

[25] Chen H, Lin B, Yang Y, et al. Public Batch Auditing for 2M-PDP Based on BLS in Cloud Storage [J]. Journal of Cryptologic Research, 2014, 1(4): 368-378.

[26] Wang Q, Wang C, Ren K, et al. Enabling Public Auditability and Data Dynamics for Storage Security in Cloud Computing [J]. IEEE Transactions on Parallel and Distributed Systems, 2011, 22(5): 847-859.

[27] Liu C, J Chen, L T Yang, et al. Authorized Public Auditing of Dynamic Big Data Storage on Cloud with Efficient Verifiable Fine-Grained Updates [J]. IEEE Transactions on Parallel and Distributed Systems, 2014, 25(9): 2234-2244.

[28] Jin H, Jiang H, Zhou K. Dynamic and Public Auditing with Fair Arbitration for Cloud Data [J]. IEEE Transactions on Cloud Computing, 2018, 6(3): 680-693.

[29] Liu C, Rajiv R, Yang C, et al. MuR-DPA: Top-down Leveled Multi-Replica Merkle Hash Tree Based Secure Public Auditing for Dynamic Big Data Storage on Cloud [J]. IEEE Transactions on Computers, 2015, 64(9): 2609-2622.

[30] Barsoum A F, Hasan M A. Provable Multicopy Dynamic Data Possession in Cloud Computing Systems [J]. IEEE Transactions on Information Forensics & Security, 2015, 10(3): 485-496.

[31] Wang Bo-yang, Li Hui, Li Ming. Privacy-Preserving Public Auditing for Shared Cloud Data Supporting Group Dynamics [C]. In Proc. of the IEEE International Conference Communication, 2013: 539-543.

[32] Wang B, Chow S, Li M, et al. Storing Shared Data on the Cloud via Security-Mediator [C]. In Proc. of the 33rd IEEE International Conference on Distributed Computing Systems, 2013: 124-133.

[33] Wang B, Li B, Li H. Panda: Public Auditing for Shared Data with Efficient User Revocation in the Cloud [J]. IEEE Transactions on Services Computing, 2015, 8(1): 92-106.

[34] Zhang J, Dong Q. Efficient ID-based Public Auditing for the Outsourced Data in Cloud Storage [J].

Information Sciences, 2016, 343: 1-14.

[35] Wang H, He D, Tang S. Identity-Based Proxy-Oriented Data Uploading and Remote Data Integrity Checking in Public Cloud [J]. IEEE Transactions on Information Forensics and Security, 2016, 11 (6): 1165-1176.

[36] Yannan Li, Yong Yu, Geyong Min, et al. Fuzzy Identity-Based Data Integrity Auditing for Reliable Cloud Storage Systems [J]. IEEE Transactions on Dependable and Secure Computing, DOI: 10.1109/TDSC. 2017. 2662216.

[37] Yong Yu, Man Ho Au, Giuseppe Ateniese, et al. Identity-Based Remote Data Integrity Checking With Perfect Data Privacy Preserving for Cloud Storage [J]. IEEE Transactions on Information Forensics and Security, 2017, 12(4): 767-778.

[38] Yujue Wang, Qianhong Wu, Bo Qin, et al. Identity-Based Data Outsourcing with Comprehensive Auditing in Clouds [J]. IEEE Transactions on Information Forensics and Security, 2017, 12(4): 940-952.

[39] Zhang Y, Xu C, Liang X, et al. Efficient Public Verification of Data Integrity for Cloud Storage Systems from Indistinguishability Obfuscation [J]. IEEE Transactions on Information Forensics & Security, 2017, 12(3): 676-688.

[40] Garg N, Bawa S. RITS-MHT: Relative Indexed and Time Stamped Merkle Hash Tree Based Data Auditing Protocol for Cloud Computing [J]. Journal of Network and Computer Applications, 2017, 84: 1-13.

[41] Wang B, Li B, Li H. Knox: Privacy-Preserving Auditing for Shared Data with Large Groups in the Cloud[C]. In Proc. of the 10th International Conference on Applied Cryptography and Network Security, 2012: 507-525.

[42] Wang B, Li B, Li H. Oruta: Privacy-Preserving Public Auditing for Shared Data in the Cloud [J]. IEEE Transactions on Cloud Computing, 2014, 2(1): 43-56.

[43] Yu Y, Li Y. Public Integrity Auditing for Dynamic Data Sharing with Multiuser Modification [J]. IEEE Transactions on Information Forensics & Security, 2015, 10(8): 1717-1726.

[44] Luo Y. Efficient Integrity Auditing for Shared Data in the Cloud with Secure User Revocation [C]. In Proc. of the IEEE Trustcom /BigDataSE/ISPA, 2015: 434-442.

[45] Deswarte Y, Quisquater J J, Saidane A. Remote Integrity Checking [C]. In Proc. of the IICIS '03, 2003: 1-11.

[46] Filho D L G, Baretto P S L M. Demonstrating Data Possession and Uncheatable Data Transfer [DB/OL]. Cryptology ePrint Archive: Report 2006/150, 2006 [2018-10-15]. http://eprint. iacr. org/2006/150.

[47] Sebé F, Domingo J F, Martinez A B, et al. Efficient Remote Data Possession Checking in Critical Information Infrastructures [J]. IEEE Transactions on Knowledge and Data Engineering, 2007: 1034-1038.

[48] Johnson R, Molnar D, Song D, et al. Homomorphic Signature Schemes [C]. In Proc. of the Cryptographers' Track at the RSA Conference, 2002: 244-262.

[49] Ateniese G, Kamara S, Katz J. Proofs of Storage from Homomorphic Identification Protocols [C]. In Proc. of the ASIACRYPT '09, 2009: 319-333.

[50] Lanxiang Chen. Using Algebraic Signatures to Check Data Possession in Cloud Storage [J]. Future Generation Computer Systems, 2013, 29 (7): 1709-1715.

[51] Wang Cong,Ren Kui,Lou Wen-jing,et al. Toward Publicly Auditable Secure Cloud Data Storage Services [J]. IEEE Network,2010,24(4):19-24.

[52] 付艳艳,张敏,陈开渠,等. 面向云存储的多副本文件完整性验证方案[J]. 计算机研究与发展,2014,51(7):1410-1416.

[53] 肖达,舒继武,陈康,等. 一个网络归档存储中实用的数据持有性检查方案[J]. 计算机研究与发展,2009,46(10):1660-1668.

[54] Wang C,Wang Q,Ren K,et al. Ensuring Data Storage Security in Cloud Computing [C]. In Proc. of the IWQoS '09,2009:1-9.

[55] Wang Q,Wang C,Li J,et al. Enabling Public Verifiability and Data Dynamics for Storage Security in Cloud Computing [C]. In Proc. of the ESORICS '09,2009:355-370.

[56] Wang H. Identity-based Distributed Provable Data Possession in Multi-Cloud Storage [J]. IEEE Transactions on Services Computing,2014,8(2):328-340.

[57] Liu C,Chen J,Yang L,et al. Authorized Public Auditing of Dynamic Big Data Storage on Cloud with Efficient Verifiable Fine-Grained Updates [J]. IEEE Transactions on Parallel and Distributed Systems,2013,25(9):2234-2244.

[58] Boneh D,Lynn B,Shacham H. Short Signatures from the Weil Pairing [J]. Journal of Cryptology,2004,17(4):297-319.

[59] Y Dodis,S Vadhan,D Wichs. Proofs of Retrievability via Hardness Amplification [C]. In Proc. of the TCC '09,2009:109-127.

[60] Bowers K D,Juels A,Oprea A. Proofs of Retrievability:Theory and Implementation [C]. In Proc. of the ACM-CCSW '09,2009:43-54.

[61] Curtmola R,Khan O,Burns R. Robust Remote Data Checking [C]. In Proc. of the StorageSS '08,2008:63-68.

[62] Bowers K D,Juels A,Oprea A. HAIL:A High-Availability and Integrity Layer for Cloud Storage [C]. In Proc. of the ACM-CCS '09,2009:187-198.

[63] SchwarzT J E,Miller E L. Store,Forget,and Check:Using Algebraic Signatures to Check Remotely Administered Storage [C]. In Proc. of the ICDCS '06,2006:1-12.

[64] Lillibridge M,Elnikety S,Birrell A,et al. A Cooperative Internet Backup Scheme [C]. In Proc. of the USENIX Annual Technical Conference,2003:29-41.

[65] Shah M A,Baker M,Mogul J C,et al. Auditing to Keep Online Storage Services Honest [C]. In Proc. of the HotOS '07,2007:1-6.

[66] Shah M A,Swaminathan R,Baker M. Privacy-preserving Audit and Extraction of Digital Contents [DB/OL]. Cryptology ePrint Archive:Report 2008/186,2008 [2018-10-15]. http://eprint.iacr.org/2008/186.

[67] Heitzmann A,Palazzi B,Papamanthou C,et al. EfficientIntegrity Checking of Untrusted Network Storage [C]. In Proc. of the StorageSS '08,2008:43-54.

[68] Sebe F,Martinez-Balleste A,Deswarte Y,et al. Time-bounded Remote File Integrity Checking [R]. Technical Report 04429,LAAS,2004.

[69] Ee-Chien Chang,Jia Xu. Remote Integrity Check with Dishonest Storage Server [C]. In Proc. of the ESORICS '08,2008:223-237.

[70] Naor M,Rothblum G N. The Complexity of Online Memory Checking [C]. In Proc. of the FOCS' 05,2005:573-584.

[71] Yamamoto G, Oda S, Aoki K. Fast Integrity for Large Data [C]. In Proc. of the SPEED '07, 2007: 1-3.

[72] Golle P, Jarecki S, Mironov I. Cryptographic Primitives Enforcing Communication and Storage Complexity [C]. In Proc. of the Financial Cryptography '02, 2002: 120-135.

[73] Blum M, Evans W, Gemmell P, et al. Checking the Correctness of Memories [J]. Algorithmica, 1994, 12(2-3): 225-244.

[74] Clarke D E, Suh G E, Gassend B, et al. Towards Constant Bandwidth Overhead Integrity Checking of Untrusted Data [C]. In Proc. of the SP '05, 2005: 139-153.

[75] 沈文婷,于佳,杨光洋,等. 具有私钥可恢复能力的云存储完整性检测方案[J]. 软件学报, 2016, 27(6): 1451-1462.

[76] Liu C, Yang C, Zhang X Y, et al. External Integrity Verification for Outsourced Big Data in Cloud and IoT: A Big Picture [J]. Future Generation Computer Systems, 2015, 49(C): 58-67.

[77] 谭霜,贾焰,韩伟红. 云存储中的数据完整性证明研究及进展 [J]. 计算机学报, 2015, 38(1): 164-177.

[78] 肖达,杨绿茵,孙斌,等. 面向真实云存储环境的数据持有性证明系统[J]. 软件学报, 2016, 27(9): 2400-2413.

[79] 王宏远,祝烈煌,李龙一佳. 云存储中支持数据去重的群组数据持有性证明[J]. 软件学报, 2016, 27(6): 1417-1431.

[80] 徐光伟,白艳珂,燕彩蓉,等. 大数据存储中数据完整性验证结果的检测算法[J]. 计算机研究与发展, 2017, 54(11): 2487-2496.

[81] 王惠峰,李战怀,张晓,等. 云存储中数据完整性自适应审计方法[J]. 计算机研究与发展, 2017, 54(1): 172-183.

[82] 田晖,陈羽翔,黄永峰,等. 云数据持有性审计研究与进展[J]. 计算机科学, 2017, 44(6): 8-16.

[83] Hao Yan, Jiguo Li, Jinguang Han, et al. A Novel Efficient Remote Data Possession Checking Protocol in Cloud Storage [J]. IEEE Transactions on Information Forensics and Security, 2017, 12(1): 78-88.

[84] Yujue Wang, Qianhong Wu, Bo Qin, et al. Online/Offline Provable Data Possession [J]. IEEE Transactions on Information Forensics and Security, 2017, 12(5): 1182-1194.

[85] Jia Yu, Huaqun Wang. Strong Key-Exposure Resilient Auditing for Secure Cloud Storage [J]. IEEE Transactions on Information Forensics and Security, 2017, 12(8): 1931-1940.

[86] Jian Shen, Jun Shen, Xiaofeng Chen, et al. An Efficient Public Auditing Protocolwith Novel Dynamic Structure for Cloud Data [J]. IEEE Transactions on Information Forensics and Security, 2017, 12(10): 2402-2415.

[87] Chen Lin, Zhidong Shen, Qian Chen, et al. A Data Integrity Verification Scheme in Mobile Cloud Computing [J]. Journal of Network and Computer Applications, 2017, 77(2017): 146-151.

[88] Anmin Fu, Yuhan Li, Shui Yu, et al. DIPOR: An IDA-based Dynamic Proof of Retrievability Scheme for Cloud Storage Systems [J]. Journal of Network and Computer Applications, 2018, 104 (2018): 97-106.

[89] Debiao He, Neeraj Kumar, Sherali Zeadally, et al. Certificateless Provable Data Possession Scheme for Cloud-Based Smart Grid Data Management Systems [J]. IEEE Transactions on Industrial Informatics, 2018, 14(3): 1232-1241.

[90] Hui Tian, Yuxiang Chen, Hong Jiang, et al. Public Auditing for Trusted Cloud Storage Services [J].

IEEE Security & Privacy,DOI: 10.1109/MSEC.2018.2875880.

[91] Anmin Fu,Shui Yu,Yuqing Zhang,et al. NPP: A New Privacy-Aware Public Auditing Scheme for Cloud Data Sharing with Group Users [J]. IEEE Transactions on Big Data, DOI: 10.1109/TBDATA.2017.2701347.

[92] Jiguo Li,Hao Yan,Yichen Zhang. Certificateless Public Integrity Checking of Group Shared Data on Cloud Storage [J]. IEEE Transactions on Services Computing,DOI: 10.1109/TSC.2018.2789893.

[93] Lu Rao,Hua Zhang,Tengfei Tu. Dynamic Outsourced Auditing Services for Cloud Storage Based on Batch-Leaves-Authenticated Merkle Hash Tree [J]. IEEE Transactions on Services Computing, DOI: 10.1109/TSC.2017.2708116.

[94] Yue Zhang,Jia Yu,Rong Hao,et al. Enabling Efficient User Revocation in Identity-based Cloud Storage Auditing for Shared Big Data [J]. IEEE Transactions on Dependable and Secure Computing, DOI: 10.1109/TDSC.2018.2829880.

[95] Sanjeet Kumar Nayak, Somanath Tripathy. SEPDP: Secure and Efficient Privacy Preserving Provable Data Possession in Cloud Storage [J]. IEEE Transactions on Services Computing,DOI: 10.1109/TSC.2018.2820713.

[96] Yang Kan,Jia Xiao-hua. Data Storage Auditing Service in Cloud Computing: Challenges,Methods and Opportunities [J]. World Wide Web-internet & Web Information Systems, 2012, 15(4): 409-428.

[97] Sookhak M,Gani A,Talebain H,et al. Remote Data Auditing in Cloud Computing Environments: A Survey,Taxonomy,and Open Issues [J]. ACM Computing Surveys,2015,47(4): 1-34.

[98] Sookhak M, Talebian H, Ahmed E, et al. A Review on Remote Data Auditing in Single Cloud Server: Taxonomy and Open Issues [J]. Journal of Network & Computer Applications,2014,43(5): 121-141.

[99] Ryoo J,Rizvi S,Aiken W,et al. Cloud Security Auditing: Challenges and Emerging Approaches [J]. IEEE Security & Privacy,2014,12(6): 68-74.

[100] 陈兰香,许力. 云存储服务中可证明数据持有及恢复技术研究[J]. 计算机研究与发展,2012,(S1): 19-25.

第 8 章

云存储数据备份与恢复

云存储服务最大的优势之一，就是数据的可用性和可靠性能够得到保障。这是因为云存储服务提供商可以为用户提供最好的容灾备份方案，在各种灾难、系统故障和安全事故中，都可以保证用户数据的可用性和可靠性；而且在实际应用中，数据备份系统还可以提供并行读写，从而提高数据访问效率。

本章将对云存储服务中的数据备份与恢复技术进行介绍，包括数据备份系统分类、性能指标、纠删码技术原理与发展、几种备份技术对比以及数据恢复技术，最后给出一个基于喷泉码的数据备份系统的备份、检测与恢复数据的实例。

8.1 数据备份与恢复概述

日益增长的数据规模对构建良好的存储系统提出了重大挑战，既能提供极高的数据存取性能又要保障良好的可扩展性，甚至在自然灾害等各类危害面前，仍然能保证系统的可用性和可靠性，还要尽可能地节省成本。

传统的基于 RAID(Redundant Array of Independent Disks，独立磁盘冗余阵列)的 DAS(Direct Attached Storage，直连式存储)或基于 SAN(Storage Area Network，存储区域网络)的网络存储系统等都无法同时满足大数据存储在性能、可扩展性、可用性、可靠性、经济成本等方面的要求。而由专业技术人员管理的云存储可以满足以上所有要求，但数据的可用性和可靠性需要通过数据备份与恢复技术来实现。

一方面，云存储服务提供商需要建设跨地域的存储备份服务器，以实现在磁盘故障或者天灾等意外和灾难发生的时候，最小化灾难和意外带来的影响，通过数据恢复等手段使用户能够不受影响地使用数据服务；另一方面，由于云存储中海量的数据以及大量的存储设备，云存储系统中往往包含成千上万的存储节点，庞大的节点数量使得节点失效成为常态，因此需要保证在部分存储节点失效的情况下，用户仍然能够正常地访问数据。

本节将对数据备份与恢复技术做一概述，主要介绍备份系统的分类和性能指标。

8.1.1 备份系统分类

为了提高云存储系统的可用性和可靠性，常用的数据容错与备份方案有两种。

（1）为一个数据对象创建若干个副本。

（2）以编码的形式提供一些冗余数据。

因此，云存储的备份系统可以分为基于多副本和基于纠删码两类。

1. 基于多副本的云存储备份方案

基于多副本(Multi-copy based)的备份方案通过将数据存储为多个副本来确保用户数据的可用性和可靠性。这种方案简单直观且易于实现和部署，在实际中也得到了广泛的应用，如 Google 文件系统（Google File System，GFS）[1] 和 Hadoop 的分布式文件系统（Hadoop Distributed File System，HDFS）[2,3] 都采用了基于多副本的备份技术。不过，因为需要为每个数据对象创建若干同样大小的副本，需要的存储空间开销比较大。

2. 基于纠删码的云存储备份方案

基于纠删码(Erasure Code based)是一种基于编码的容错技术，最早应用在通信领域中，用于解决数据在传输中易于损耗的问题。纠删码的基本原理是把传输的信号分段，然后加入一定的校验信息，让分段的信息之间产生关联。如果在传输过程中部分信号失效，接收端仍能通过计算恢复出原始信号。

按照冗余码的功能，基于编码的容错技术可以分为检错、纠错和纠删 3 种类型。其中检错码仅具备识别错误码的功能，而无纠正错误码的功能；纠错码不仅能识别错误码，同时可以纠正错误码；纠删码则不仅可以识别、纠正错误码，而且当错误码超过纠正范围时，还可把无法纠错的数据删除。

目前，纠删码技术在分布式存储系统中的应用主要有：阵列纠删码（Array Code），如 RAID 5、RAID 6 等，里德-所罗门（Reed-Solomon，RS）类纠删码，低密度奇偶校验码（Low Density Parity Check Code，LDPC），循环冗余校验码（Cyclic Redundancy Check，CRC），卷积码（Convolution Code）以及数字喷泉码（Digital Fountain Code）等。

基于纠删码的备份方案通过对数据对象进行编码，将多个数据块的信息融合到较少的冗余信息中，因此可以有效地节省存储空间。但是基于纠删码的备份技术在读写数据时需要分别进行编码和解码操作，有一些额外的计算开销。

在基于纠删码的备份技术中，有一种新的基于再生码（Regenerating Code based）的备份方案。基于再生码的备份方案也是基于网络编码理论，是一种改进的纠删码，它可以有效地减少修复带宽，并具有更好的安全性，因此得到了广泛的研究和应用。

备份的目的是当数据失效后，能够高效地恢复出原始数据。两类备份技术各有利弊，其中基于多副本的备份技术只需要从其他副本下载同样大小的数据即可进行修复；基于纠删码的备份技术则需要对数据进行修复操作，利用冗余的编码块从已经被破坏的数据中恢复原始数据。

8.1.2 性能指标

云存储服务要得到广泛的应用，就必须设计良好的容灾备份系统，从而可以在磁盘故障或自然灾害等意外和灾难发生的时候，能够通过自身的一些特殊机制，最小化灾难和意外带来的影响，通过数据恢复等手段保障用户数据的可用性和可靠性。

对于不同的数据备份与恢复技术，都需要考虑到存储开销、计算效率、容错率、修复开销等因素。通常包括以下性能指标。

- 存储利用率：备份系统的存储利用率是指原始数据量与实际存储的数据量之比，用于评估一个方案的额外存储开销。
- 计算效率：因为基于多副本的备份技术只需要下载一份副本就可以恢复数据，需要的计算量很小，所以计算效率通常用于评估纠删码，包括编码、更新和解码三方面计算开销。
- 容错率：可以容忍的最多出错条块数。假设容错率为 k，则当任意不多于 k 个条块出错时，可以通过重构算法恢复出所有出错的条块；但如果出错的条块数大于 k，则将无法恢复出所有出错的条块。
- 修复开销：是指当数据发生错误时，系统能正确恢复出原始数据的开销。在基于纠删码的备份技术中，是指利用编码的冗余数据从未出错的数据块恢复出所有数据的开销。将修复一个失效块平均所需下载的数据量与块大小之比称为单块修复开销，通常采用单块修复开销来衡量纠删码的数据修复开销。单块修复开销只是在一定程度上反映了纠删码数据修复的开销，但无法反映整个系统数据修复的总体开销。
- 数据更新效率：当需要对数据进行更新时，两类备份技术均需要重新进行备份操作。使用纠删码时，需要对更新后的数据进行编码操作，因此更新效率是基于纠删码的备份技术的一项重要指标。

在云存储中，对于基于纠删码的备份技术主要考虑存储利用率、容错率和修复开销三个方面，但这三个方面相互制约，要提升其中一个方面，会影响到其余两个方面。因此，需要在这些要素之间进行权衡选择，取得一个平衡的方案。不同冗余度的纠删码具有不同的存储利用率，在原始数据量相同的情况下，系统采用不同的纠删码，其实际存储的数据量是不同的，从而导致数据修复的总体开销也不同。因为容错能力是容错系统的基本要求，现有研究基本都是在保持容错能力的前提下，在存储利用率和数据修复开销之间进行权衡。基于再生码的备份与恢复技术能够实现在一定存储利用率下修复数据时需要下载的数据量的下界，因此得到广泛关注与研究。

在一些应用中，数据对象及其副本或者冗余数据分布在数据中心的不同节点上，因此数据的读写效率和可靠性还与数据中心的节点结构紧密相关。在某些特殊应用场景中，还需要考虑应用服务器和备援服务器之间的距离、数据传输方式、容灾系统的恢复时间目标(Recovery Time Objective，RTO)等。

8.2　纠删码技术

纠删码是数据容错与备份的一项关键技术，本节将对其原理和发展做一简介，为后文学习基于纠删码的备份技术做好铺垫。

8.2.1 纠删码原理

采用纠删码进行容错时，首先要把待存储的数据对象分割成若干大小相等的数据块，然后对这些数据块进行编码，得到一些编码块，读取数据时只要获得任意足够数量的编码块，就可以解码得到原始数据。

用 k 表示编码前数据块的个数，n 表示编码后的数据块个数，即数据块和冗余块的总数，b 表示每个数据块包含的比特数，k'是一个不小于 k 的整数，表示要获取的数据块的最少数目，则定义纠删码为一个四元组(n,k,b,k')。这个定义表示通过纠删码编码以后，用户在获得编码后的任意 k'个文件块都可以解码还原原始数据。这个定义可简化表示为(n,k,k')。

如果一个(n,k,k')纠删码满足 $k=k'$，则称此纠删码满足最大距离可分(Maximum Distance Separable，MDS)性质，也称该纠删码为 MDS 码，可以用更简单的二元组(n,k)来表示。MDS 码在相同的容错能力下拥有最小的存储空间开销。

纠删码的基本原理就是：在数据块与校验块或冗余块之间通过一定的编码方式建立联系，当部分编码后的数据块失效时，利用这些冗余的校验块，经过一定的解码或修复操作，可以恢复出原始数据。

关于纠删码的研究工作已经非常丰富，为了提高编码算法的容错能力，同时降低编码复杂度，研究者们提出了很多编码方法。根据编码方式的不同，这些方法可以分为里德-所罗门(Reed-Solomon，RS)码、低密度奇偶校验码(Low Density Parity Check Code，LDPC)、循环冗余校验码(Cyclic Redundancy Check，CRC)、卷积码(Convolution Code)以及数字喷泉码(Digital Fountain Code)等。

虽然在拥有相同容错能力的前提下，基于纠删码的备份技术的存储利用率更高，但是当数据块失效以后，基于多副本的备份技术只需下载一块同样大小的数据就可以完成修复过程，而基于纠删码的备份技术则需要下载至少 k 个同样大小的数据块才能解码恢复原始数据。因此，基于纠删码的备份技术将占用更多的网络带宽资源，这样会给带宽资源比较受限的数据中心带来较大的负担。同时，读取数据的开销也比较大，从而限制了基于纠删码的备份技术的应用和推广。因此，降低基于纠删码的备份技术的带宽修复成本，成为目前研究的一个重要问题。

8.2.2 纠删码的发展

纠删码最早是被用来纠正通信过程中的错误信息。纠删码被应用于数字通信的历史可追溯到 20 世纪中叶，然而经过多年的发展逐渐接近信道容量理论的极限，同时由纯粹的离散信道编码理论向物理信道与软译码技术的趋势转变。

纠删码种类很多，根据编码方式，主要包括以下几类：里德-所罗门码、低密度奇偶校验码、循环冗余校验码、卷积码以及数字喷泉码等。

以上纠删码技术基本都是将原始数据分块，然后采用一定的编码技术，将校验块或冗余块与原始数据块进行处理，得到编码后的数据块。

奇偶校验码中的分组码是一类相对比较简单的纠删码，一个(n,k)分组码是把信息划分成k个码元为一组（称为信息组），以码组规则增加$r=n-k$个校验元，通过编码器生成长度为n个码元的一组：$(C_0,C_1,\cdots,C_{n-2},C_{n-1})$，作为$(n,k)$线性分组码的一个码字（码组、码矢）。$q$进制下，包含$k$位信息位的码字共有$q^k$个信息组合，因此通过编码器编码后的码字能够达到$q^k$。这个集合为$(n,k)$分组码，长度为$n$的序列的可能排列总共有$q^n$种，而$(n,k)$分组码中的信息组合只有$q^k$个，因此分组码的编码问题就是根据一定的规则从$q^n$个码组集中选出$q^k$个码字。将选取的$q^k$个码字的集合称为可用码组，其余的$q^n-q^k$个为禁用码组。$R=k/n$称为码率，表示$(n,k)$分组码中信息位在码字中的比重，因此$R$是衡量分组码有效性的一个基本参数。分组码中任意两个码元C_1，C_2之间对应位取值不同的个数，则称为两码元之间的汉明距离d，码元C中非零码元个数则称为汉明重量。分组码分为线性分组码与非线性分组码。在线性分组码中，任意两个码元C_1，C_2的线性组合仍然是集合中的码字。

1948年，现代"信息论之父"香农发表了《通信的数据理论》(*A Mathematical Theory of Communication*)[4]，开创了信息与编码理论这一新的学科。根据香农定理，要想在一个带宽确定而存在噪音的信道里可靠地传送信号，只有两种途径：一种是加大信噪比，另一种是在信号编码中加入冗余纠错码。虽然香农指出了可以通过差错控制编码在信息传输速率不大于信道容量的前提下实现可靠通信，但是却没有给出具体的实现差错控制编码的方法。

1949年，汉明(Hamming)和格雷(Golay)提出了第一个实用的差错控制编码方案[5-7]。Hamming将输入数据的每4个比特分为一组，然后通过计算这些信息比特的线性组合来得到3个校验比特，并将得到的7个比特信息输入计算机。计算机按照一定的规则读取这些码字，通过一定的解码算法，不仅能够检测到是否有错误发生，还可以找到单个比特发生错误时的比特所在位置。因此，该编码方法可以纠正7个比特中的单个比特错误。该编码方法也称为Hamming(汉明)码[5]。汉明码的编码效率比较低，每4个比特编码就需要3个比特的冗余校验比特，而且只能纠正单个比特错误。格雷(Golay)针对汉明码存在的缺点，提出了Golay码[6]。Golay码分为二元Golay码和三元Golay码，二元Golay码将信息比特的每12位分为一组，编码生成11个冗余校验比特，相应的解码算法可以纠正3个比特错误。三元Golay码的操作对象是三元而非二元数字，它将每6个三元符号分为一组，编码生成5个冗余校验三元符号，这个由11个三元符号组成的三元码的码字就可以纠正2个三元符号的错误。

1954年，里德(Reed)和托马斯·穆勒(Thomas Muller)提出Reed-Muller码，简称RM码[8,9]。相比Hamming码和Golay码，RM码在码字长度方面更加高效，其纠错能力更强，而且具有更大的参数选择范围。

循环码[10]也是一类重要的线性分组码，它是从多项式环与有限域发展而来。循环码具有循环移位特性，即码字比特经过循环移位后仍然是码字集合中的码字。这种循环结构使码字的设计范围大大增加，同时简化了编解码结构。循环码既可以采用多项式表示，也可以采用矩阵表示。循环码也称循环冗余校验码(Cyclic Redundancy Check，CRC)。

Bose、Chaudhuri[11]和 Hocquenghem[12]分别于 1960 年和 1959 年提出了 BCH 码(Bose Chaudhuri Hocquenghem Code，BCH)。BCH 码的码字长度为 $n=q^m-1$，当 $q=2$ 时 BCH 码的纠错能力存在如下界限：$t<(2^m-1)/2$。

1960 年，里德(Reed)和索罗门(Solomon)将 BCH 码从 $q=2$ 扩展到了任意值而得到 RS 码(Reed-Solomon Code，RS)[13,14]。RS 码能够纠正 q 进制编码中的错误。RS 类纠删码是一种线性分组循环冗余码，其编码及解码主要是采用范德蒙矩阵(Vandermonde Matrix)或柯西矩阵(Cauchy Matrix)构造，故称之为范德蒙码(Vandermonde Code)和柯西码(Cauchy Code)，其对应的解码算法有伯利坎普-梅西算法(Berlekamp-Massey Algorithm)和韦尔奇-伯利坎普算法(Welch-Berlekamp Algorithm)。

在 RS 码中，通常编码符号的长度为 8bits 或 8bits 的倍数，这样设计是为了便于同计算机内的字长进行互相转换。假设一个长度为 N 的 RS 码数据包中包含 I 个信息符号、P 个校正符号，那么通过 RS 码的解码处理可以纠正数据包内 I 个信息符号中的 $t=P/2$ 个错误；如果知道错误位置，则可纠正 P 个错误。与传统的阵列码相比，RS 码可在较小冗余的情况下恢复更多的数据。但是因为 RS 码中的基于范德蒙矩阵的 Vandermonde RS Code 和基于柯西矩阵的 Cauchy RS Code 均涉及伽罗华域(Galois Field，GF)，需要的矩阵运算强度大，特别是矩阵求逆运算，因此编解码速度较慢。

1955 年，伊莱亚斯(Elias)提出卷积码[15]。与分组码不同的是，卷积码的校验位不仅与当前信息有关，还与之前的信息相关，因此各码组之间的信息存在相关性。在卷积码解码过程中，不仅需要此刻接收到的码字，还要结合 k_d 个与该码字相关的码字才能译出一个子码信息元，且 $k\leqslant k_d$，其中 k 表示该码字中的信息位。$N_d=k_d+1$ 为译码约束度，nN_d 为译码约束长度，N_d 和 nN_d 分别表示译码过程中互相约束的码段和码元个数。由于各码组之间存在相关性，因此编码的信息分组 k 及编码长度 n 也比分组码小。

1993 年，贝鲁(Berrou)等人提出了接近香农信道编码理论极限的纠错编码——Turbo 码[16](见美国专利(US Patent 5,446,747))。由于其接近信道理论的极限，且具备突出的纠错能力，一直备受关注。其对当今的编码理论和研究方法产生了深远影响，但是也受到解码复杂的制约。目前主要的解码算法有最大后验概率解码算法(Maximum A Posterori，MAP)、修正的 MAP 算法(Max-Log-Map)和软输出维特比算法(Soft Output Viterbi Algorithm，SOVA)。

1962 年，加拉格尔(Gallager)提出低密度奇偶校验码(Low-Density Parity-Check Codes，LDPC 码)[17-20]。LDPC 码利用校验矩阵的稀疏性，使得解码复杂度只与码长呈线性关系，在长码长的情况下仍然能够有效地解码，因而具有更简单的解码算法。而且进一步的研究表明，LDPC 码和 Turbo 码一样具有逼近香农极限的性能，实验中找到的最好的 LDPC 码的极限性能距香农理论极限只差 0.0045dB。有研究表明，基于非规则的双向图的 LDPC 长码的性能优于 Turbo 码，具有更低的线性解码复杂度。LDPC 码也因此受到广泛的关注。LDPC 码是采用迭代解码，其算法的推导是基于在节点间传递的信息统计无关。当 LDPC 码编码矩阵所对应的双向图存在环结构时，从某一点发出的信息经过环被传回该节点本身，从而造成自身信息叠加，破坏了独立性的假设，进而影响解码的准确性。因此，LDPC 码在构造时，需要对编码矩阵对应的图进行环路检测及消去短环等处理。

级联型低密度纠删码(Cascaded Low-Density Erasure Code)是由级联随机稀疏二部图和一个传统的纠删码构造而成的一种特殊的纠删码，如 Tornado 码采用稀疏矩阵，只使用异或操作，以少量的解码失效换取编解码效率的极大提升，可以处理任意大小数据量。

1998 年，Luby 等人首次提出了用于分布式数据存储的数字喷泉码[21](Digital Fountain Code)。数字喷泉码是一种线性前向纠错编码，同时也是一种分组码。数字喷泉码是一种无固定码率的线性码，假定原来有 k 个字符，那么将这 k 个字符通过线性变换组成 n 个字符，再从 n 个字符中任取 k'(k'略大于 k)个字符将必能恢复原 k 个字符。数字喷泉码与 LDPC 码的最大区别在于其中不存在码长 n 的定义，或者说码长趋于无穷。相应地，码率 $R=k/n$ 的定义也不存在，因此数字喷泉码也被称为无率码(Rateless Codes)。

2002 年，Luby[22] 提出了第一类通用的喷泉码——基于二分图理论的 LT(Luby Transform)码。为了克服 LT 码存在译码失败的问题，Shokrollahi 提出了利用其他纠错码与 LT 码级联的 Raptor 码[23]，它由一个预编码和 LT 码构成，是数字喷泉码模型中用于可靠传输的最新码。

通信过程中存在的比特或信息失效问题，在存储系统中也广泛存在，因此纠删码技术在通信过程中能够解决的问题，也是存储系统中需要解决的问题。这也是各类纠删码技术很快地在分布式存储系统以及最近兴起的云计算与云存储系统中得到广泛应用的原因。为了适应这些新兴的存储技术，纠删码在应用于实际系统中也需要根据系统的特征进行专门的设计与实现。

8.3 数据备份技术

本节将对两类主要的数据备份技术进行介绍，并对它们的特点进行对比分析。

8.3.1 基于多副本的备份

基于多副本的备份技术对一个数据对象创建多个相同的数据副本，并把多个副本分布存储到不同的节点上，当若干数据对象失效以后，可以通过访问其他有效的副本恢复原始数据。基于多副本的备份方案中，创建的多个副本支持并行的数据访问，能够极大地提高数据的读写效率。

对于基于多副本的备份技术的研究主要包括两个方面：数据组织结构和数据复制策略。数据组织结构主要研究大量数据对象及其副本的管理方式，数据复制策略主要研究副本的创建时机、副本的数量、副本的放置等方面。王意洁等人在文献[24]中对这些内容进行了详细阐述。

1. **数据组织结构**

基于多副本的备份技术中，数据组织结构主要研究如何组织和管理大量的数据对象及其副本。常用的组织结构主要有两种：基于元数据服务器(Meta-data Server，MDS)的组织结构和基于P2P(Peer to Peer)的组织结构。以下对这两种结构进行介绍。

(1) 基于元数据服务器的组织结构。

基于元数据服务器的组织结构采用统一的元数据服务器存储数据及其副本的元数据信息，这些信息包括副本位置、版本、副本与数据对象之间的映射以及一些系统的属性、特征、状态等。这种组织结构通过把管理信息存储到一个或者多个MDS上完成对数据的集中式管理。当用户访问数据时，首先与元数据服务器交互获取数据对象的位置、版本等信息，然后把数据写入到相应的位置或者从相应的位置读取数据块。

基于MDS的组织结构利用MDS分离元数据的读写过程和数据的读写过程，可以提高数据的容错率和读写效率。为了降低分布在网络上的各个节点访问元数据服务器的时延，一般把网络分割成簇，然后在每个簇内构建元数据服务器集群[25,26]，从而把用户的访问分配给距离较近、负载较轻的元数据服务器，可以极大地提高数据读写效率。

在Google文件系统[1]和Hadoop的HDFS[2,3]中均采用了基于元数据服务器的组织结构。HDFS的体系结构如图8-1所示，其中的MDS放在NameNode(名字节点)上，数据则存放在数据节点(DataNode)上，用户读写数据前，均需要与NameNode交互，取得数据的元数据信息，然后从DataNode上读取数据。

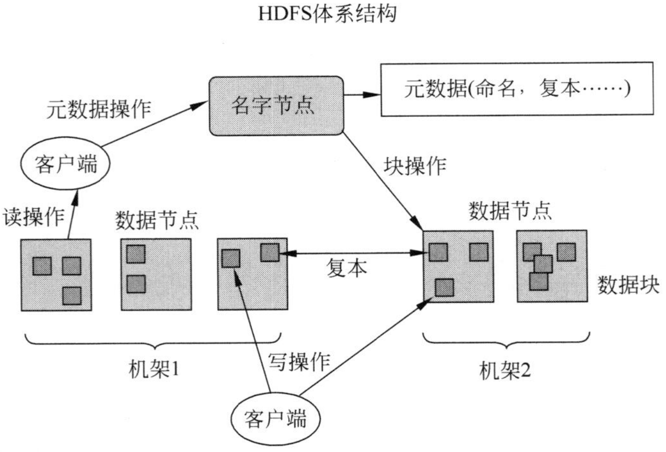

图8-1 HDFS体系结构

HDFS先把数据分割成固定大小的数据块，然后再以块为对象进行复制，每个数据节点定期地发送自己拥有的数据块列表信息给MDS，因此MDS能够掌握数据对象的最新分布状态。当用户读取数据时，首先通过MDS获取数据的块列表、每个块的副本列表及其所在的数据节点位置，然后选择一个最近的数据节点读取数据。写数据时，通过 MDS 获取需要创建的副本数目以及分配给每个副本的数据节点的位置，然后执行数据写入操作，并在数据写入完成后把每个数据块的块列表信息以及数据块的副本信息和版本信息等记录到 MDS。

基于元数据服务器的组织结构简单，易于管理，但是对数据的所有访问都需要通过 MDS，容易形成瓶颈，从而影响效率且存在单点失效的可能。为了提高性能，同时减小单点失效的可能，改进的方案通过构建由多个元数据服务器组成的元数据服务器集群，分散单个元数据服务器的负载，减小单个服务器失效对系统的影响，同时提升数据访问的效率。

（2）基于 P2P 的组织结构

P2P(Peer-to-Peer)网络也叫点对点网络或对等网络，它的一个显著特点是网络中的节点是对等的，没有中心点。基于 P2P 的组织结构把所有的节点按照 P2P 的方式组织，各个节点的角色是对等的，数据在存储时按照分布式哈希表(Distributed Hash Table，DHT)的形式存储到节点上，通常把数据的副本存放在负责数据映射关键字节点的若干个后继节点上[27]，访问时通过计算 Hash 值获得数据的存放位置。Amazon 的 Dynamo[28] 和 Facebook 的 Cassandra[29] 都是采用基于 P2P 的组织结构管理元数据。

Dynamo 采用一致性哈希(Consistent Hashing)[30] 的方法把数据分布存储到不同的节点上。一致性 Hash 函数的值域（也称哈希空间）构成一个封闭的环，通过随机地给每个节点在哈希空间上赋予一个值，Dynamo 把节点构成一个环，而这些值则表示节点在环上的位置。其结构如图 8-2 所示。

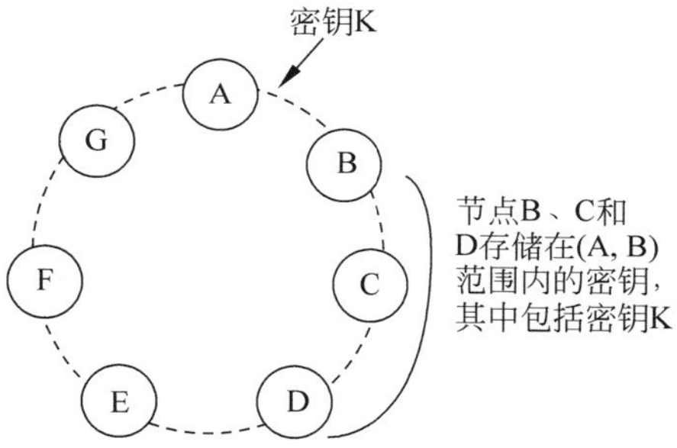

图 8-2 环状结构

Dynamo 环上的每个节点负责管理自己及其前一个节点之间的哈希值空间区域，每个数据对象都由一个唯一的 Key 标识。当要插入数据到 Dynamo 中时，首先对 Key 进行哈希计算得到一个哈希值，这个值一定属于环上某两个节点之间的哈希值空间区域。沿着环顺时针查找，可以找到满足节点的哈希值大于等于该数据哈希值的第一个节点，该节点被称为该数据的协调节点(Coordinator)。协调节点不仅存储落在自己范围之内的数据，而且负责对其管理的每个数据对象复制 $N-1$ 个副本，并把这些副本存放到之后的 $N-1$ 个后继节点上。在图示中，通过对数据对象计算 Hash 值，判断该 Hash 值的范围来决定数据的存放节点。在图 8-2 中，某个数据对象的 Key 标识的 Hash 值在 A 和 B 两个节点的哈希值空间区域范围内，因此将该数据对象的副本存放在 A 节点的 3 个后继节点 B、C 和 D 上。

基于 P2P 的组织结构不需要统一的中央服务器，解决了元数据服务器的单点失效和性能瓶颈问题。但是因为没有全局的信息作为指导，副本的放置会带来负载不均衡的问题，而且协调节点的失效会导致其负责管理的数据对象不可用。

2. 数据复制方法

数据复制方法与多个因素相关，比如应用需求、网络状况、存储空间和数据访问模式等；

同时数据复制方法对于数据的容错率、读写效率以及存储空间利用率等至关重要。对于复制方法的研究主要包括复制策略以及副本的放置策略两个方面。

(1) 复制策略

复制策略主要关注创建副本的时机以及创建副本的数量，常见的复制策略包括静态复制策略和动态复制策略。

- 静态复制策略在数据写入时就创建指定数目的副本，然后依据副本放置策略把副本分布存储到节点上。例如，Google 文件系统 GFS 和 Hadoop 的 HDFS 都是由配置参数确定副本的数目。静态复制策略简单易懂，但是不能依据环境的变化做出动态的调整，容易造成资源浪费。
- 动态复制策略可以依据网络状况、存储空间、用户需求等动态地创建或者删除副本。在存储空间紧张时删除部分副本以节省存储空间；当存储资源丰富时，为频繁访问的数据增加副本以提高效率，并实现节点负载均衡。例如，Facebook 的 Cassandra 系统就是通过动态复制迁移副本以均衡节点的负载。动态复制策略可参考文献[31-33]。但是动态复制策略在动态创建或者迁移副本时需要执行一些额外的操作，特别是频繁的数据传输会带来很大的网络开销。

(2) 放置策略

设置放置策略的基本目的在于提高数据的容错率，使得用户在部分副本失效以后仍然能够通过其他的副本获得数据。但是将创建的副本传输到放置节点上，需要占用一定带宽并带来时延。因此，良好的放置策略不但要考虑容错率，也要考虑复制效率，使得副本能够快速地放置到节点上。

传统的针对提高容错率的副本放置策略有顺序放置策略和随机放置策略，分别介绍如下。

- 顺序放置策略：把副本按照一定的顺序依次放置到候选节点上。这种策略的思想是：若一个放置策略产生的排列越多，当多个节点发生随机错误时，越容易造成多个副本失效。因此，如果把一个数据对象的所有副本按照一定的顺序放置到各个节点上，那么多个节点失效的排列数目就是有限的，这样在随机失效模式下可靠性就得到提高。顺序放置策略比较简单，而且容易实现，但在实际应用中，各类失效往往是相关的。比如网络的失效会导致整个机架不可访问，而断电则会导致整个数据中心不可访问。顺序放置策略一般应用于分布式哈希表结构中[28,34,35]。
- 随机放置策略：在数据的可放置节点集合中随机地选择若干个节点。然后把副本放置到这些随机选择的节点上。当前的数据中心的副本放置大多采用随机放置策略，比如 GFS 和 Cassandra 等系统。随机放置能够降低关联失效对可靠性的影响，同时还能够实现节点负载均衡。但是这种理论上的均衡是在节点的同构性和数据访问的同构性假设条件下得到的，在实际应用中，因为每个节点的存储能力、计算能力、数据的访问频率均不同，一些数据可能会更加频繁地被访问，因此这种策略并不能很好地均衡节点的负载。

最新的放置策略在保证容错率的同时，旨在提高副本放置的效率和数据访问的效率。为了节省副本创建和传输的时间，HDFS 的设计人员把第二个和第三个副本放置到相同的机架上。为了提高数据访问的效率，Chandy 等人[36]则把副本放置在距离用户较近的节点上，使得访问数据时能够较快地获取数据。而 Ding 等人[32]则依据用户的访问模式，对那些经常访问的数据创建较多的副本，并把副本放置到用户访问密集的区域。

8.3.2　基于纠删码的备份

与基于多副本的备份技术相比，纠删码技术可以在显著降低存储空间消耗的同时提供相同甚至更高的数据容错能力[37,38]。假设在基于多副本的备份方案中采用 3 个副本，在基于纠删码的备份方案中采用(14,10)-Reed-Solomon 纠删码，基于纠删码的备份方案可将存储空间消耗降低 53%，同时将容错能力提高一倍。

随着大数据时代数据规模的爆炸式增长，容错能力强且存储成本低的纠删码容错技术受到了广泛关注，成为存储领域的一个研究热点。文献[39-42]对分布式存储中的纠删码容错技术、单磁盘错误重构优化方法、随机二元扩展码等进行了详细的阐述。

在纠删码技术中，有一类新的编码技术，即基于再生码(Regenerating Codes)的纠删码。与传统的基于度数限制方法的纠删码不同，基于再生码的纠删码并不限制数据块和冗余块的度数，而是通过选择特殊的编码系数来构造生成矩阵，在需要修复时，把存储在同一节点的多个数据块的数据融合，从而降低需要传输的数据量，达到节省带宽成本的目的。

2007 年，Dimakis 等人[43,44]首先提出了一种称为再生码的纠删码，其基本思想是通过适当增加冗余，并且使新生节点从尽量多的节点下载数据，来降低修复需要下载的总数据量。

再生码[45,46]也是一种基于网络编码思想[47]设计的纠删码，它具有两个明显的特点。

(1) 再生码的数据块和校验块都包含相同数量的子块，编码与修复时以子块为基本单位，子块之间的关系也更为复杂。

(2) 再生码在进行数据修复时，新生节点需要从尽量多的节点来下载数据。

再生码一般用三元组(n,k,d)表示。(n,k,d)-再生码的一个条带包含 n 个编码块，可以容忍任意 $n-k$ 个块失效，进行数据修复时新生节点可以连接 d 个存活节点下载数据，其中 $k \leqslant d \leqslant n-1$。另外，再生码还有 3 个常用的辅助参数 α、β 和 B，分别表示单个编码块包含的子块个数、连接到 d 个节点进行数据修复时从单个节点下载的子块个数和一个条带包含的数据子块个数。

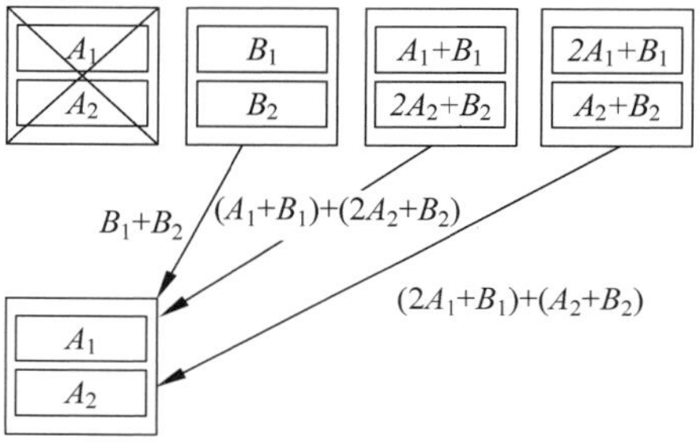

图 8-3　(4,2)再生码修复一个失效节点的过程

再生码的基本原理如图 8-3 所示，假设有 4 个数据块存放在 2 个节点上，每个节点存放 2 个数据块，后两个节点上存放 4 个冗余块，冗余块分别由前两个节点上的数据块计算得到。当

某个节点失效时，先在各个节点上进行一次组合计算，将计算结果及使用的计算系数上传到修复后数据块要存储的节点。由图中可知，修复数据块 A_1 和 A_2 只需传送 3 个块大小的数据量，如果不经计算融合而直接传送数据，则要传送 6 个数据块，因此可以极大地降低网络资源消耗。

针对基于再生码的纠删码研究主要关注最小带宽再生码（Minimum Bandwidth Regenerating Codes，MBR 码）和最小存储再生码（Minimum Storage Regenerating Codes，MSR 码），MBR 码具有最低的数据修复带宽，MSR 码具有最低的存储开销。

Dimakis 等人[43]提出了再生码的概念并证明了再生码修复带宽的下界，但是没有证明达到这个下界的再生码是否存在，也没有给出构造这种再生码的具体方法。

2009 年，Wu 等人[48]提出了确定性再生码（Deterministic Regenerating Code），并从概率统计的角度证明了确定性再生码 $(n,2,n-1)$ 的存在性。确定性再生码通过有限域上的基于概率统计方法的随机选择系数，获得一组满足特定要求的系数，构造出能够精确修复冗余块的再生码。在同一年，Rashmi 等人[44]构造了一个 $(n,k,n-1)$ 确定性 MBR 码。2011 年，Rashmi 等人[49]利用矩阵乘的方法构造出了 (n,k,d) 的确定性 MBR 码和 $(n,k,d\geqslant 2k-2)$ 的确定性 MSR 码，并证明不存在 $d<2k-2$ 的确定性 MSR 码。至此，所有存在的 MBR 码和 MSR 码都可以用统一的方法被构造出来。

再生码可以对数据块进行确定性修复，但对冗余块却只能做到功能性修复，即修复后的冗余信息与原始冗余信息不一致，但可以提供同等程度的容错能力。

再生码技术采用网络编码的方法来降低修复成本，可以在一定程度上减少修复过程中传输的数据量。但为了满足一定的编码要求，如确定性修复等，则系数所在的有限域要足够大才能保证系数的存在性，而且编码系数的选择方法不规则，实现起来困难。同时，再生码可以极大地减少修复时的传输数据量，但是需要读取的数据量却很大。在数据修复过程中，参与修复的节点需要把自己存储的所有数据都读取出来进行组合计算。由于 MBR 码需要存储的数据量更大，所以修复时需要读取的数据量比传统纠删码多。这不仅增加了系统的磁盘负载，也限制了修复的速率。虽然 MSR 码存储的数据量和传统 MDS 码相等，但是修复时需要从多于 k 个节点下载数据，所以其读取的数据量也比较多。

针对上述问题，Shah 等人[50]提出了 RBT（Repair by Transfer）MBR 码。RBT MBR 码在数据修复时只传输数据而不进行任何数学运算，使需要读取的数据量和需要传输的数据量相同。后续的研究工作还有文献[51]等。

功能性最小存储再生码（Functional Minimum Storage Regenerated Code，FMSR 码）是一种支持功能性修复的最小存储再生码，属于典型的 (n,k) 最大距离可分（Maximum Distance Separable，MDS）码，保持了 MDS 码良好的容错能力和存储效率。对于一个大小为 M 的文件，(n,k)-FMSR 码将其切分成 $k(n-k)$ 个固定大小的原始块，再将它们编码成 $n(n-k)$ 个编码块，上传给 n 个数据节点，每个节点存储 $n-k$ 个编码块。数据读取过程中，首先随机挑选任意 k 个节点，下载 $k(n-k)$ 个编码块；然后对其进行译码操作，还原出原始数据块；最后，将数据块合并成原始文件。

Hu 等人[52]利用数据的拟态变换提出一种功能性最小存储再生码，主要依赖于 FMSR 码良好的修复性能，通过控制变换时机和编码系数的选取，实现数据存储状态的随机时变切换。当某个数据节点因为意外情况失效了，为了保证数据的安全性和服务的连续性，必须尽快对其上的数据进行修复。数据的重构过程需要在其他 $n-1$ 个数据节点上各取一个数据块，将这 $n-1$ 个数据块重新编码生成 $n-k$ 个编码块，替代失效节点的数据。

最近，陈越等人[53]针对云存储系统确定性存储模式带来的安全威胁，提出了一种基于再生码的拟态存储机制，通过对数据进行编码存储，并在云端进行拟态变换，增加了攻击者获得数据的难度和成本。该机制在存储过程中引入了冗余性、随机性和时变性，支持数据的快速恢复和重构，提高了系统的容错性和抗毁性，可保证数据的完整性和持续可用性。拟态化存储的基本思路为在数据存储和访问的过程中，加入时变和随机因素，实现数据存储状态的动态可变，从而增加攻击者获取数据的难度和成本。

目前基于再生码的编码方法仍处于探索阶段。

研究人员已经提出了各种类型的纠删码策略[45]，同时也有许多研究人员实现了一些纠删码算法，并公布了他们的代码库，比如 Plank 等人实现的 Jerasure[54]、LUBY 实现的 Cauchy Reed-Solomon(http://www.icsi.berkeley.edu/～luby/)、Python Software Foundation 发布的 Zfec(http://pypi.python.org/pypi/zfec)以及 Partow 实现的 Reed-Solomon 码 Schifra (http://www.schifra.com/downloads.html)。2009 年，Plank 等人[55]对一些常见的开源纠删码实现进行了评测和对比。他们不仅比较了各个开源的纠删码实现，而且比较了各种已有的纠删码的效率，同时还测试了各个参数对纠删码效率的影响，为研究人员在分布存储中研究基于纠删码的备份技术提供了重要的参考。

HDFS 虽然在最初的实现中采用的是基于多副本的备份技术，但是作为具有良好结构的开源分布存储系统，它为纠删码的研究和测试提供了良好的平台。微软研究院的 Zhang 等人[56]修改了 HDFS，使其支持纠删码的备份方案。Fan 等人[57]则在 HDFS 中加入一个后台进程监控数据节点上的数据块，并对那些生命周期超过一定期限的数据块，采用纠删码的备份方案替换多副本方案，从而节省了存储空间。

8.3.3 几种备份技术的优缺点

基于多副本的备份技术简单直观，易于实现和部署，且可以并行访问，提高了数据的读写效率，但是需要为每个数据对象创建若干同样大小的副本，存储空间开销比较大。

基于纠删码的备份技术则能够把多个数据块的信息融合到较少的冗余信息中，因此能够有效地节省存储空间，但是对数据的读写操作要分别进行编码和解码操作，需要一些计算开销。

当数据失效以后，基于多副本的备份技术只需要从其他副本下载同样大小的数据即可进行修复；而基于纠删码的备份技术则需要下载的数据量一般远大于失效数据大小，并需要进行编解码操作，增加了额外的计算开销。

假定原始数据有 k 个数据块，编码后的数据块为 n 个，纠删码的编码参数为(n,k)，获

取其中的任意 k 个数据块就可以恢复原始数据，其容错能力为 $n-k+1$。那么，基于多副本的备份技术要提供 $n-k+1$ 的容错能力，就必须另外创建 $n-k+1$ 个副本，存储空间的开销也增大了 $n-k+1$ 倍。纠删码在不考虑其他因素的情况下，能够在 $n-k+1$ 个数据块失效时仍然保持数据的可用性。两种技术的存储开销、修复带宽和容错能力如表 8-1 所示。

表 8-1　两种备份技术的对比（单位：块）

对比指标	基于多副本	基于纠删码
存储开销	$k(n-k+1)$	n
修复带宽	1	n
容错能力	$n-k+1$	$n-k+1$

因此，基于多副本的备份技术存储开销大，但修复带宽较小；而基于纠删码的容错技术能够节省存储空间，但需要更高的修复带宽。基于纠删码的备份技术实现复杂，修复成本较高，因此在实际的分布存储中应用较少。

Weatherspoon 等人[58]在基于 P2P 的分布存储系统 OceanStore[59]上采用了基于纠删码的容错技术，以实现对归档数据进行备份，节省存储空间。他们对多副本和纠删码的存储开销进行对比，当存储系统中节点平均可靠性为 0.5 时，为了保证存储系统在任意时候文件的可获取概率大于 0.999，基于多副本的策略需要的存储开销是原始数据大小的 10 倍，而纠删码策略是原始数据大小的 2.49 倍。

但是，这种理论上的理想状况在实际环境中很难达到，因为在实际的云存储中采用基于纠删码的备份技术时，需要考虑各种特定的应用背景和需求，包括数据的访问模式、节点的负载均衡、失效修复等情况。

Lin 等人[37]经过深入的研究发现，纠删码的优势并不如想象的那么明显，在节点可用性很低的情况下，纠删码的成本甚至要高于对整个文件进行复制的成本。基于纠删码的容错技术还有一些内在的缺陷，比如在下载延迟上受限于 k' 个数据块中的最近副本的最大延迟，而基于多副本的技术则只需下载最近的副本。纠删码也无法直接读取下载数据块中的一个子块，要获取某一个子块，必须下载多个数据块，再经解码得到相应的子块。对于服务器端的一些诸如关键字搜索、内容查找等操作，也是基于纠删码的备份技术所无法满足的。

Rodrigues 等人[60]在 PlanetLab、Overnet 和 Farsite 等多个平台下的实验模拟的研究结果表明，纠删码的优势并不是在每个平台上都能够发挥出来，在某些特殊的情况下，其效果还比不上基于多副本的备份技术。

在实际的云计算环境下，各种云存储平台向各类应用提供存储服务，比如 Amazon 的电子商务应用、Google 的 Web 搜索应用，这些应用对容错的要求有所不同。

基于多副本的备份技术实现简单、易于部署，可以提供更高的访问效率，在 Web 搜索、电子商务、在线社交网络等领域应用广泛，比如在 Google 的 GFS、Amazon 公司的 Dynamo 和 Facebook 的 Cassandra 以及 Hadoop 的 HDFS 中都采用基于多副本的备份技术提高系统的可用性和可靠性。并且不同的应用在数据的组织方式上也有所不同，Google 的 GFS

采用元数据服务器的方式组织和管理大量的 Web 搜索数据；而 Amazon 的电子商务应用和 Facebook 的社交网站应用中存储的多是键-值对数据，因此它们均采用一致性哈希的方式组织数据以获得更高的效率。在冗余块的大小设置方面，Google 的 GFS 选择了较大的 64MB 的数据块，这样可以减小数据块的数量，进而减小其初始设计时单一元数据服务器的负载。

为了消除应用的相关性，Kossmann 等人[61]提出了一种灵活的可配置的模块化分布存储系统 Cloudy，通过采用一种通用的 DPI(Deep Packet Inspection，深度包检测)模型表示数据，使得用户能够根据自身的需求修改模块和参数，使之适应特定的应用场景。但是 Cloudy 仍然不能解决所有问题，不同的应用仍需针对应用特性研究相关的技术，开发不同的模块。

Fan 等人[57]通过对雅虎 M45 集群应用 7 个月的追踪观察发现，大多数的数据访问操作发生在数据创建后的较短的一段时间内，因此他们修改了 HDFS，使其通过一个后台进程监控写入的数据块，当数据块被写入一段时间后通过用编码块替换副本块，采用基于纠删码的容错技术替换基于复制的容错技术，来节省存储空间，并在此基础上测试了延迟编码的时间与带来的性能损耗之间的关系。其结果表明，当延迟时间大于 1 个小时以后，性能的损耗几乎可以忽略不计。此时采用基于纠删码的容错技术能够有效地降低存储开销，而延迟带来的磁盘临时额外开销仅为 12%左右。

真正决定纠删码编码性能的因素包括：编码算法的时间复杂度和编码过程中需要读取、传输和写入的数据量。随着计算机运算能力的飞速增长，编码运算的速度已远远超过数据的读取、传输和写入速度。而影响数据读取、传输和写入量的主要因素是编码前数据的分布情况和采用的编码实现方法。此外，纠删码的数据冗余度也对运算量、数据传输量和写入量有重大影响。冗余度越高，意味着有更多的校验数据需要产生、发送出去并写入到磁盘中。

纠删码的编码运算主要是有限域上的加法和乘法运算，其中较为费时的是乘法运算。所以，乘法运算的数量可以用来表征编码算法的复杂度。此外，编码使用的有限域的大小也对运算时间有很大影响。随着有限域的增大，乘法运算的复杂度呈指数级增长。此外，对于较小的有限域，如 8 位 256 个元素的有限域，可以将所有可能的乘法运算结果保存在内存中，用查表的方法加快乘法运算速度。目前对于常见的参数，上述各类纠删码中较优秀者的编码运算基本可以在 8 位有限域上完成。

王意洁等人[39]指出，传统 MDS 码的存储空间利用率最高，但是其数据修复开销也最大，甚至高于其他种类纠删码数倍。相比于传统 MDS 码，分组码能够以较少的额外存储空间开销为代价，显著降低数据修复的成本。分组码也较容易实现，这也是其在大型存储系统中得到应用的重要原因之一。再生码可以极为有效地降低数据修复开销，但是再生码的存储空间利用率明显低于其他类别纠删码，其存储空间利用率最高也只能达到 50%左右。所以，再生码不适用于对存储成本要求较高的大规模存储系统，而适用于对带宽成本极其敏感的系统。例如，可以将再生码用在数据中心级的数据容错中，因为数据中心之间的网络带宽极其昂贵。

总之，不同的备份技术各有优缺点，需要与实际应用需求结合，经过一定的实际测试才能找到最适合的备份方案。

8.4 数据恢复技术

基于多副本的备份技术的数据恢复过程是比较容易实现的，直接从任意可用副本就可以读取原始数据。大部分的数据恢复技术集中在研究基于纠删码的备份技术，除了从纠删码本身着手降低数据恢复的代价之外，从数据恢复的具体过程着手，优化恢复时的数据读取、传输过程也可以进一步提高数据恢复的效率。

传统的数据恢复方法通常采用星形的数据传输方式，所有数据提供节点直接将数据发送给新生节点，所有参与恢复的节点构成一个以新生节点为中心的星形结构。星形数据恢复方法简单直观，但是中心节点容易成为性能的瓶颈。

现有的数据恢复技术大部分都是基于树型数据修复方法，系统会先构建覆盖所有参与恢复的节点且以新生节点为根的恢复树。在恢复过程中，叶节点先将自己的数据乘以相应的系数，然后将其向上传输给自己的父节点，内部节点收取其所有子节点发送的数据并将这些数据和自己的数据进行一定的组合计算，再将计算结果传输给自己的父节点……以此类推，直至最终到达恢复树的根节点。根节点将收到的所有数据进行组合计算后就可以恢复出失效数据。

根据恢复树构造方法的不同，现有数据恢复技术可以分为两大类：一类是带宽感知的数据恢复技术，这种方法根据网络带宽来构建恢复树，比如树型恢复方法和星型恢复方法的数据传输结构就是基于带宽感知；一类是拓扑感知的数据恢复技术，依据网络拓扑来构建恢复树。

1. 带宽感知的数据恢复技术

2009 年，Li 等人[62]提出基于带宽感知的数据恢复技术。这种方法主要考虑到大规模分布式系统往往是异构的，节点的性能以及网络带宽存在差异，因此试图尽量利用网络中的高可用带宽达到提高数据传输速度、缩短修复时间的目的。他们的研究结果表明，采用以节点间可用网络带宽作为边权重的最大生成树作为恢复树，可以极大地减少数据修复时间。相比于星型数据修复方法，带宽感知的数据修复方法将修复时间缩短了一半。

Li 等人[63]又将充分利用可用带宽的思想引入到再生码技术中，提出了基于再生码的树型数据修复方法 RCTREE。为了更加有效地利用系统中的可用带宽，加速多节点同时失效情况下的数据恢复，Sun 等人[64]扩展了 Li 等人[62]的数据修复方法，提出了一种带宽感知的并行数据修复方法 TPR(Tree-structured Parallel Regeneration)。当多个节点同时失效时，TPR 方法会以各新生节点为根，分别构建多个恢复树，并行地对失效节点进行恢复。

2. 拓扑感知的数据恢复技术

基于拓扑感知的数据恢复技术的基本思想是通过构造与物理拓扑相符的恢复树，来减少数据恢复时在网络拓扑的高层链路上传输的数据量。目前，最常见的网络拓扑仍然为多层的树形结构[65]，由下到上依次为由机架交换机（Top of Rack，TOR）组成的边界层（EdgeLayer）、由聚合交换机组成的数据聚合层（Aggregation Layer）、由核心交换机和路由器组成的核心层（Core Layer）。树形网络的突出问题是高层的带宽往往非常紧张，目前部署的网络中边界层的总带宽仍然为核心层的 4～10 倍[65,66]。近来有关数据中心网络负载的研究[65,67]均表明，核心层链路的利用率是最高的。因此，如果能够有效减少核心层的带宽消耗，将极大地提高系统的整体性能。

针对此问题，Zeng 等人[68]和 Zhang 等人[69]提出了拓扑感知的数据恢复技术，以降低数据恢复时占用的核心网络带宽。这种数据恢复技术的基本思想是，将距离较近的编码块（如处于同一个机柜中的编码块）先就近组合，然后再发送到更远的节点进行进一步的组合，直至最终汇入新生节点。这样就可以逐步减少在网络拓扑高层中传输的数据量，降低核心带宽消耗，从而提高数据修复效率，并降低数据修复对整个系统性能造成的不良影响。他们的研究结果表明，基于拓扑感知的树形数据恢复方法能够有效降低网络拓扑中高层的数据传输量。

基于带宽感知的数据恢复技术虽然在理论上非常吸引人，但是存在难以克服的缺点。首先，分布式系统中节点间的带宽是实时动态变化的，对带宽的测试成本高且难以获得精确的结果；其次，该类技术只是将数据传输导向到较快的链路，并没有降低数据恢复的负载，所以不能有效提升总体的数据恢复效率。此外，很多研究工作涉及的网络模型也与实际网络不太相符。相对而言，基于拓扑感知的数据恢复技术更加具有可操作性。但是，该方法需要由交换机来完成恢复过程中的数据合并，交换机需要支持数据运算，也需要设计专门的底层通信协议，因此限制了基于拓扑感知的数据恢复技术在实际系统中的应用。

8.5　其他相关研究

除了以上介绍的数据备份与恢复技术，还需要研究数据更新时的更新策略、备份数据时怎样去冗余而不损害数据的容错能力等相关问题。

基于多副本的备份技术中，数据更新需要对所有副本进行更新，可以采取只更新修改的数据块的策略。基于纠删码的备份方案中，一个数据块关联着较多的校验块，导致数据更新时需要同时更新较多的块，不仅需要大量的数据传输和写入，也使保持数据的一致性面临挑战。依据更新方式，可将现有纠删码容错技术中的数据更新方法分为 3 种：替换式更新方法、追加式更新方法和混合式更新方法。关于纠删码的研究工作可以参考文献[39]。

在数据备份领域，冗余数据是海量的。为了节省存储资源，备份数据去冗也是一个研究热点[70-74]。为了进一步说明消除冗余数据的重要性，夏文博士在其博士学位论文[71]中给出了主流的存储研究机构（微软、EMC、IBM 等）公布的真实存储系统中的冗余数据负载，如表 8-2 所示。

表 8-2 主流研究机构公布的大规模存储系统中的冗余数据负载

研究机构	数据源出处	总大小	压缩策略	压缩率
微软	857个用户桌面文件系统	162TB	用户内文件级去重	约21%
			用户内8KB块级去重	约42%
			用户间文件级去重	约50%
			用户间8KB块级去重	约68%
	15个MS服务器文件系统	6.8TB	文件级去重	0～16%
			64KB块级去重	15%～90%
EMC	约1万个商用备份存储系统	700TB	8KB块级去重	69%～93%
			8KB块级去重	85%～97%
	6个大型备份存储系统	33TB	差量压缩(去重后)	66%～82%
			GZIP压缩(去重后)	74%～87%
美因茨大学	欧洲4个高性能计算数据中心	1212TB	8KB块级去重	20%～30%
IBM	43个服务器和8个虚拟机镜像	44TB	DEAFLAT压缩	18%～53%

微软研究院于2011年公布了其收集的将近900个用户桌面文件系统的冗余数据负载[75]，其中个人的文件系统中平均存在着约40%的重复数据，用户之间共享的重复数据也高达68%，数据块级去重往往比文件级去重多找到约20%的重复数据。微软研究院于2012年公布的微软桌面服务器文件系统的冗余数据负载[76]显示，微软服务器文件系统中的冗余数据更为丰富，为15%～90%。基于这一观察，微软公司在2012年推出的Window Server 8产品中添加了数据去重功能来提高存储效率[77]。

EMC数据备份研究团队于2012年公布了约1万个商用备份存储系统的冗余数据负载[78]，结果显示备份系统中的冗余数据更为丰富，数据去重技术消除的冗余数据平均高达80%以上，这就意味着可以帮助用户节省4/5的存储空间。此外，差量压缩技术和传统的压缩技术(GZIP [79])则进一步消除了数据去重后的冗余数据[80]。德国美因茨大学(全称：德国美因茨约翰内斯-古腾堡大学，Johannes Gutenberg-University Mainz，Germany)也于2012年公布了其调查的欧洲4个高性能计算数据中心的冗余数据负载[81]，其结果显示重复数据在科学计算这种数据中心场合也占有20%～30%的比例。此外，IBM研究院于2013年公布的研究数据[82]还表明传统的经典压缩技术DEALATE[83,84](联合了哈弗曼编码与字典编码的压缩算法)也可以节省18%～53%的存储空间。

上述各大研究机构公布的数据表明，现在的大规模的存储系统中广泛地存在冗余数据。因此，有效地消除存储系统中的冗余数据有着极大的应用价值。

目前，常用的冗余数据消除技术包括了传统的无损数据压缩技术[79,83]、有损数据压缩技术[85]、差量压缩技术[86,87]、数据去重技术[88]等。数据去重技术(Data Deduplication，重复数据删除)是一种通过大规模地(比如文件级、8KB大小的数据块级)识别和消除冗余数据，从而降低数据存储成本的重要技术[88-90]。数据去重技术相对于传统的压缩技术而言，冗余消除的粒度更大，速度也更快。由于该项技术迎合了数据规模的爆炸式增长的趋势，满足了用户对冗余数据删除的吞吐率的需求，所以不管是学术研究机构，还是各大存储厂商，都非常看好数据去重技术的发展前景。此外，差量压缩技术作为一种针对相似数据的压缩技术，可以通过计算相似数据的修改部分(差量)来消除数据冗余。由于数据去重技术只能识别完全重复的数据，而差量压缩能够有效地识别并消除非重复但是相似数据中的冗余，所以差量压缩作为数据去重的一种补充的压缩技术，在近几年也引起了广泛的关注。

Li 等[91]和 Xia 等[92]均提出先采取一种粗粒度的方法对数据进行预处理，然后采取另外一种细粒度的方法对数据进行处理，从而混合不同的去冗余方法提高系统性能。关于重复数据删除的相关研究工作可以参考文献[93,94]。

8.6 举例：基于喷泉码的数据备份与恢复

以上各节对数据备份与恢复技术做了介绍，本章将引用一个数据备份与恢复系统作为实例对以上技术进行阐述。该实例来源于作者之前的研究工作[95-97]。该项研究工作以喷泉码作为数据编码技术对原始数据进行编码，详细说明当发生数据失效时，如何定位失效位置，如何对数据进行恢复，并对数据恢复的效率进行分析。

喷泉码是一种无固定码率的线性码，假定原来有 k 个数据分组，那么将这 k 个数据分组通过线性变换组成 n 个数据分组，再从 n 个数据分组中任取 $k'(k'\geqslant k)$ 个数据分组将必能得到原始 k 个数据分组。喷泉码具备分布式存储的特点，但是喷泉码在 GF(2)上构造的生成矩阵可逆性低，因而导致译码复杂度非常高。通常，可以通过增加生成矩阵 $\boldsymbol{G}$ 的位长保证 $\boldsymbol{G}$ 中任意 k 阶方阵可逆。由文献[98]定理 1,2 可知，当 $k=100$ 且 $q=2^{20}$，那么 k 阶方阵非奇异的概率 $p\approx 10^{-4}$。此类方法存在的缺点是，一旦数据存在少量篡改，其译码效率会大大降低。

下面将从编码方法、错误检测方法和数据恢复等方面对该系统进行介绍。

8.6.1 基于喷泉码的编码方法

该数据备份系统假定用户的数据以文件方式存储。在数据编码阶段，首先将文件 F 分割成数据块 $D_1,D_2,\cdots,D_n$，然后逐次对原始数据块 D_i 利用扩展密钥(p,q)转换成相应的扩展信息预编码块 X_i，并经过生成矩阵 $\boldsymbol{G}$ 编码成码元 $C_i(C_i=X_iG)$。译码过程中，利用 C_i 中的任意 2 列组成译码元 $\boldsymbol{Q}$，经恢复矩阵 $\boldsymbol{P}$ 可得到相应的信息元 $D_i(D_i=\boldsymbol{QP}^{-1})$。

若 $\boldsymbol{D}_{m\times k}\boldsymbol{G}_{k\times k}=\boldsymbol{C}_{m\times k}$，且 $\boldsymbol{G}$ 可逆，则 $\boldsymbol{D}=\boldsymbol{CG}^{-1}$。当 $\boldsymbol{G}$ 为 $k\times n$ 的矩阵(其中 $n>k$)时，$\boldsymbol{D}_{m\times k}\boldsymbol{G}_{k\times n}=\boldsymbol{C}_{m\times n}$，$\boldsymbol{D}=(D_1,D_2,\cdots,D_k)$，$D_i=(d_{i1},d_{i2},\cdots,d_{im})^{\mathrm{T}}$，$\boldsymbol{G}=(G_1,G_2,\cdots,G_n)$，$G_i=(g_{1i},g_{2i},\cdots,g_{ki})^{\mathrm{T}}$，$\boldsymbol{C}=(C_1,C_2,\cdots,C_n)$，$C_i=(c_{1i},c_{2i},\cdots,c_{mi})^{\mathrm{T}}$，由于 $c_{ij}=d_{i1}g_{1j}+d_{i2}g_{2j}+\cdots+d_{im}g_{mj}$，因此在 $\boldsymbol{C}$ 中任取 k 列组成译码元 $\boldsymbol{Q}$，在 $\boldsymbol{G}$ 中取相应的 k 列组成译码矩阵 $\boldsymbol{P}_{k\times k}$，只要 $\boldsymbol{P}$ 可逆，就有 $\boldsymbol{D}=\boldsymbol{QP}^{-1}$。

当前面临的主要问题是如何使生成矩阵 $\boldsymbol{G}$ 中任取 k 列所组成的恢复矩阵 $\boldsymbol{P}$ 可逆。范德蒙矩阵(Vander Monde Matrix)即满足任意 k 列所组成的方阵可逆,只要满足初始生成元不相等即可。设 $\boldsymbol{V}=(\alpha_1,\alpha_2,\cdots,\alpha_n)$,当 $\alpha_i\neq 0,i\in(1,2,\cdots,n)$,且 $\alpha_i\neq\alpha_j(i\neq j)$,那么令

$$\boldsymbol{G}=\begin{bmatrix}\alpha_1^0 & \alpha_2^0 & \cdots & \alpha_n^0\\ \alpha_1^1 & \alpha_2^1 & \cdots & \alpha_n^1\\ \vdots & \vdots & \ddots & \vdots\\ \alpha_1^{k-1} & \alpha_2^{k-1} & \cdots & \alpha_n^{k-1}\end{bmatrix}$$

因此有任意的 k 列所组成的方阵可逆。并且理论上只要 k 足够大,就能对任意大的文件进行编码。但是随着 k 的增大,α_i^k 的值呈指数增长,因此生成矩阵所占用的空间将变得越来越大,所需要存储的位也越来越多。而在实际应用时,为了保证足够的冗余,整个生成矩阵 $\boldsymbol{G}$ 的行数不可能无限制地增长。

当 $\alpha_i=2,k=8$ 时,α_i^k 需要 8bits 的存储空间。假定存储位为 8 位,那么当 $\alpha_i\neq\alpha_j,\alpha_i,\alpha_j\in\mathbb{Z}^+,k=4$ 时,$n\leqslant 6$;当 $k=3$ 时,$n\leqslant 15$;当 $k=2$ 时,$n\leqslant 255$。因此在不超过 8 位的情况下,范德蒙矩阵最大的可选维数分别为 4×6、3×15 和 2×255。鉴于冗余量的考虑,本文生成矩阵 $\boldsymbol{G}$ 的行数设为 2。

由于恢复矩阵 $\boldsymbol{P}$ 只能为 2×2 的方阵,所以要使 $\boldsymbol{D}_{m\times c}$ 能够得到恢复,那么 $\boldsymbol{D}$ 中的列 $c=2$,且 $\boldsymbol{G}_{k\times n}$ 中行 $k>2$,因此必须对 $\boldsymbol{D}$ 进行线性扩展,使得 $\boldsymbol{D}$ 由 $\boldsymbol{D}_{m\times c}$ 转变为 $\boldsymbol{D}_{m\times k}$。本文考虑到 $d=2$,如果选择生成矩阵的行值 k 过大,且要在 k 行中构造任意的 d 阶方阵可逆,则会导致扩展位构造过于复杂。由于二进制中位长为 3 且不为零向量的个数为 7,因此选择 $k=3,n=7$ 构建任意 2 阶可逆矩阵。本文使用线性扩展将信息元 $\boldsymbol{D}$ 扩展成预编码块 $\boldsymbol{X}$,扩展方法如下。

由于 $\boldsymbol{D}=(D_1,D_2)$,要将其扩展为预编码块 $\boldsymbol{X}=(X_1,X_2,X_3)$,其中相应有 $X_1=D_1$,$X_2=D_2$,$X_3=pD_1+qD_2$,p,q 为扩展密钥。$\boldsymbol{G}=(G_1,G_2,G_3)^{\mathrm{T}}$,由于 $\boldsymbol{XG}=\boldsymbol{C}$,同时令 $\boldsymbol{R}=(G_1+pG_3,G_2+qG_3)^{\mathrm{T}}$,因此 $\boldsymbol{XG}=\boldsymbol{C}$ 相应地可转化为 $\boldsymbol{DR}=\boldsymbol{C}$。在 $\boldsymbol{C}$ 中任取线性无关的两列组成译码元 $\boldsymbol{Q}$,同时在 $\boldsymbol{R}$ 中取相应的两列组成恢复矩阵 $\boldsymbol{P}$,当恢复矩阵 $\boldsymbol{P}$ 可逆则有 $\boldsymbol{D}=\boldsymbol{QP}^{-1}$。要使恢复矩阵 $\boldsymbol{P}$ 可逆,扩展密钥 p,q 必须具备何种条件,下面将对此进行分析。

令 $\boldsymbol{D}=(\alpha_1,\alpha_2)$,$\alpha_3=p\alpha_1+q\alpha_2$,那么 $\boldsymbol{D}$ 可扩展为 $\boldsymbol{X}$。令 $\boldsymbol{X}=(\alpha_1,\alpha_2,\alpha_3)$

$$\boldsymbol{G}=\begin{bmatrix}0 & 0 & 0 & 1 & 1 & 1 & 1\\ 0 & 1 & 1 & 0 & 0 & 1 & 1\\ 1 & 0 & 1 & 0 & 1 & 0 & 1\end{bmatrix}$$

任取 $\boldsymbol{G}$ 中两列,记作 $\boldsymbol{T}$

$$\boldsymbol{T}=\begin{bmatrix}a_1 & b_1\\ a_2 & b_2\\ a_3 & b_3\end{bmatrix}$$

因为 $\boldsymbol{XG}=\boldsymbol{C}$,所以有 $\boldsymbol{XT}=\boldsymbol{Q}$,$\boldsymbol{Q}=(\beta_1,\beta_2)$ 且 $\boldsymbol{Q}\subseteq\boldsymbol{C}$。当

$$\boldsymbol{P}=\begin{bmatrix}a_1+pa_3 & b_1+pb_3\\ a_2+qa_3 & b_2+qb_3\end{bmatrix}$$

$\boldsymbol{DP}=\boldsymbol{Q}$。因此只要 $\boldsymbol{P}$ 可逆，根据 $\boldsymbol{D}=\boldsymbol{QP}^{-1}$ 便可得到 $\boldsymbol{D}$。由于

$$\boldsymbol{R}=\begin{bmatrix} p & 0 & p & 1 & 1+p & 1 & 1+p \\ q & 1 & 1+q & 0 & q & 1 & 1+q \end{bmatrix}$$

且 $\boldsymbol{P}\subseteq\boldsymbol{R}$，所以要求 $\boldsymbol{R}$ 中任意两列可逆，即任意两列所组成的行列式不为 0。所以，要同时满足$\{p\neq 0, q\neq 0, p\neq q, p\neq -1, q\neq -1, p+q\neq -1, p\neq q+1, q\neq p+1\}$。因此当 $p,q\in\mathbb{Z}^{+}$，$|p-q|\geqslant 2$ 时，$\boldsymbol{R}$ 中任意 2 阶方阵可逆。

首先将原始数据 $\boldsymbol{D}_{m\times 2}$ 经扩展密钥(p,q)扩展得到预编码块 $\boldsymbol{X}_{m\times 3}$，然后将预编码块 $\boldsymbol{X}$ 经编码矩阵$\boldsymbol{G}_{3\times 7}$ 编码得到码元 $\boldsymbol{C}_{m\times 7}$，最后将码元 $\boldsymbol{C}$ 与生成矩阵$\boldsymbol{G}$ 按照列对应进行组合，记为码块。其编码过程如图 8-4 所示。从码块中任取 2 列（比如选取第 2 列和第 5 列）分别组成译码元 $\boldsymbol{Q}$ 与恢复矩阵 P，由 $\boldsymbol{D}=\boldsymbol{QP}^{-1}$ 即译码公式得到原始数据 $\boldsymbol{D}$。因为 $\boldsymbol{G}$ 是公开存在且已知的，所以实际上我们只需将编码码元 $\boldsymbol{C}$ 按编号存储即可。相应的理想译码过程如图 8-5 所示。

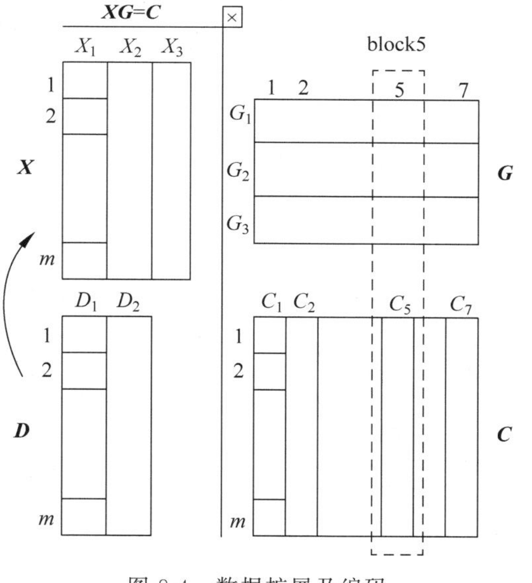

图 8-4　数据扩展及编码

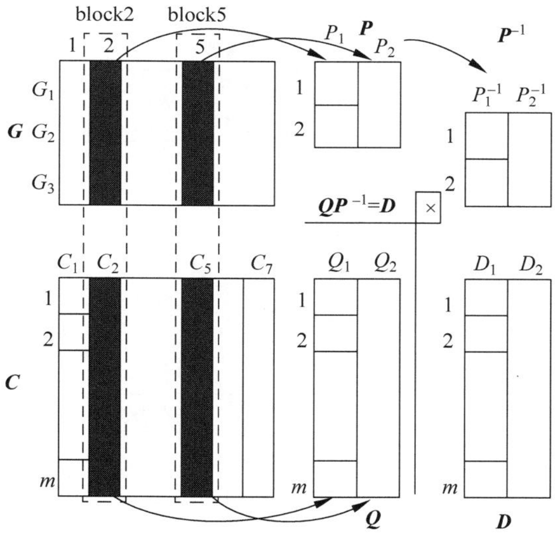

图 8-5　数据转换及译码

用户存储数据时，随机生成符合条件的扩展密钥对数据进行编码，然后销毁扩展密钥。当用户需要从服务器还原数据时，必须输入存储过程中用到的扩展密钥，同时设定输入扩展密钥的上限次数。如果在允许次数内没有正确地输入扩展密钥，那么认为此用户并非原数据拥有者，因此锁定其数据并禁止其译码，从而达到保护用户数据隐私的目的。

8.6.2　错误检测方法

数据进行编码存储，在读取数据时，怎样发现数据是否错误是一件极其重要的事情。在对数据以基于喷泉码的方法进行编码后，将采用以下方法进行错误检测。

假定编码前的原始数据 $\boldsymbol{D}$ 是完整无误的，那么其相应的预编码 $\boldsymbol{X}$ 也是正确的。因此，只考虑编码后的数据发生错误的情况。在本方案中，$\boldsymbol{G}$ 是可以公开存放的，因此发生错误的只可能是码元 $\boldsymbol{C}$。

假设码元 $\boldsymbol{C}$ 发生错误，且假设 $\Delta\boldsymbol{C}$ 为错误部分，错误的码元记为 $\boldsymbol{C}^*=\boldsymbol{C}+\Delta\boldsymbol{C}$，且有 $\boldsymbol{Q}=(C_i,C_j)$，其中 $i,j\in(1,2,\cdots,7)$。当 $\boldsymbol{C}$ 中第 i 行发生错误时，那么相应地有 $\boldsymbol{Q}$ 中第 i 行也发生错误，$\Delta\boldsymbol{Q}$ 为 $\boldsymbol{Q}$ 中所包含的错误部分，记错误的 $\boldsymbol{Q}^*=Q+\Delta\boldsymbol{Q}$，其译码过程如图 8-6 所示。$\boldsymbol{D}^*=\boldsymbol{Q}^*P^{-1}=(\boldsymbol{Q}+\Delta\boldsymbol{Q})P^{-1}=\boldsymbol{D}+\Delta\boldsymbol{D}$（其中 $\Delta\boldsymbol{D}$ 为译码过程中所包含的错误信息），因此译码得到的数据 $\boldsymbol{D}^*$ 所包含的 k 个块在第 i 个元素均发生错误。因为不能得知译码结果是否正确（即是否译码得到原始数据 $\boldsymbol{D}$），所以错误检测显得非常重要。

错误检测分成初次检测与逆向检测两步，如图 8-7 所示。初次检测只对 $\boldsymbol{P}$ 进行检测，其原理如下：由于 $\boldsymbol{XG}=\boldsymbol{C}$，并且 $\boldsymbol{G}$ 中任意 2 列线性无关，因此从编码块中任取 2 列，其中

$$\boldsymbol{P}=(R_i,R_j),\quad \boldsymbol{Q}=(C_i,C_j),\quad i\neq j\ 且\ i,j\in(1,2,\cdots,7)$$

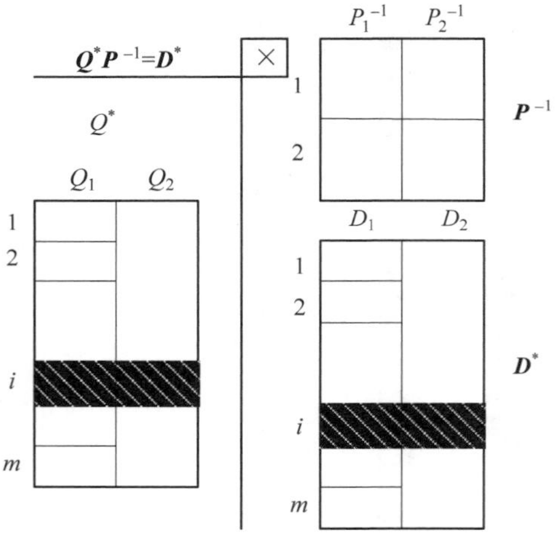

图 8-6　仅译码元 $\boldsymbol{Q}$ 发生篡改的译码结果

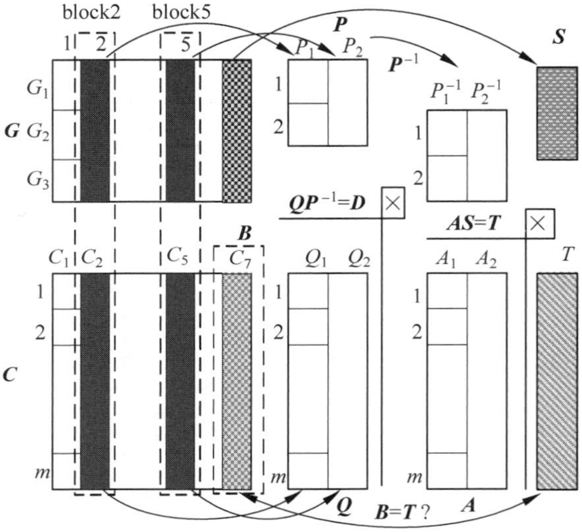

图 8-7　篡改检测原理

理想情况下译码矩阵 $\boldsymbol{P}$ 绝对可逆，因此首先对 $\boldsymbol{P}$ 进行可逆检测。如果 $\boldsymbol{P}$ 不可逆，那么 $\boldsymbol{P}$ 中存在篡改（即 p,q 不正确）；否则实行逆向检测。

逆向检测原理：理想情况下 $\boldsymbol{QP}^{-1}=\boldsymbol{D}$，由于未经检测不知道译码结果是否准确，因此假设 $\boldsymbol{QP}^{-1}=\boldsymbol{A}$，再从该编码块中取不同于译码元的 $\boldsymbol{Q}$ 中任意一列编码信息分别组成校验元 $\boldsymbol{B}$ 和二次生成元 $\boldsymbol{S}$，其中

$$\boldsymbol{S}=R_k,\boldsymbol{B}=C_k,\quad k\in(1,2,\cdots,7)\ 且\ R_k\notin\boldsymbol{P},\quad C_k\notin\boldsymbol{Q}$$

利用 $\boldsymbol{AS}=\boldsymbol{T}$ 得到逆元 $\boldsymbol{T}$；比较逆元 $\boldsymbol{T}$ 与校验元 $\boldsymbol{B}$，如果 $\boldsymbol{T}\neq\boldsymbol{B}$，那么译码信息中仍然存在错误，否则认为没有错误，即译码成功。

那么错误检测的准确率能否满足要求？下面将对此进行分析。

在错误检测过程中存在4种情况：正确的肯定、正确的否定、错误的肯定和错误的否定。其中误码是发生在正确的否定和错误的肯定两种情况下。

为了便于分析，我们将矩阵校验过程看成一个长度为 n 的组合中随机抽样的过程，即从 n 长码字中取 $k+1$ 个码字完成校验，排列中的每个元素有 2^{τ} 个值可取，即码字的值的集合个数 $q=2^{\tau}$。从有 e 个错误元素的组合 n 中取出的 $k+1$ 个元素组成的排列完全正确的概率为 P_r，取出 $k+1$ 个元素组成的排列有 m 个错误的概率为 P_m，那么 P_r，P_m 分别如公式(8-1)和公式(8-2)所示。

$$P_r=\frac{C_{n-e}^{k+1}}{C_n^{k+1}} \tag{8-1}$$

$$P_m=\frac{C_e^m C_{n-e}^{k+1-m}}{C_n^{k+1}} \tag{8-2}$$

假定 x 代表译码信息，$\boldsymbol{C}$ 代表码元，那么 $p(x|\boldsymbol{C})$ 表示译码信息 x 属于码元 $\boldsymbol{C}$ 的概率；相反的有 $1-p(x|\boldsymbol{C})$ 表示译码信息 x 不属于码元 $\boldsymbol{C}$ 的概率。译码信息 $\boldsymbol{D}^*$ 与信息元 $\boldsymbol{D}$ 的差距记作 $\Delta\boldsymbol{Q}$，即 $\Delta\boldsymbol{Q}=\boldsymbol{D}^*-\boldsymbol{D}$，当 $\Delta\boldsymbol{Q}=0$ 时认为译码无误，否则认为译码有误。因此，在检验正确的条件下被判定为错误的概率 P_{pneg} 和在校验错误的条件下被判定为正确的概率，P_{fpos} 则可分别表示为：$P_{pneg}=P_r\{\Delta\boldsymbol{Q}\neq 0|\boldsymbol{D}=\boldsymbol{Q}\boldsymbol{P}^{-1}\}$ 和 $P_{fpos}=P_r\{\Delta\boldsymbol{Q}=0|\boldsymbol{D}^*=\boldsymbol{Q}^*\boldsymbol{P}^{-1}\}$。

当挑选 $k+1$ 个元素完全正确但检测为错误的概率 P_{pneg}、当挑选的 $k+1$ 个元素中有 m 个错误元素却被检测正确的概率 P_{fpos} 的计算公式分别如公式(8-3)与公式(8-4)所示。

$$P_{pneg}=1-\frac{1}{q^{k+1}} \tag{8-3}$$

$$P_{fpos}=\frac{1}{C_{k+1}^m\times(q-1)^m} \tag{8-4}$$

因此误检测的概率 P_{er} 满足公式(8-5)。

$$P_{er}=P_r\times P_{pneg}+P_m\times P_{fpos}=\frac{C_{n-e}^{k+1}}{C_n^{k+1}}\times(1-1/q^{k+1})+$$
$$\sum_{m=1}^{\min\{e,k+1\}}\left\{\frac{C_e^m C_{n-e}^{k+1-m}}{C_n^{k+1}}\times\frac{1}{C_{k+1}^m(q-1)^m}\right\} \tag{8-5}$$

在给定 q 的条件下，运用 Matlab 分析参数 n，k 及 e 对 P_{er} 的影响(以下数据均是当 $q=256$ 时通过计算得到的)。当抽样数据量 k 一定时，误检测概率 P_{er} 与篡改数据量 e 及总数据量 n 的关系如图8-8所示。由图8-8可知，当 k、e 一定时，误检测概率与 n 成正比；当 k、n 一定时，误检测概率与 e 成反比。

在篡改数据量 e 不变的条件下，误检测概率 P_{er} 与抽样数据量 k 及总数据量 n 的关系如图8-9所示。由图8-9可知，在 e、k 一定时，P_{er} 与 n 的大小成正比；当 e、n 一定时，P_{er} 与 k 成反比。

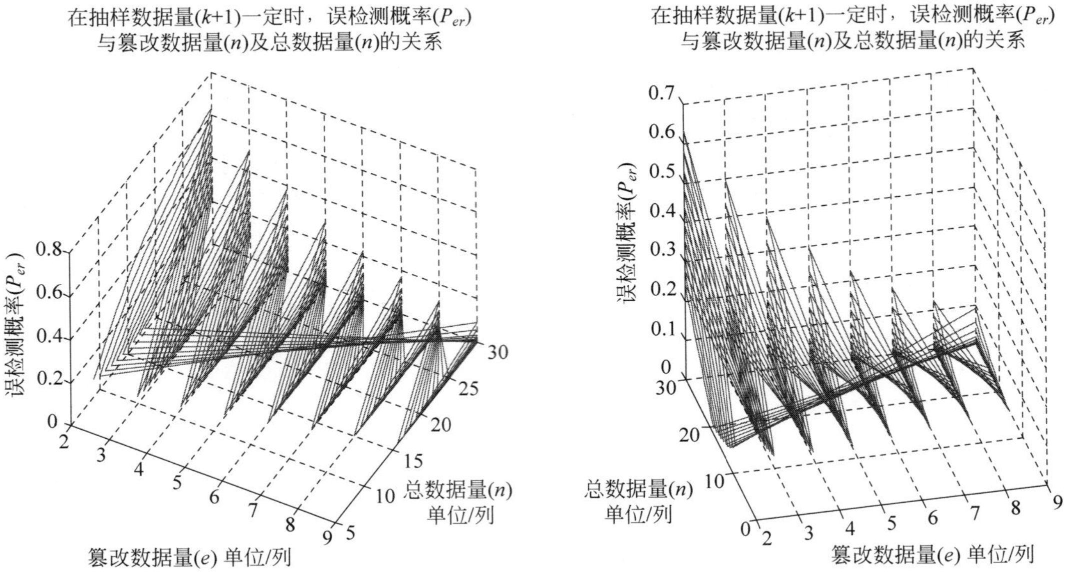

(a) 左视图　　(b) 右视图

图 8-8　k 为常量时 P_{er} 与 n、e 的关系

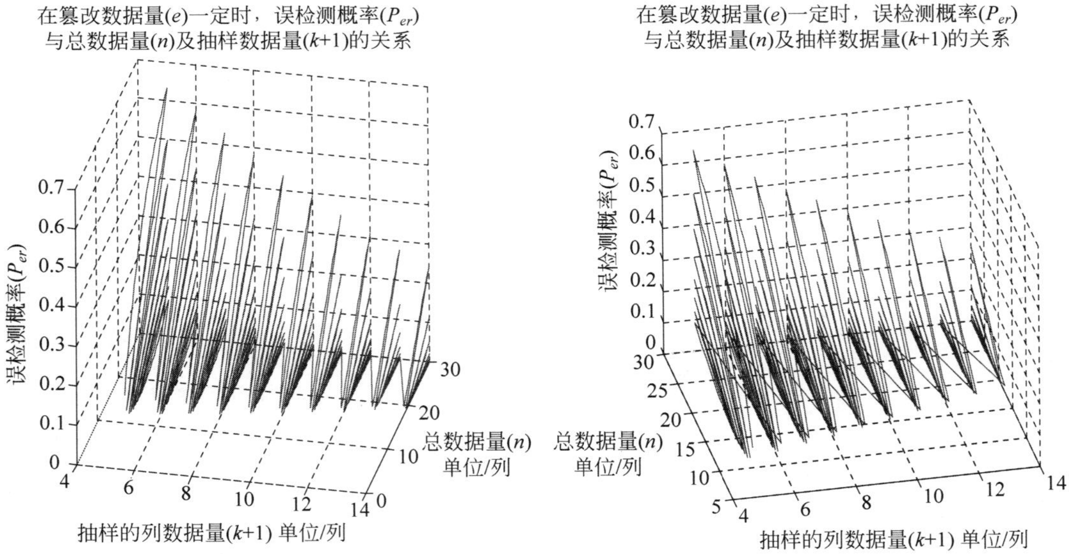

(a) 左视图　　(b) 右视图

图 8-9　e 为常量时 P_{er} 与 n、k 的关系

在总数据量 n 不变的条件下，误检测概率 P_{er} 与抽样数据量 k 及篡改数据量 e 的关系如图 8-10 所示。由图 8-10 可知，在 n、e 定时，P_{er} 与 k 成反比；在 n、k 一定时，P_{er} 与 e 成反比。

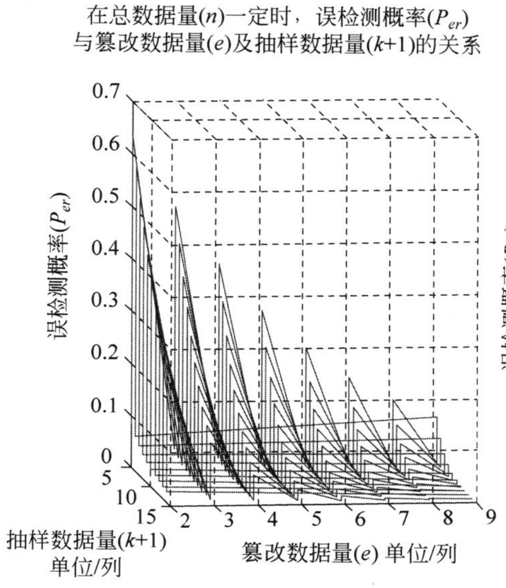

(a) 左视图

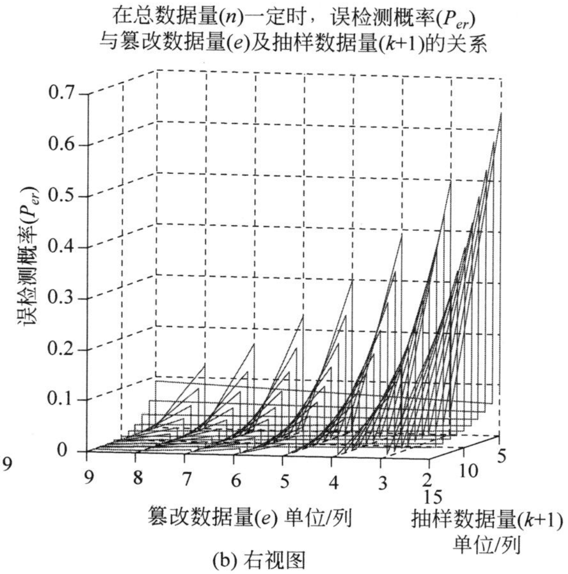

(b) 右视图

图 8-10　n 不变时 P_{er} 与 e、k 的关系

当 $k=5$，$e=2$，$n=9$，$q=256$ 时，根据公式(8-5)有误检测的概率为 0.083661。根据对公式(8-5)的分析可知，n，k，e 与 P_{er} 的关系如表 8-3 所示。因此可以根据表 8-3 各参数与误检测概率的关系来设定参数 n，k 的值，以提高检测准确率。

表 8-3　n，k，e 和 P_{er} 的关系

给定条件	P_{er} 与第三个变量的关系
n，k 为常量的条件下	反比
n，e 为常量的条件下	反比
k，e 为常量的条件下	正比

只要编码 n 足够大，就可以使误检测概率降低到所设定的额定指标（$P_{ed}=1.0\times10^{-4}$），从而达到检错要求。

8.6.3　数据恢复方法

错误检测的目标是进行数据恢复。在本方案中，错误只发生在编码后的数据块 $\boldsymbol{C}$ 中，因此只需利用该码块内的码元 $\boldsymbol{C}$ 和生成矩阵 $\boldsymbol{G}$ 进行译码，当码元 $\boldsymbol{C}$ 中的篡改列数 $m\leqslant4$，该码块所包含原始数据 $\boldsymbol{D}$ 便能得到恢复。

假定编码数据块的数量为 number_block，ratio 为篡改比例，错误数据块的数量为 number，m 为码块的行数，flag 标记译码状态，当 flag(k)=0 表示码块中第 k 行译码有误，flag(k)=1 则表示第 k 行译码成功。check 为状态校验元，只有当译码状态标记 flag 与 check 完全一致时，才认为译码成功(通过 flag 与 check 按位与来验证 flag 与 check 是否相等)。块搜索算法(Block Search Algorithm，BSA)如下。

算法：Block Searching Algorithm

```
Ratio=preDesign, number=number_block×ratio,
check=ones(1,m), N=35, m=pre_row
for i=1 to number
  flag = zeros(1, m)
  for j=1 to N
    在第i个编码块C_i中提取译码矩阵Q_j，并根据Q_j的列标号相应地取P_j
    if P_j可逆
      根据Q_jP_j^(-1) = A_j 求解信息元A_j；并在C_i中选取任意一列不属于译码元的
      Q_j 作为校验元B，并在译码矩阵中取与B列标号相同的列信息作为
      二次生成元S，再利用A_jS=T_j得到逆元T_j；比较逆元T_j与校验元B，
      进行逆向检测
    for k=1to m
      if T_j(k)==B(k)
        R(k)=A(k)
        flag(1, k)=1
    if flag&check==check
      part_File(i)=R,  break
```

要得到原始数据，必须对各个子码块逐块进行译码。首先在子码块 i 中提取恢复矩阵 $\boldsymbol{P}_j$，如果恢复矩阵 $\boldsymbol{P}_j$ 可逆，则利用第 i 个子码块中相应的译码元 $\boldsymbol{Q}_j$ 并根据 $\boldsymbol{Q}_j\boldsymbol{P}_j^{-1}=\boldsymbol{A}_j$ 求解信息元 $\boldsymbol{A}_j$；并在子码块 i 中选取不属于译码元的 $\boldsymbol{Q}_j$ 作为校验元 $\boldsymbol{B}$，在译码矩阵中取与 $\boldsymbol{B}$ 列标号相同的列信息作为二次生成元 $\boldsymbol{S}$，再利用 $\boldsymbol{A}_j\boldsymbol{S}=\boldsymbol{T}_j$ 得到逆元 $\boldsymbol{T}_j$；比较逆元 $\boldsymbol{T}_j$ 与校验元 $\boldsymbol{B}$，进行重构检测；如果 $\boldsymbol{T}_j(k)=\boldsymbol{B}(k)$，将 $\boldsymbol{A}(k)$ 中的信息存储到 $\boldsymbol{R}(k)$ 中，当 $\boldsymbol{R}$ 存储满则译码成功(即译码状态标记 flag 与状态校验元 check 完全一致)，否则直到码块 i 中取到所有恢复矩阵中的 $\boldsymbol{P}_{35}$ 与译码元 $\boldsymbol{Q}_{35}$(由于从 7 中选择 3 个数的组合为 35，因此每个数据块的最大搜索次数 $N=35$。当文件比较大时，需要译码的数据块增加，但由于块间信息相互独立，因此译码呈线性增长)，如果仍不成功则表明译码失败。

8.7 本章小结

本章介绍了云存储系统中的数据备份与恢复技术。因为云存储与分布式存储系统中的备份与恢复技术差异较小，所以介绍的这些内容也都是分布式存储系统下的研究工作。首先对备份系统分类与性能指标进行了概述；然后介绍了纠删码技术的原理和发展，介绍了基于多副本与基于纠删码的备份技术及其对比，简单介绍了数据恢复技术及一些相关研究

工作；最后以一个基于喷泉码的数据备份与恢复系统为例阐述了一个完整的数据备份与恢复过程。

参考文献

[1] Ghemawat S, Gobioff H, Leung S T. The Google File System [C]. In Proc. of the Symp. on Operating Systems Principles (SOSP 2003), 2003: 29-43.

[2] Apache. HDFS Architecture Guide [EB/OL]. 2018[2018-10-15]. http://hadoop.apache.org/docs/stable/hadoop-project-dist/hadoop-hdfs/HdfsDesign.html.

[3] Shvachko K, Kuang H, Radia S, et al. The Hadoop Distributed File System [C]. In Proc. of the IEEE 26th Symp. on Mass Storage Systems and Technologies (MSST), 2010: 1-10.

[4] Shannon C E. A Mathematical Theory of Communication [J]. Bell System Technical Journal, 1948, 27(3): 379-423.

[5] Richard Wesley Hamming. Error Detecting and Error Correcting Codes [J]. Bell System Technical Journal, 1950, 29 (2): 147-160.

[6] Golay M J E. Notes on Digital Coding [C]. In Proc. of the IRE 37, 1949: 657.

[7] Moon T K. Error Correction Coding [M]. Hoboken, New Jersey: John. Wiley&Sons, Inc., 2005: 27-37, 120-147, 235-248.

[8] ReedI S. A Class of Multiple-Error-Correcting Codes and the Decoding Scheme [J]. Transactions of the IRE Professional Group on Information Theory, 1954, 4 (4): 38-49.

[9] Muller D E. Application of Boolean Algebra to Switching Circuit Design and to Error Detection [J]. Transactions of the I. R. E. Professional Group on Electronic Computers, 1954, EC-3(3): 6-12.

[10] Merkey P, Posner E C. Optimum Cyclic Redundancy Codes for Noisy Channels [J]. IEEE Transactions on Information Theory (TIT), 1984, 30(6): 865-867.

[11] Bose R C, Ray-Chaudhuri D K. On A Class of Error Correcting Binary Group Codes [J]. Information and Control (IANDC), 1960, 3(1): 68-79.

[12] Hocquenghem A. Codes Correcteurs D'Erreurs [J]. Chiffres, 1959, 2(2): 147-156.

[13] Reed I S, Solomon G. Polynomial Codes over Certain Finite Fields [J]. Journal of the Society for Industrial & Applied Mathematics, 1960, 8(2): 300-304.

[14] Chen X, Reed I S. Error-control Coding for Data Networks [M]. Netherlands: Kluwer Academic Publishers, 1999.

[15] Elias P. Coding for Two Noisy Channels [C]. In Proc. of the Third London Symposium on Information Theory, 1955: 67-67.

[16] Branka Vucetic, Jinhong Yuan. Turbo Codes [M]. Springer US, 2000.

[17] Gallager R G. Low-density Parity-Check Codes [J]. IRE Transactions on Information Theory, 1962, 8(1): 21-28.

[18] MacKay D J C, Neal R M. Near Shannon Limit Performance of Low Density Parity Check Codes [J]. Electronics Letters, 1996, 32(18): 1645-1646.

[19] Richardson T J, Urbanke R L. The Capacity of Low-Density Parity-Check Codes under Message-

Passing Decoding [J]. IEEE Transactions on Information Theory,2001,47(2): 599-618.

[20] 文红,符初生,周亮. LDPC 原理与应用[M]. 成都: 电子科技大学出版社,2006: 9-14.

[21] Byers J W,Luby M,Mitzenmacher M,et al. A Digital Fountain Approach to Reliable Distribution of Bulk Data [J]. ACM SIGCOMM Computer Communication Review,1998,28(4): 56-67.

[22] Luby M. LT Codes [C]. In Proc. of the 43rd Annual IEEE Symposium on Foundations of Computer Science (FOCS),2002: 271-277.

[23] Shokrollahi A. Raptor Codes [J]. IEEE Transactions on Information Theory (TIT),2006,52(6): 2551-2567.

[24] 王意洁,孙伟东,周松,等. 云计算环境下的分布存储关键技术[J]. 软件学报,2012,23(4): 962-986.

[25] Weil S A,Pollack K T,Brandt S A,et al. Dynamic Metadata Management for Petabyte-Scale File Systems [C]. In Proc. of the ACM/IEEE Conf. on Supercomputing (SC 2004),2004: 4-8.

[26] Hua Y, Jiang H, Zhu Y F, et al. SmartStore: A New Metadata Organization Paradigm with Semantic-Awareness for Next-Generation File Systems [C]. In Proc. of the FAST,2009: 1-12.

[27] Muthitacharoen A,Morris R,Gil T M,et al. Ivy: A Read/Write Peer-To-Peer File System [C]. In Proc. of the 5th Symp. on Operating Systems Design and Implementation,2002: 31-44.

[28] Decandia G,Hastorun D,Jampani M,et al. Dynamo: Amazon's Highly Available Key-Value Store [C]. In Proc. of the SOSP 2007: 205-220.

[29] Lakshman A,Malik P. Cassandra: A Decentralized Structured Storage System [J]. ACM SIGOPS Operating Systems Review,2010,44(2): 35-40.

[30] Karger D,Lehman E,Leighton T,et al. Consistent Hashing and Random Trees: Distributed Caching Protocols for Relieving Hot Spots on the World Wide Web [C]. In Proc. of the STOC 1997: 654-663.

[31] Gu Q F,Chen B,Zhang Y P. Dynamic Replica Placement and Location Strategies for Data Grid [C]. In Proc. of the Int'l Conf. on Computer Science and Software Engineering (CSSE),2008: 35-40.

[32] Ding Y,Lu Y. Automatic Data Placement and Replication in Grids [C]. In Proc. of the HIPC, 2009: 30-39.

[33] Sashi K, Thanamani A S. A New Replica Creation and Placement Algorithm for Data Grid Environment [C]. In Proc. of the Int'l Conf. on Data Storage and Data Engineering (DSDE),2010: 265-269.

[34] Dabek F,Kaashoek M F,Karger D,et al. Wide-Area Cooperative Storage with CFS [C]. In Proc. of the 18th ACM Symp. on Operating System Principles (SOSP),2001: 202-215.

[35] Rowstron A, Druschel P. Storage Management and Caching in PAST, A Large-Scale, Persistent Peer-To-Peer Storage Utility [C]. In Proc. of the SOSP 2001: 188-201.

[36] Chandy J A. A Generalized Replica Placement Strategy to Optimize Latency in A Wide Area Distributed Storage System [C]. In Proc. of the DADC 2008: 49-54.

[37] Lin W K,Chiu D M,Lee Y B. Erasure Code Replication Revisited [C]. In Proc. of the International Conference on Peer-To-Peer Computing,2004: 90-97.

[38] Weatherspoon H,Kubiatowicz J. Erasure Coding Vs. Replication: A Quantitative Comparison [C]. In Proc. of the First International Workshop on Peer-to-Peer Systems (IPTPS),2002: 328-338.

[39] 王意洁,许方亮,裴晓强. 分布式存储中的纠删码容错技术研究[J]. 计算机学报,2017,40(1): 236-255.

[40] 罗象宏,舒继武. 存储系统中的纠删码研究综述[J]. 计算机研究与发展,2012,49(1): 1-11.

[41] 傅颖勋,文士林,马礼,等. 纠删码存储系统单磁盘错误重构优化方法综述[J]. 计算机研究与发展,2018,55 (1): 1-13.

[42] 陈亮,张景中,滕鹏国,等. 随机二元扩展码: 一种适用于分布式存储系统的编码[J]. 计算机学报,2017,40 (9): 1980-1995.

[43] Dimakis A,Godfrey P,Wainwright M,et al. Network Coding for Distributed Storage Systems [C]. In Proc. of the INFOCOM,2007: 2000-2008.

[44] Rashmi K V,Shah N B,Kumar P V,et al. Explicit Construction of Optimal Exact Regenerating Codes for Distributed Storage [C]. In Proc. of the 47th Annual Allerton Conference on Communication,Control,and Computing (Allerton'09),2009: 1243-1249.

[45] Dimakis A G,Ramchandran K,Wu Y,et al. A Survey on Network Codes for Distributed Storage [J]. Proceedings of the IEEE,2011,99(3): 476-489.

[46] Jiekak S,Kermarrec A M,Scouarnec N L,et al. Regenerating Codes: A System Perspective [J]. ACM SIGOPS Operating Systems Review,2013,47(2): 23-32.

[47] Ahlswede R,Cai N,Li S Y R,et al. Network Information Flow [J]. IEEE Transactions on Information Theory,2000,46(4): 1204-1216.

[48] Wu Y,Dimakis A G. Reducing Repair Traffic for Erasure Coding-Based Storage via Interference Alignment [C]. In Proc. of the IEEE International Conference on Symposium on Information Theory,2009: 2276-2280.

[49] Rashmi K V,Shah N B,Kumar P V. Optimal Exact-Regenerating Codes for Distributed Storage at the MSR and MBR Points via a Product-Matrix Construction [J]. IEEE Transactions on Information Theory,2011,57(8): 5227-5239.

[50] Shah N B,Rashmi K V,Kumar P V,et al. Distributed Storage Codeswith Repair-by-Transfer and Nonachievability of Interior Points on the Storage-Bandwidth Tradeoff [J]. IEEE Transactions on Information Theory,2012,58(3): 1837-1852.

[51] Lin S J,Chung W H. Novel Repair-by-Transfer Codes and Systematic Exact-MBR Codes with Lower Complexities and Smaller Field Sizes [J]. IEEE Transactions on Parallel & Distributed Systems, 2014,25(12): 3232-3241.

[52] Hu Y,Lee P P C,Shum K W. Analysis and Construction of Functional Regenerating Codes with Uncoded Repair for Distributed Storage Systems [C]. In Proc. of the INFOCOM,2013: 2355-2363.

[53] 陈越,王龙江,严新成,等. 基于再生码的拟态数据存储方案[J]. 通信学报,2018,39(4): 21-34.

[54] Plank J S,Simmerman S,Schuman C D. Jerasure: A library in C/ C++ Facilitating Erasure Coding for Storage Applications (Version 1. 2) [EB/OL]. Research Report,Department of Electrical Engineering and Computer Science,University of Tennessee,2008[2018-10-15]. http://web. eecs. utk. edu/~plank/plank/papers/CS-08-627. pdf.

[55] Plank J S,Luo J Q,Schuman C D,et al. A Performance Evaluation and Examination of Open-Source Erasure Coding Libraries for Storage [C]. In Proc. of the FAST,2009: 253-265.

[56] Zhang Z,Deshpande A,Ma X S,et al. Does Erasure Coding Have A Role To Play in My Data

Center? [EB/OL]. Technical Report, MSR-TR- 2010-52, Microsoft Research, 2010[2018-10-15]. https://www.microsoft.com/en-us/research/wp-content/uploads/2010/05/paper.pdf.

[57] Fan B, Tantisiriroj W, Xiao L, et al. DiskReduce: RAID forData-Intensive Scalable Computing [C]. In Proc. of the Petascale Data Storage Workshop (PDSW 2009), 2009: 6-10.

[58] Weatherspoon H, Kubiatowicz J D. Erasure Coding Vs. Replication: A Quantitative Comparison [C]. In Proc. of the Peer-to-Peer Systems, 2002: 328-337.

[59] David Bindel, Yan Chen, Patrick Eaton, et al. Oceanstore: an Extremely Wide-Area Storage System [R]. Technical Report, University of California at Berkeley, Berkeley, CA, USA, 2002.

[60] Rodrigues R, Liskov B. High Availability in DHTs: Erasure Coding vs. Replication [C]. In Proc. of the IPTPS, 2005: 226-239.

[61] Kossmann D, Kraska T, Loesing S, et al. Cloudy: A Modular Cloud Storage System [C]. In Proc. of the 36th Int'l Conf. on Very Large Data Bases, 2010: 1533-1536.

[62] Li J, Yang S, Wang X, et al. Tree-structured Data Regeneration with Network Coding in Distributed Storage Systems [C]. In Proc. of the International Workshop on Quality of Service, 2009: 1-9.

[63] Li J, Yang S, Wang X, et al. Tree-structured Data Regeneration in Distributed Storage Systems with Regenerating Codes [C]. In Proc. of the Conference on Information Communications, 2010: 2892-2900.

[64] Weidong S, Yijie W, Xiaoqiang P. Tree-structured Parallel Regeneration for Multiple Data Losses in Distributed Storage Systems Based on Erasure Codes [J]. China Communications, 2013, 10(4): 113-125.

[65] Benson T, Akella A, Maltz D A. Network Traffic Characteristics of Data Centers in the Wild [C]. In Proc. of the 10th ACM SIGCOMM Conferenceon Internet Measurement. Melbourne, Australia, 2010: 267-280.

[66] Hennessy J L, Patterson D A P. Computer Architecture-A Quantitative Approach [M]. 5th ed. San Francisco, USA: Morgan Kaufmann, 2011.

[67] Benson T, Anand A, Akella A, et al. Understanding Data Center Traffic Characteristics [J]. ACM SIGCOMM Computer Communication Review, 2010, 40(1): 92-99.

[68] Zeng T, Liu L, Zhao J, et al. Router Supported Data Regeneration Protocols in Distributed Storage Systems [C]. In Proc. of the Third International Conference on Ubiquitous and Future Networks, 2011: 315-320.

[69] Zhang J, Liao X, Li S, et al. Aggrecode: Constructing Route Intersection for Data Reconstruction in Erasure Coded Storage [C]. In Proc. of the INFOCOM, 2014: 2139-2147.

[70] 熊金波,张媛媛,李凤华,等. 云环境中数据安全去重研究进展[J]. 通信学报,2016,37(11): 169-180.

[71] 夏文. 数据备份系统中冗余数据的高性能消除技术研究[D]. 华中科技大学博士学位论文,2014.

[72] 付印金. 面向云环境的重复数据删除关键技术研究[D]. 国防科学技术大学博士学位论文,2013.

[73] 谭玉娟. 数据备份系统中数据去重技术研究[D]. 华中科技大学博士学位论文,2012.

[74] 杨天明. 网络备份中重复数据删除技术研究[D]. 华中科技大学博士学位论文,2010.

[75] Meyer D, Bolosky W. A Study of Practical Deduplication [C]. In Proc. of the USENIX Conference on File and Storage Technologies, San Jose, CA, USA, 2011: 229-241.

[76] El-Shimi A, Kalach R, Kumar A, et al. Primary Data Deduplication-Large Scale Study and System Design [C]. In Proc. of the 2012 conference on USENIX Annual Technical Conference, Boston, MA, USA, 2012: 1-12.

[77] Windows Server 8 Data Deduplication [EB/OL]. 2011[2018-10-15]. http://research.microsoft.com/en-us/news/features/deduplication-101311.aspx

[78] Wallace G, Douglis F, Qian H, et al. Characteristics of Backup Workloads in Production Systems [C]. In Proc. of the Tenth USENIX Conference on File and Storage Technologies (FAST '12), San Jose, CA, USA, 2012: 1-14.

[79] Gailly J, Adler M. The GZIP Compressor [EB/OL]. 1992[2018-10-15]. http://www.gzip.org/.

[80] Shilane P, Huang M, Wallace G, et al. WAN Optimized Replication of Backup Datasets Using Stream-Informed Delta Compression [C]. In Proc. of the Tenth USENIX Conference on File and Storage Technologies (FAST '12), San Jose, CA, USA, 2012: 1-14.

[81] Meister D, Kaiser J, Brinkmann A, et al. A Study on Data Deduplication in HPC Storage Systems [C]. In Proc. of the International Conference on High Performance Computing, Networking, Storage and Analysis, 2012: 1-11.

[82] Harnik D, Kat R, Margalit O, et al. To Zip or not to Zip: Effective Resource Usage for Real-Time Compression [C]. In Proc. of the 11st USENIX Conference on File and Storage Technologies (FAST'13), San Jose, CA, USA, 2013: 229-241.

[83] DEFLATE Compression [EB/OL]. 1996 [2018-10-15]. http://zh.wikipedia.org/zh-cn/DEFLATE.

[84] Deutsch L P. DEFLATE Compressed Data Format Specification Version 1.3. RFC Editor [S]. 1996[2018-10-15]. http://tools.ietf.org/html/rfc1951.

[85] Lossless Compression [EB/OL]. 2018 [2018-10-15]. http://en.wikipedia.org/wiki/Lossless compression.

[86] Mac Donald J. File System Support for Delta Compression [D]. Masters thesis, Department of Electrical Engineering and Computer Science, University of California at Berkeley, 2000.

[87] Trendafilov D, Memon N, Suel T. Zdelta: An Efficient Delta Compression Tool [R]. Technical Report, Department of Computer and Information Science at Polytechnic University, 2002.

[88] Zhu B, Li K, Patterson R H. Avoiding the Disk Bottleneck in the Data Domain Deduplication File System [C]. In Proc. of the 6th USENIX Conference on File and Storage Technologies (FAST'08), San Jose, CA, USA, 2008: 1-14.

[89] Lillibridge M, Eshghi K, Bhagwat D, et al. Sparse Indexing: Large Scale, Inline Deduplication Using Sampling and Locality [C]. In Proc. of the 7th USENIX Conference on File and Storage Technologies (FAST'09), San Jose, CA, USA, 2009: 111-123.

[90] Bhagwat D, Eshghi K, Long D D, et al. Extreme Binning: Scalable, Parallel Deduplication for Chunk-Based File Backup [C]. In Proc. of the International Symposium on Modeling, Analysis & Simulation of Computer and Telecommunication Systems (MASCOTS '09), London, UK, 2009: 1-9.

[91] Yan-Kit Li, Min Xu, Chun-Ho Ng, et al. Efficient Hybrid Inline and Out-of-Line Deduplication for Backup Storage [J]. ACM Transactions on Storage, 2014, 11(1): 1-21.

[92] Xia Wen, Jiang Hong, Feng Dan, et al. Combining Deduplication and Deltacompression to Achieve

Low over Head Data Reduction on Backup Datasets [C]. In Proc. of the IEEE Data Compression Conference (DCC '14),Snowbird,USA,2014: 203-212.

[93] Paulo J, Pereira J. A Survey and Classification of Storage Deduplication Systems [J]. ACM Computing Surveys,2014,47(1): 1-11.

[94] Min J,Yoon D,Won Y. Efficient Deduplication Techniques for Modern Backup Operation [J]. IEEE Transactions on Computers,2011,60(6): 824-840.

[95] 彭真,陈兰香,郭躬德. 基于喷泉码的隐私保护和数据恢复方法[J]. 华中科技大学学报(自然科学版),2012,40(355): 54-57.

[96] 彭真,陈兰香,郭躬德. 云存储中基于喷泉码的数据恢复系统[J]. 计算机应用,2014,34(4): 986-993.

[97] 彭真,云存储中数据完整性校验和数据恢复研究[D]. 福建师范大学硕士学位论文,2014.

[98] Dimakis A G,Prabhakaran V M,Ramchandran K. Ubiquitous Access to Distributed Data in Large-Scale Sensor Networks through Decentralized Erasure Codes [C]. In Proc. of the International Conference on Information Processing in Sensor Networks (IPSN),2005: 111-117.

第9章

大数据时代的云存储安全

中国工程院李国杰院士在接受《湖北日报》记者采访时表示："数据是与物质、能源一样重要的战略资源，数据的采集和分析涉及每一个行业，是带有全局性和战略性的技术。战争可能从过去的靠子弹和导弹发展到靠数据决胜的时代。"

网上有一段非常流行的有关"恐怖的大数据"的幽默段子：

某必胜客店的电话铃响了，客服人员拿起电话。

客服：必胜客。您好，请问有什么需要我为您服务？

顾客：你好，我想要一份……

客服：先生，烦请先把您的会员卡号告诉我。

顾客：16846146 ***

客服：陈先生，您好！您是住在泉州路一号12楼1205室，您家电话是2624 ***，您公司电话是4666 ***，您手机号是1391234 ****。请问您想用哪一个电话付费？

顾客：你为什么知道我所有的电话号码？

客服：陈先生，因为我们联机到CRM系统。

顾客：我想要一份海鲜比萨……

客服：陈先生，海鲜比萨不适合您。

顾客：为什么？

客服：根据您的医疗记录，您的血压和胆固醇都偏高。

客服：您可以试试我们的低脂健康比萨。

顾客：你怎么知道我会喜欢吃这种的？

客服：您上星期一在国家图书馆借了一本《低脂健康食谱》。

顾客：好。那我要一份家庭特大号比萨，要付多少钱？

客服：99元，这个足够您一家六口吃了。但您母亲应该少吃，她上个月刚做了心脏搭桥手术，还处在恢复期。

顾客：那可以刷卡吗？

客服：陈先生，对不起。请您付现款，因为您的信用卡已经刷爆了，您现在还欠银行4807元，而且还不包括房贷利息。

顾客：那我先去附近的提款机提款。

客服：陈先生，根据您的记录，您已经超过今日提款限额。

顾客：算了，你们直接把比萨送到我家吧，家里有现金。你们多久送到？

客服：大约30分钟。如果您不想等，可以自己骑车来。

顾客：为什么？

客服：根据我们的CRM全球定位系统的车辆行驶自动跟踪系统记录，您登记有一辆车号为SB-748的摩托车，而且目前您正在解放路东段华联商场右侧骑着这辆摩托车。

顾客当即晕倒。

这个段子体现出大数据可以为企业带来便利，比如必胜客的客服知道要向顾客怎样推荐合适的商品以及利用顾客的个人信息提供解决方案，但却让用户的个人隐私暴露无遗，甚至包括用户的所有电话、家庭财产、家人健康状况、活动位置信息等。如果这些信息被不法分子用于非法用途，会对用户造成很大的困扰，甚至危及个人及家庭安全。

无论是美国斯诺登"棱镜门"监听丑闻，还是层出不穷的诸如Facebook等公司客户资料泄露事件，都向我们发出大数据时代下个人隐私保护的预警。

大数据技术，与其他所有技术一样，本身无所谓"好""坏"，故在伦理学上是中性的。然而使用它的个人、公司、机构是有价值取向的，使得大数据技术犹如一把双刃剑，给我们的生产、生活及科研等带来极大便利的同时，也带来了诸如隐私泄露的风险。

怎样在合理、合法利用大数据改善人们生活的同时，又可以保障用户隐私信息安全是研究者们面临的一个重要课题。

当今的大数据主要存储在云中，因此云存储安全是大数据安全的基础。本章将详细介绍在大数据时代，云存储安全面临的新问题和新的解决方法。

9.1 大数据概述

本节首先介绍大数据的基本概念，然后分析大数据情景下的数据存储挑战，并指出大数据的应用价值，从而说明大数据的存储安全研究工作的理论意义与应用前景。

9.1.1 基本概念

根据维基百科的定义，大数据(Big Data)，又称海量数据，是指传统数据库管理工具、数据处理及应用软件不足以处理的大而复杂的数据集。

舍恩伯格教授在其著作《大数据时代》[1]中表达的第一个核心观点就是：大数据即全数据(即 $n=\text{All}$)，旨在收集和分析与某事物相关的"全部"数据，而非"部分"数据。

因为大数据不是基于抽样，而是利用所有数据，所以大数据包含的数据量超出了传统软件在可接受的时间内处理的能力。

近年来随着云计算、移动互联、人工智能等现代信息技术的高速发展，使得大数据的采集、存储、管理和处理成为可能。

大数据具有大规模(Volume)、高速性(Velocity)、多样性(Variety)、真实性(Veracity)、价值密度(Value),即常说的5V特点(IBM提出)。换言之,大数据的规模大,要求分析速度快,并且大数据的类型多种多样,其价值密度较小,因此辨别难度大。因为大数据的真伪性难以辨识,并且呈碎片化存储,所以需要经过加工才能显现出大数据的价值。

由于传感技术、社会网络和移动设备的快速发展和大规模普及,导致数据规模以指数级爆炸式增长,并且数据类型和相互关系复杂多样。总体来说,大数据的来源可分为如下3类。

- 人类活动,人在使用互联网(包括移动互联网)的过程中所产生的各类数据。
- 计算机,各种计算机信息系统产生的数据,多以文件、数据库、多媒体等形式存在。
- 物理世界,各类数字设备所采集的数据,比如气象系统采集设备所收集的海量气象数据、视频监控系统产生的海量视频数据、医疗物联网源源不断的健康数据等。其来源包括搭载感测设备的移动设备、高空感测科技(遥感)、软件记录、相机、麦克风、无线射频辨识(RFID)和无线感测网络等。

正如图灵奖获得者吉姆·格雷(Jim Gray)在其获奖演说中指出的那样:由于互联网的发展,未来18个月新产生的数据量将是有史以来数据量之和。也就是每18个月,全球数据总量就会翻一番。

9.1.2 大数据带来的数据存储挑战

2015年9月,国务院印发《促进大数据发展行动纲要》(以下简称《纲要》),系统部署大数据发展工作。《纲要》明确指出,推动大数据发展和应用,在未来5~10年打造精准治理、多方协作的社会治理新模式,建立运行平稳、安全高效的经济运行新机制,构建以人为本、惠及全民的民生服务新体系,开启大众创业、万众创新的创新驱动新格局,培育高端智能、新兴繁荣的产业发展新生态。

大数据发展工作的主要任务包括以下三个方面。

(1) 加快政府数据开放共享,推动资源整合,提升治理能力。大力推动政府部门数据共享,稳步推动公共数据资源开放,统筹规划大数据基础设施建设,支持宏观调控科学化,推动政府治理精准化,推进商事服务便捷化,促进安全保障高效化,加快民生服务普惠化。

(2) 推动产业创新发展,培育新兴业态,助力经济转型。发展大数据在工业、新兴产业、农业农村等行业领域应用,推动大数据发展与科研创新有机结合,推进基础研究和核心技术攻关,形成大数据产品体系,完善大数据产业链。

(3) 强化安全保障,提高管理水平,促进健康发展。健全大数据安全保障体系,强化安全支撑。

2015年9月18日贵州省启动我国首个大数据综合试验区的建设工作,力争通过3~5年的努力,将贵州大数据综合试验区建设成为全国数据汇聚应用新高地、综合治理示范区、产业发展聚集区、创业创新首选地、政策创新先行区。

2016年3月17日,《中华人民共和国国民经济和社会发展第十三个五年规划纲要》发布，其中第二十七章“实施国家大数据战略”提出：把大数据作为基础性战略资源，全面实施促进大数据发展行动，加快推动数据资源共享开放和开发应用，助力产业转型升级和社会治理创新；具体包括：加快政府数据开放共享、促进大数据产业健康发展。

2012年，美国奥巴马政府投资近2亿美元推行《大数据的研究与发展计划》。该计划涉及美国国防部、美国卫生与公共服务部门等多个联邦部门和机构，旨在通过提高从大型复杂的数据中提取知识的能力，加快科学和工程的开发，保障国家安全。该计划强调指出，大数据会是世界未来的“石油”。

大数据已经被提升为国家基础性战略资源，可见其对于国家发展的重大意义。那么在大数据情景下，数据存储有哪些需求呢?

欧洲核子研究中心(CERN)最近一次震惊物理界的成果当属利用大型强子对撞机(LHC)发现了希格斯玻色子——构成宇宙的最基本组成部件之一。其高能物理实验室的阿特拉斯(ATLAS)粒子探测器——大型强子对撞机有1亿5000万个感测器，每秒发送4000万张图片。实验中每秒产生近6亿次的对撞，过滤去除99.999%的撞击数据后，得到约100次的有用撞击数据[2]。科学家就从这些数据中研究物质的构成，包括暗物质、暗能量以及标准模型要寻找的“上帝粒子”——希格斯玻色子。

该粒子探测器每秒产生的数据量超过了任何其他科学研究，包括基因组学和气候科学，其数据分析也更加复杂。粒子物理学家必须同时研究数百万次的碰撞，以找到隐藏在其中的信号——关于暗物质、额外维度和新粒子的信息。在以上高能物理、基因组学、气候科学等大科学的研究领域，数据的存储需求是惊人的!

大数据的应用还包括天文学、生物学、传感器网络、移动互联网、交通运输、信息审查、大社会数据、互联网搜索引擎、军事侦察、金融、健康医疗、社交网络、图像视频、大规模电子商务等。

大数据的大规模特点对数据管理技术提出了挑战，Oracle、IBM、Google、微软、SAP等数据管理与分析企业在大数据处理与分析技术上投入大量经费，用于开发大规模并行处理系统、数据挖掘系统、分布式文件系统、分布式数据库、可扩展的存储系统等，比如MapReduce、Spark并行处理系统，BigTable、MongoDB等大型NoSQL数据库。

总结起来，大数据存储面临的挑战如下。

(1) 数据结构特征复杂多样，需要能够高效存储管理以及分析处理这类数据的存储管理与计算系统。很多大数据应用领域，如社交网络数据、基因序列数据的维度高，数据结构复杂多样，社交网络有图数据、关系型数据以及非结构数据等，基因序列每条记录的维度可以达到数千万，均对数据处理与分析提出了极大的挑战。

(2) 海量大数据的处理效率问题。此前受限于信息处理能力，神经网络相关算法发展迟缓。随着云计算与云存储平台的兴起，信息处理能力大幅提高，深度学习算法如雨后春笋般涌现，也解决了很多此前无法解决的问题。但是随着数据量的爆炸式增长，各类应用对数据处理效率的需求也在增长，计算效率的不断提升仍然是大数据处理面临的挑战。

(3) 各种来源、各种类型以及各种数据格式的多元数据的融合困难，比如健康医疗领域，不同医疗机构数据管理系统各异，其数据纷繁复杂，怎样融合此类数据成为一大挑战。

(4) 大数据无论在数据传输还是在动态处理亦或静态存储时，都面临着安全风险，需要提供多维度的安全保护，包括数据机密性、完整性、可靠性以及可用性等。

(5) 充分利用大数据的前提是大数据的共享，大数据共享时的隐私保护是一大挑战。

此外，大数据获取方式以及来源多样，无论是获取设备端，还是网络传输过程均可能存在数据不完全可信的问题，使得获取的数据真伪难辨，这也给大数据的利用带来极大的影响。

9.1.3 大数据的应用价值

大数据的应用领域极为广泛，下面结合一些实际应用来说明大数据给日常生产、生活带来的潜在价值。

案例 1：公共卫生

2009 年爆发的流感病毒——甲型 H1N1 流感，来势迅猛，肆虐全球。为了减缓它的传播速度，首先必须知道流感出现的地方。因此，所有国家都要求医生在发现甲型 H1N1 流感病例时，要及时告知当地疾病控制与预防中心。但是流感有一定的潜伏期，有些患者可能并未意识到自己患上了流感，也就不会去医院。即使是去了医院，再由医院将信息传递给疾控中心，还需要时间。所以疾控中心并不能及时了解到流感患病情况，而这类信息滞后会给疾病预防与治疗带来致命的后果。

Google 公司统计了流感期间网上的搜索记录，从中采集了 5000 万条美国人最频繁检索的词条，将之与美国疾控中心公布的 2003—2008 年季节性流感传播时期的数据一起，通过 4.5 亿个不同的数学模型进行分析处理，并将处理结果(预测结果)与 2007 年、2008 年美国疾控中心记录的实际流感病例进行对比后发现，他们的预测与官方数据的相关性高达 97%。

案例 2：健康医疗

伴随医疗卫生行业信息化进程的发展，健康医疗大数据的价值逐渐显现。苹果公司的传奇总裁史蒂夫·乔布斯在其癌症治疗过程中结合了大数据，成为世界上第一个对自身所有 DNA 和肿瘤 DNA 进行排序的人。对于一个普通的癌症患者，医生只能期望其 DNA 排列同试验中使用的样本足够相似。但是，乔布斯的医生们得到的不是一个只有一系列标记的样本，而是包括所有基因序列的数据。他们能够基于乔布斯的特定基因组成，按所需效果用药。如果癌症病变导致药物失效，医生可以及时更换另一种药。乔布斯开玩笑说：“我要么是第一个通过这种方式战胜癌症的人，要么就是最后一个因为这种方式死于癌症的人。”虽然他的愿望都没有实现，但是这种获得所有数据而不仅是样本的方法还是使他的生命延续了好几年。

案例 3：公共安全

美国洛杉矶警察局和美国加州大学合作，利用大数据预测犯罪的发生。他们采集分析了 80 年来 1300 万起犯罪案件，采用算法对犯罪行为进行研究并预测，然后有针对性地进行干预，成功地将相关区域的犯罪率降低了 36 个百分点。

在美国，毒品问题被称为美国社会的“癌症”。为了解决这个问题，他们切断毒品供应，但是却仍然无法禁止毒品的泛滥。其中的原因让人大跌眼镜，原来很多提炼毒品的植物，比如大麻的种植非常容易，甚至可以在家里种植。在马里兰州的巴尔的摩市（约翰・霍普金斯大学所在地）东部，有一些废弃的房屋，人们竟然在里面用 LED 灯偷偷地种植大麻。由于周围社区比较混乱，很少有外人去，因此那里就成了大麻种植者的天堂。更有甚者，在环境优美的西雅图地区，有一家人花 50 万美元买下一栋豪宅，周围种满玫瑰，而在豪宅内部却摆满了盆栽的大麻。房主每年卖大麻的收入不仅足够支付房子的分期付款和电费，而且还让他攒够了首付又买了一栋房子。类似情况在美国各州和加拿大不少地区都有发生，由于种植毒品的人分布地域广泛而且隐秘，定位种植毒品的房屋很困难。而且美国宪法的第四修正案规定：“人人具有保障人身、住所、文件及财物的安全，不受无理之搜查和扣押的权利”，因此警察在没有证据时不得随便进入这些房屋搜查。在 2010 年，美国各大媒体报道了一则新闻：“在南卡罗来纳州的多切斯特，警察通过智能电表收集上来的各户用电情况分析，抓住了一个在家里种大麻的人。”至此，大数据的分析让在室内种植毒品的犯罪行为得到禁止。

案例 4：商业服务

奥伦・埃齐奥尼（Oren Etzioni）因为买到高价机票，萌生了对机票价格进行预测的想法，试图帮助用户买到实惠的机票。于是，他创办了科技公司 Farecast，利用从旅游网站爬取的机票价格样本，对其未来走势进行研究分析，并将预测的可信度标示出来，供消费者参考。到 2012 年为止，Farecast 系统用了将近十万亿条价格记录来帮助预测美国国内航班的票价。Farecast 票价预测的准确度已经高达 75%，使用 Farecast 票价预测工具购买机票的旅客，平均每张机票可节省 50 美元。

其他案例，如统计学家内特・西尔弗（Nate Silver）利用大数据预测 2012 年美国总统选举结果，麻省理工学院利用手机定位数据和交通数据建立城市规划，梅西百货根据需求和库存的情况对多达 7300 万种货品进行实时调价，收集和分析基因序列数据能够为包括个性化医疗服务在内的各种应用带来帮助。

总结起来，大数据的应用价值包括（但不限于）如下几个方面。

（1）应用在公共卫生、公共交通、公共安全等领域，可以为政府节省大量人力、物力成本，极大地提高工作效率。

（2）对大量消费者提供产品或服务的企业来说，可以利用大数据分析与挖掘进行精准营销，帮助企业降低成本、提高效率、开发新产品、做出更明智的业务决策，消费者也因此而受益。

（3）对面临互联网压力的传统企业来说，可以利用大数据做服务转型，根据实际需求调整产品策略。

（4）健康医疗大数据对于优化健康医疗资源配置、节约信息共享成本、创新健康医疗服务的内容与形式、提供临床决策与精准医学研究等具有重要的价值。

要充分发掘大数据的应用价值，需要数据的共享，即实现数据的“流动性”和“可获取性”。美国政府创建了“一站式数据下载网站”Data. gov，只要不涉及隐私和国家安全的数据，均需在该网站公开发布。Data. gov 的创建标志着美国政府数据仓库的建立。Data. gov 网站创建的首要目标是提供易于发现、访问和理解的数据，提供各种标准接口，方便用户下载数据，并且鼓励企业利用 Data. gov 数据开发特色应用。福布斯杂志网站利用 Data. gov 中的人口流动数据（主要是指纳税信息），开发了美国人口迁移的可视化工具，企业用户点击任意两个地点就可以查看人口迁入和迁出情况，可以帮助企业实现精准营销以及提供决策参考。

截至 2016 年 4 月，Data. gov 的“数据（DATA）”栏目中提供了来自 50 个组织的 194 738 个数据集，48 种数据格式以及 83 个应用（APPs），并在网站主页中把数据集分为了农业、商业、气候、消费者、生态系统、教育、能源、金融、健康、当地政府、海洋、制造业、公众安全、科研 14 个主题。

Data. gov 网站为大数据敞开了大门，越来越多的国家由此认识到开放政府数据的价值和意义。各国政府希望通过合理开放政府数据，一方面实现政务公开透明，另一方面促进个人、企业和其他社会组织利用开放数据创造更多增值创新服务。

英国、法国、加拿大、澳大利亚、新加坡、新西兰、挪威、爱尔兰、丹麦、秘鲁、日本、韩国、巴西和印度等 40 多个国家和地区建立了政府开放数据平台。各国除了利用本国数据建立开放数据平台之外，还合作成立了一些开放数据组织，其中比较有代表性的是开放政府合作联盟（Open Government Partnership，OGP）。

9.2　大数据环境下的云存储安全

因为云计算和云存储技术的发展，才让大数据的应用成为可能，云计算和云存储技术是解决大数据分析、预测的基本方法。

以云计算和云存储为基础的数据存储、信息分享和数据挖掘，可以高效地将大量、高速、多变的数据存储起来，并随时进行分析与计算，使得从数据中提取隐含的、未知的、具有潜在价值的信息越来越容易，但却给个人隐私和数据安全保护带来极大的挑战。

要充分利用大数据，前提是数据开放共享。如何在实现数据开放共享的同时，保护个人隐私和数据安全是研究者们面临的一个重要课题。

9.2.1　安全挑战

大数据的共享必然带来数据隐私等安全性方面的挑战，总结起来包括以下几个方面。

（1）因为云计算与云存储环境下，服务器并不完全可信，所以用户数据通常以加密方式存储，而密文数据又给大数据的共享与利用带来困难。如何对密文数据进行处理分析，即密态数据计算是一大挑战。

（2）数据隐私保护问题。虽然数据公开前，可以进行脱敏、匿名化处理等以保护数据隐私，但是不同的公开数据整合后可能会出现“1+1>2”的后果。比如在美国政府的公开数据网站 Data. gov 中，结合两组貌似不存在隐私问题的数据，在数据之间建立关联，可能会提取一些存在隐私性问题的信息。

（3）数据来源可靠性问题。虽然获取了共享数据，但数据来源却存在不可靠的问题，是否需要对数据的可靠性进行认证或检测？怎样实现可靠性验证？比如在 Data. gov 中，各个政府部门之间存在职能交叉，采集的数据也难免存在一些交叉，当两个部门采集的数据不一致，应该认为谁的数据更可靠呢？

（4）数据“被遗忘权”（Right to Be Forgotten）问题。在存储外包的大数据时代，会产生诸如“被遗忘权”之类的特殊问题。“被遗忘权”是指用户是否有权利要求数据服务商不保留自己的某些信息。数据一旦共享，如何保障共享结束后的数据能够被“遗忘”？

（5）数据所有权问题。数据共享后，数据到底归属谁，数据拥有者是否从数据共享中获益，也是大数据共享时要考虑的问题。

2014 年 5 月 13 日欧盟法院就“被遗忘权”一案做出裁定，判决谷歌应根据用户请求删除不完整的、无关紧要的、不相关的数据以保证数据不出现在搜索结果中。

2016 年 4 月，欧洲议会投票通过了商讨 4 年之久的《一般数据保护条例》（*General Data Protection Regulation*，GDPR）。该法规包括 91 个条文，共计 204 页。该条例于 2 年后，也就是在 2018 年 5 月 25 日正式生效。

新条例的通过意味着欧盟对个人信息保护及其监管达到了前所未有的高度，可称为史上最严格的数据保护条例。非欧盟成员国的公司（包括免费服务）只要满足下列两个条件之一，该公司就受到 GDPR 的管辖。

（1）为了向欧盟境内可识别的自然人提供商品和服务而收集、处理他们的信息。

（2）为了监控欧盟境内可识别的自然人的活动而收集、处理他们的信息。

2018 年 6 月 28 日，在加州议会大厦，在没有反对票的情况下，加州参议院和众议院合作通过了最严厉的个人隐私保护法案 AB375。该法案堪比欧盟 GDPR，目的是让用户对公司收集和管理个人信息的方式有更多控制权。根据该法案，从 2020 年开始，掌握超过 5 万个人信息的公司必须允许用户查阅自己被收集的数据、要求删除数据，以及选择不将数据出售给第三方。公司必须依法为行使这种权利的用户提供平等的服务，一旦有违法行为，将被处以 7500 美元的罚款。该法案将适用于加州用户。

在以上安全问题中，数据所有权问题、数据来源可靠性问题以及数据“被遗忘权”问题可以通过有效的立法得到解决。

信息安全的法律法规无疑是保护个人隐私和数据安全的最有效办法，但是严厉的法规也会阻碍大数据的共享与利用。因此，为了充分利用大数据，需要从技术角度上提高个人隐私和数据安全保护水平。

从信息安全的角度来看，保障大数据安全仍然包括 CIAA 四元组：机密性（Confidentiality）、完整性（Integrality）、可用性（Availability）以及访问控制（Access Control）。在以上安全需求中，身份认证与访问控制技术在第 4 章有详细论述，而机密性保护中的数据加密在第 5 章有专门介绍，数据完整性保护在第 7 章有详细阐述。

大数据只有通过开放共享，并对其进行分析处理及挖掘，才能得到有价值的信息，而数据通常存放在不可信的云存储服务器上，为了保障机密性，数据是以密文形式存放的。因此，如何对密文数据进行处理分析，是大数据的特殊需求，即密态计算以及安全多方计算是本章的要点。另外，将数据进行开放共享时，存在个人隐私泄露的问题，从而有隐私保护需求。下面将对这几个方面进行详细介绍。

9.2.2 密态计算

Google 的 G-mail 邮箱与腾讯的 QQ 邮箱这类为用户提供免费 E-mail 服务的提供商，怎样在不获取用户邮件信息的情况下，为用户提供邮件发送与接收、检索、删除、主题分类以及垃圾邮件过滤等功能？

此外，由于云服务器不可信，所以用户数据需要加密存储在云上，而云上的大数据具有巨大的潜在价值，但需要对其进行分析处理并深度挖掘才能取得这些有价值的信息。怎样在密文域上对数据进行分析统计，实现“单个数据、部分数据均不可知，但整体统计数据可知”的功能？怎样利用成千上万的患者病历数据进行药物疗效分析？怎样统计并利用搜索引擎的用户高频搜索词实现个性化推荐？其他应用，如加密网络流量建模、密文薪资数据、财务数据、人力资源数据、业务数据等的统计分析怎样实现？

这些功能的实现都有赖于密态计算，而目前密态计算通常利用全（部分）同态加密算法实现。

1978 年，R. Rivest、L. Adleman 和 M. Dertouzos 提出了“全同态加密”（Fully Homomorphic Encryption，FHE）[3] 的思想。

设加密操作为 E，明文为 m，相应密文为 e，即 $e=E(m)$。若对明文操作 f，可构造操作 F，满足 $F(e)=E(f(m))$，即 $F(E(m))=E(f(m))$，则称 E 为一个针对 f 的同态加密算法。若对任意复杂的明文操作 f，都能构造出相应的 F，则称 E 为全同态加密算法。

自从提出同态加密以来，研究者们提出了不少半同态加密算法，但始终没有找到一种实用的全同态加密方案。比如，RSA 算法对乘法运算是同态的，但它对加法运算就无法构造出对应的 F；而 Paillier 算法则对加法运算是同态的。其他如 unpadded_RSA、ElGamal、Goldwasser-Micali、Benaloh 等，都只支持加法同态和乘法同态运算中的一种。

直至 2009 年，全同态加密才取得突破性进展。IBM 公司的 Gentry[4,5] 基于“理想格”（Ideal Lattice）代数结构，提出第一种真正意义上的全同态加密体制。

根据同态加密算法发展阶段、支持密文运算的种类和次数，可以分为 3 类。

- 部分同态加密（Partial Homomorphic Encryption，PHE）：仅支持单一类型的密文域同态运算（加或乘同态）。
- 类同态加密（Somewhat Homomorphic Encryption，SHE）：能够支持密文域有限次数的加法和乘法同态运算。
- 全同态加密（Fully Homomorphic Encryption，FHE）：能够实现任意次密文的加、乘

同态运算。

同态加密的发展大致可分为两个阶段。

1．半同态加密时代(1978—2009 年)

1978 年，Rivest、Shamir 和 Adleman 提出的基于大整数分解困难性问题的 RSA 密码体制是乘法同态，支持任意次数乘法同态操作。

1984 年，ElGamal 提出的基于离散对数困难问题的 ElGamal 公钥加密体制是乘法同态，支持任意次数乘法同态操作；Goldwasser 和 Micali 提出的 GM 概率公钥密码体制是加法(mod 2)同态，支持任意次加法(mod 2)同态操作，也是第一种具有语义安全性的同态公钥加密体制。

1994 年，Benaloh 提出的 Benaloh 加法同态密码体制是加法同态，支持有限次加法同态操作。

1998 年，Okamoto 和 Uchiyama 提出的 OU 体制以及 Naccache 和 Stern 提出的 NS 体制都是加法同态，支持任意多次加法同态操作。

1999 年，Paillier 提出 Paillier 体制，这是第一种基于判定合数剩余类问题的加法同态密码体制，支持任意多次加法同态操作。

2001 年，Damgard 和 Jurik 提出的 DJ 体制是加法同态，支持任意多次加法同态操作。

2005 年，Boneh、Goh 和 Nissim 提出的 BGN 同态加密体制支持任意多次加法同态和一次乘法同态。

2．全同态加密时代(2009—至今)

2009 年，IBM 公司研究人员 Craig Gentry 提出基于理想格的全同态加密体制——Gentry 体制，其本质是一种基于理想格陪集问题构造的层次型 FHE 方案。该方案首先构造一个对称型 SHE 算法，该算法支持密文的低阶多项式运算，然后将解密操作分解为更小的子操作，可以表示为低阶多项式运算，通过自举技术(Bootstrapping)将受限同态加密算法转变成全同态加密算法。Gentry 体制的密文处理效率很低，还不能达到实际应用的要求。

随着量子计算机的发展，基于整数分解、离散对数等困难问题的密码算法都将变得不安全，而格密码能够很好地抵御量子计算攻击。自从 Gentry 体制提出以来，理想格上的全同态加密体制设计成为密码学领域的一个新的研究热点。

2010 年，Dijk 等人[6]提出利用整数集代替理想格来设计全同态加密算法。他们把此算法的安全性问题归结到找一个近似的最大公约数，即给出一系列是某个隐整数的近似倍数的整数，找出此隐整数。与 Gentry 体制相比，该方案更加简洁，但处理效率仍然很低。同年，Smart 和 Vercauteren[7]借鉴 Gentry 体制构造全同态加密方案的思想，选定两个大整数组成公钥和私钥，一个大整数组成密文，给出了基于相对小的密钥和密文规模的全同态加密方案，适用于任意特征为 2 的域上的全同态加密快速计算。对 Gentry 体制的实现及其快速计算的方案有[8,9]，通过提升自举技术和减小公钥的大小来提升其执行效率的方案有[10-12]，但是这些方案并没有完全解决 FHE 方案的噪声问题。

另一类同态加密算法的研究是基于错误学习(Learning With Errors,LWE)和环上错误学习(Ring-LWE,RLWE),它们的安全性假设可以归约到一般格上的标准困难问题。与Gentry体制不同,它首先构建一个SHE方案,在密文计算后,通过密钥交换技术来控制密文向量的维数膨胀问题,最后使用模转换技术(Modulus Switching)降低密文运算过程中的噪声,不需要使用同态解密技术就能构造一个层次型FHE方案来执行多项式级深度的电路。

2005年,Regev[13]定义了LWE问题是"带噪声的奇偶校验学习"问题的一般化,并证明了该问题在量子规约下具有类似的最坏情况特性。2011年,Brakerski和Vaikuntanathan[14]基于LWE问题构造出第一种不依赖理想格的全同态加密体制——BV体制。由于LWE问题的难解性归约到一般格上的困难问题,因此这一体制具备比Gentry体制更可靠的安全性保障。BV体制的缺陷在于其公钥尺寸与所能执行的密文乘法次数成正比,因而难以处理较复杂的密文运算。

由于此类方案具有可抵抗量子攻击和可简单快速实现的特点,成为当前密码学领域一个重要的计算困难问题。

针对基于LWE和RLWE问题的同态加密技术的研究[15-19]主要为了进一步提高计算效率,而对于如何控制公钥尺寸并没有有效的解决方案。

目前大数据环境下,为了实现密态数据计算,主要是采用同态加密技术。总结以上研究工作,存在以下一些问题。

- 通常PHE方案在应用中执行效率更高,但是仅能支持加法或乘法的同态运算。FHE方案在功能性上要优于SHE和PHE方案,但是由于FHE方案使用自举电路、维数归约技术即重线性化(Dimension Modulus Reduction)等技术来降低噪声,从而达到突破限制进行密文同态运算的目的,复杂的计算过程成为其实际应用的瓶颈。
- 目前利用同态加密实现密文计算的方案,大部分要求数据拥有者在数据外包的过程中做大量的协助工作,例如建立并维护目录,或者要求通过可信第三方实现对密文的运算,前者给用户带来不便,后者增加了数据泄露的风险。
- 大部分建立在公钥体制上语义安全的同态加密算法都存在密文空间膨胀问题,这是概率加密算法固有的问题。
- 其他问题,如安全性、计算效率也是有待改善的问题。

文献[20]分析了云平台中存储数据安全性、用户隐私保护和数据商业利用这三者之间的关系和实现这三者之间平衡的重要性。他们给出了基于理想格的Gentry原始方案、基于RLWE的BGV方案和FV方案的效率比较和分析。他们发现,基于RLWE的SHE方案为很多涉及实际问题的计算模型和算法提供了比较高效的解决方案。因此,他们给出了基于BGV方案的两个SHE应用案例,分析表明基于RLWE的SHE方案是解决数据保密性、用户隐私保护和数据商业利用的最有效方案。

文献[21]将全同态加密的发展划分为3个阶段:第一阶段是Gentry在2009年的突破

性工作，即提出 Gentry 体制；第二阶段是 Brakerski 和 Vaikuntanathan 首次提出基于 LWE 的全同态加密方案；第三阶段是 Gentry 等人[22]首次利用近似特征向量的方法实现了全同态加密，即 Gentry-Sahai-Waters(GSW)方案，在同态运算时不再依赖于计算公钥。他们从全同态加密所经历的 3 个阶段、基于格的全同态加密体制设计和全同态加密面临的问题及发展趋势等方面介绍了自 Gentry 体制后的重要研究成果。

文献[23]对同态加密技术在云计算隐私保护中的应用做了综述，包括云计算隐私安全和同态加密研究进展、同态加密算法的分类、安全理论基础、全同态加密方案的实现技术，重点对各类同态加密方案的优缺点进行了介绍和分析，并指出未来的研究方向。

由于量子计算机的发展，可抵抗量子攻击的格密码体制成为后量子密码研究中最为核心的研究领域。中国科学院院士、中国密码学家王小云教授[24]从全同态加密所经历的 3 个阶段、基于格的第三代全同态加密体制(GSW 方案)的设计和全同态加密面临的问题及发展趋势等方面，对基于格的全同态加密技术进行了较为详细的总结。她从格困难问题的计算复杂性研究、格困难问题的求解算法、格密码体制的设计以及格密码分析 4 个方面较为全面地回顾了格密码领域三十多年来的主要研究成果，展现了 4 个研究领域方法的渗透与融合。

随着同态加密技术的发展，结合全同态加密技术来设计其他的密码学原语也取得了显著的成果，如不经意随机存取(Oblivious Random Access Memory，ORAM)技术[25-29]、委托计算(Delegate Computation)[30]、混淆(Obfuscation)[31-33]等。

2018 年，IBM 密码研究团队的 Shai Halevi 和 Victor Shoup[34]改进了当前的 HElib(实现同态加密的一个软件库)，使得新的算法可以提速 30～75 倍。同时，因为密钥交换矩阵的存在，同态加密的公钥构造开销很大，他们提出的方案可以将矩阵体积减小 33%～50%。

因为目前的 HElib 线性变换算法通过“特殊自同构”实现(自同构是指将对象映射到自身的同时保持其全部结构的一种数学操作)，这种自同构应用到密文上的主要开销就是“密钥交换”开销。密文中每个环元素都应用了自同构后，就得到了与“错误”密钥对应的加密密文。使用该自同构特定公钥中的数据，也就是“密钥交换矩阵”，可以将密文转换成对应“正确”密钥的加密密文。因此，线性变换的计算开销由自同构的循环次数决定。为了提高计算效率，要减少自同构数量，并降低每个自同构的开销。Shai Halevi 和 Victor Shoup 提出的算法利用新的自同构计算策略，提速了 30～75 倍。

目前，HElib 项目还处于研究阶段。在 GitHub 页面上，他们声明：“现阶段，本库主要面向研究同态加密及其使用的研究人员。目前 HElib 还相当低级，最好把它看作‘面向 HE 的汇编语言’。换句话说，HElib 提供了低级例程(置位操作、加法乘法操作、移位操作等)，为优化提供了尽可能多的途径。希望我们终能提供更高级的例程。”

伴随着量子计算机的发展，可以抵抗量子计算攻击的同态加密技术，其发展必然同步加速。此次改进使得同态加密性能最高提升 75 倍，是同态加密技术发展给大数据安全计算带来的最大福音。

9.2.3 安全多方计算

1982 年，图灵奖获得者、中国科学院院士姚期智[35]在顶级会议 FOCS(IEEE Symposium

on Foundations of Computer Science)上提出并提供原始示范解答了“百万富翁”问题(Yao's Millionaires' Problem)。该问题是：在没有可信第三方的前提下，两个百万富翁想比较谁更加富有，但他们都不想让对方知道自己具体的财富数目。这个问题就是两方计算问题，两个参与方持有各自的秘密数据，共同执行一个计算逻辑，比如比较两个数的大小，最后获得计算结果。当“百万富翁”问题中的两方变成三方及以上时，我们就称之为多方计算(Multiparty Computation，MPC)。

安全多方计算可以在保证多个参与者数据隐私安全的同时，使用参与者提供的隐私数据进行既定逻辑的运算，最后让各参与者获得想要的计算结果，而不泄露各参与者的数据，同时实现隐私性、正确性、输入独立性以及公平性等安全目标。安全多方计算可以进行隐私计算，实现数据的隐私保护和共享利用，现在已经广泛应用于电子投票、高维数据分类、电子合同签署、安全秘密共享、联合基因数据分析、匿名认证以及隐私信息检索等方面。

因为任意可计算函数都存在一个与之等价的电路，所以可以通过门电路实现任意可计算函数的安全计算。假设 Alice 和 Bob 之间要计算一个任务 f，他们的输入为 x 和 y，要完成计算，可以构造一个电路 C 执行安全计算协议并计算 $f(x,y)$。如果有 n 个参与者希望利用各自的秘密输入 $x_1,x_2,\cdots,x_n$ 共同完成计算任务 $f(x_1,x_2,\cdots,x_n)$，也可以通过构造电路来实现。以此为基础的安全计算协议一般称为通用的安全多方计算协议。通用的安全多方计算协议通常包括基于混淆电路的构造方法、基于秘密分享的构造方法和基于同态密码的构造方法。

早期安全多方计算协议通常首先构造一个需要计算的函数的电路，然后采用不同的技术手段来设计该电路，从而实现函数的计算。计算函数越复杂，参与者之间需要交互的次数与数据越多，计算开销越大，电路规模也越大，因此电路的规模可以反映函数的计算复杂度。

最早的 Yao 协议[36]就是将功能函数转换为一个电路，然后针对电路的每个门电路进行混淆，逐次计算每个混淆门电路来实现任意功能函数的安全多方计算。

将任意一个功能函数转换成电路，通常其门电路的数量非常大，而其混淆电路的计算开销也非常大，因此通过简化混淆电路的规模可以提高安全多方计算协议的效率。文献[37]提出 Free-XOR 技术对混淆 XOR 门进行优化；文献[38]将 Free-XOR 技术一般化为 FleXOR 技术；文献[39,40]提出对混淆电路的值表进行优化的方法；文献[41]提出“半门”(Half Gate)技术，用于优化混淆电路(基于半门技术，理论上可以使电路规模减少 33%)。

基于混淆电路的安全多方计算的电路规模通常比较大，通信复杂度较高，作为安全多方计算核心技术之一的同态加密技术可以克服这些问题。

Asharov 等人[42]首次提出基于门限同态加密(Threshold-FHE)[43]方案设计 MPC 协议的概念，他们利用 Threshold-FHE 方案，在 CRS(Common Reference String)模型下，基于 LWE 假设构造了一个抵抗半恶意敌手的 3-轮 MPC 协议，并利用非交互零知识(Non-interactive Zero-knowledge)证明获得一个抵抗恶意敌手的 4-轮 MPC 协议。在 3-轮 MPC 协议中，各参与方协作获得一个 FHE 方案的通用公钥，然后各参与方对各自的私钥进行秘密共享，利用通用公钥来加密各自的输入并将密文广播出去；当各参与方接收到各个密文后，在本地执行并完成同态运算，接着利用收到的所有私钥份额对同态运算后的密文进行解密；最后利用拉格朗日插值多项式恢复出同态运算后的结果。

Garg 等人[44]利用不可区分性混淆(indistinguishability Obfuscation，iO)和非交互零知识证明构造了一个在 CRS 模型下抵抗静态恶意敌手的 2-轮公平的 MPC 协议。Gordon 等人[45]指出，在 Standalone 模型下，2-轮公平的 MPC 协议是不可能实现的。因此，他们实现了在 CRS 模型下 3-轮公平的 MPC 协议，该协议无需增加通信的轮次，最后他们利用 Asharov 等人[42]的编译器，获得一个在 CRS 模型下抵抗恶意敌手的 4-轮公平的 MPC 协议。

Lopez-Alt 等人[46]首次提出基于多密钥同态加密(Multikey-FHE)的 MPC 概念。他们利用 Multikey-FHE 方案，在 CRS 模型下构造了一个抵抗半恶意敌手的 3-轮 MPC 协议。Mukherjee 等人[47]利用文献[48]构造的基于 GSW 的 Multikey-FHE 方案，构造了一个在 CRS 模型下，抵抗半恶意敌手的 2-轮 MPC 协议。在 2-轮 MPC 协议中，各参与方执行密钥生成算法获得公钥和私钥，并在各自的公钥下加密各自的输入，将获得的密文广播出去；各参与方接收到各个密文后，在本地执行并完成同态运算，并利用各自私钥来获得部分解密结果；最后利用所有收到的部分解密结果来获得最终的同态运算结果。

Mukherjee 等人[47]的 FHE 方案仅支持单跳(Single-hop)的同态运算，在协议开始之前要先确定各参与方。Brakerski 等人[49]构造了一种完全动态的 Multikey-FHE 方案，允许参与方随意加入与退出协议，同时支持多跳(Multi-hop)的同态运算。Peikert 等人[50]也提出两种基于 MultiKey-FHE 的方案。

文献[51]提出一种新的对保密数据进行编码的方案，然后利用这种新的编码方案和同态加密方案构造了一个“百万富翁”问题的新的解决方案，可以对可定义全序关系的任意两个对象进行比较，解决了另一个新的多方保密计算问题，即两个整数的互素问题。

Dodis 等人[52]利用函数秘密共享(Function Secret Sharing，FSS)的方法构造了一种 Spooky 加密方案，并基于该加密方案和概率不可区分性混淆(Probabilistic indistinguishability Obfuscation，PiO)设计了一个 2-轮的 MPC 协议。

此外，密码协议的公平性问题一直是研究的重要方面。文献[35]在提出安全多方计算时就引入了公平性的思想，但是 Cleve[53]指出只有存在大多数诚实参与者的情况下，安全多方计算协议才能实现完全公平性。Asokan[54]引入了乐观模型，在该模型中用一个额外的可信第三方来实现和保证协议的公平性。Boneh 和 Naor[55]给出了一个公平签约协议的类似下界，能达到宽松定义的公平性(Relaxed Definition of Fairness)。文献[56]研究了两方安全计算的部分公平性，指出在 Plain 模型(如无条件安全和通用可组合安全等)下其部分公平性通常是不可能达到的。在文献[57]中，他们给出了部分公平性的完整定义。2008 年，Gordon 等人[58]对某些特殊函数的安全多方计算协议的公平性进行了研究，论证了即使不存在大多数诚实参与者的情况下，安全多方计算也可以实现完全公平性，从而扩展了公平密码协议的研究领域。

文献[59]在通用可组合(Universally Composable，UC)框架下研究了安全多方计算的公平性问题。他们提出公平安全多方计算的安全模型，并在此模型中形式化定义了公平安全多方加法计算理想函数和公平安全多方乘法计算理想函数，然后基于双线性对技术和承诺方案理想函数，在混合模型下分别设计公平加法协议和公平乘法协议安全实现理想函数。

早期的安全多方计算停留在理论研究上，极大地促进了零知识证明、不经意传输、秘密共享等密码学原语的发展。但是随着云计算与大数据领域对安全多方计算的迫切需求以及近几年的加速发展，安全多方计算已经从理论密码学的研究领域发展到了实用化的阶段，出现很多在具体应用领域的研究成果。

文献[60]研究了如何保密地将多个字符按照字典序排序，这个问题的解决将可以提高数据库保密查询的效率。为了保密地判断多个字符按照字典序排序的位置关系，他们首先设计了一种新的编码方法，结合 Paillier 加法同态加密算法、椭圆曲线加法同态加密算法、秘密分割和门限解密算法，分别设计了 3 个能够抵抗合谋攻击的多个字符保密排序的协议。他们利用安全多方计算普遍采用的模拟范例证明了协议在半诚实模型下的安全性。

在经典的“百万富翁”协定中，参与者之一在获取到财产大小的结论后，有可能不告诉另外一个参与者，而结合博弈论可以避免这个问题。通常，参与者会选择做出对自己有利的决定，因此可以设计一个协议，使遵循这个协议的参与者获得的利益大于背离这个协议的利益。针对当前基于博弈论的方案计算效率较低的问题，文献[61]通过引入多个参数，从多个角度考虑，构建了一个具有一般性和全面性的博弈模型；然后在此基础上，引入一个二叉树来提高计算效率。

保护隐私的位置判断是一种具体的安全多方计算几何问题，即在保持各自输入隐私的条件下，判断各个参与者位于平面或者空间的相对位置。点包含问题是保密判断一个点是否落在一个凸多边形的内部，两组数据对应成比例问题可保密判断空间中两个平面或直线是否平行，这两个问题同属于安全多方几何计算中保护隐私的位置判断问题。而当前这两个问题的已有方案的效率都较低，文献[62]提出将点包含问题转化为三角形面积问题，将两组数据对应成比例问题转化为向量共线问题，然后基于内积协议解决了这两个问题。他们利用以上协议，分别给出了保密判断凸多边形包含、三角形相似、空间几何对象的相对位置的应用。

针对当前安全计算集合关系的协议大多基于公钥加密算法，导致很难再嵌入到带有属性关系的公钥加密或密文搜索中，文献[63]给出了非加密方法安全计算集合包含关系和集合交集的两个协议。他们利用秘密共享的思想，分别将原来的两个问题转化为集合相等问题，然后结合离散对数构造了安全计算集合包含关系的协议 1 和集合交集的协议 2。他们的方案没有使用任何公钥加密方法，在保持了较优通信复杂性的同时，便于作为一种子模块嵌入到带有集合操作关系的公钥加密体制或者密文搜索体制中，从而丰富这些方案的功能。

文献[64]研究了科学计算中多个数据相等问题的安全多方计算。他们设计了一种新的编码方法，使每个参与者的保密数据隐藏在一个特殊数组中。他们以新的编码方法与 ElGamal 同态加密算法为基础，分别利用秘密分享技术和门限密码体制构造了两个在半诚实模型下能够抵抗合谋攻击的保密判定协议，应用模拟范例证明了协议的安全性。

针对大数据定价困难问题，文献[65]基于 Micali-Rabin 的安全计算技术提出一种具有大数据定价功能的安全委托拍卖方案。该方案首先基于 Micali-Rabin 的随机向量表示方法设计满足标价密封性的大数据拍卖及验证算法；然后基于 Merkle 树和 Bit 承诺协议实现大数据交易中数据的完整性和底价的不可否认性；在定价阶段，他们利用一种特殊的多方安全计算协议隐藏大数据的底价，以此保障了大数据交易的公平性。

文献[66]对理性安全多方计算(理性安全多方计算主要考虑参与者的动机，刻画理性参与者效用函数，研究在各种条件下参与者如何选择策略达到均衡)的相关研究工作进行了综述，介绍了理性安全多方计算的发展状况及典型成果并指出未来研究方向。文献[67]介绍了实用安全多方计算协议关键技术研究进展，其中重点介绍了安全多方计算实用化的 3 种重要技术，即混乱电路优化、剪切-选择技术及不经意传输扩展技术，这些技术在不同的方面显著提高了安全多方计算协议的效率。文献[68]对云环境下通用安全多方计算协议的研究进行了综述，介绍了一些基于云的典型特定安全多方计算协议，并指出目前云中安全多方计算存在的问题以及未来研究的方向。此外，关于安全多方计算的最新研究成果可以参考文献[69-83]。

9.2.4 隐私保护

2006 年，美国网飞公司(Netflix)发起 Netflix Prize 百万美金推荐系统算法竞赛，公开征集电影推荐系统的最佳算法，能把现有推荐系统的准确率提高 10%的参赛者将获得 100 万美元的奖金。为了对数据进行分析，他们发布了一些“经过匿名化处理的”用户影评数据供参赛者测试，仅仅保留了每个用户对电影的评分和评分的时间戳。截止 2009 年 9 月，来自全世界 186 个国家的四万多个参赛团队经过近三年的较量，终于有了结果，一个由工程师和统计学家组成的七人团队夺得了大奖。然而，因为发布的数据中包含用户不愿意泄露的信息，此项竞赛遭到了用户的起诉，Netflix 也不得不取消了该竞赛。

基因序列数据能够为个性化医疗服务等应用提供决策依据，其数据维度可以达到数千万。它与某些疾病存在特定关联、具有身份识别能力，并且能够揭示家族关系。因此，基因序列数据是一种重要的医疗隐私数据，需要特别的隐私保护方案。而一些看似不重要的数据，比如用户的心率、血压、血脂、血糖等健康状况数据，它们的泄露可能导致诈骗、歧视以及不公平对待等系列社会问题。

随着移动设备的迅速普及，基于地理位置的服务收集了大量的个人位置信息，对这类信息进行挖掘和分析将暴露用户的活动轨迹、生活习惯等个人隐私信息，甚至可能导致用户人身安全受到威胁。因此，地理位置隐私保护也迫在眉睫。其他如个性化推荐系统、智能城市、社交网络等应用都需要提供隐私保护。

从隐私保护的角度来说，隐私的主体是单个用户，只有涉及某个特定用户的敏感信息才叫隐私，如果是发布群体用户的信息(一般叫聚集信息)则不算泄露隐私。因此，充分利用并挖掘大数据的价值可以不需要涉及任何用户的个人隐私。

在健康医疗大数据领域即是如此，利用好这些大数据对于优化资源配置、提供临床决策与精准医学研究等具有重要的价值，但怎样合理、合法地利用这些数据的同时又能保障用户的隐私信息，是当前亟待解决的问题。

20 世纪 90 年代中叶，为了推动公共医学研究，美国马萨诸塞州保险委员会发布了政府雇员的医疗数据。为了防止用户隐私泄露，在数据发布之前进行了匿名化处理，即删除了所有的敏感信息，如姓名、身份证号码和家庭住址等。然而，麻省理工学院的 Sweeney 教授成功破解了这份匿名化处理后的医疗数据，能够确定具体某一个人的医疗记录。匿名医疗数据虽然删除了所有的敏感信息，但仍然保留了 3 个关键字段——性别、出生日期和邮编。Sweeney 同时有一份公开的马萨诸塞州投票人名单（被攻击者也在其中），包括投票人的姓名、性别、出生日期、住址和邮编等个人信息。她将两份数据进行匹配，即可确定被攻击者的医疗记录。Sweeney 进一步研究发现，87％的美国人拥有唯一的性别、出生日期和邮编三元组信息，同时发布这些信息几乎等同于直接公开。这也是公开数据整合后发生的“1＋1＞2”造成隐私泄露的典型案例。

早在 20 世纪 80 年代初，Cox[84] 便首次提出了匿名化的概念，并指出这种方法可应用于隐私信息的保护。

2002 年，Sweeney[85] 提出 k-匿名（k-anonymity）模型的数据匿名化隐私保护方法，考虑的是数据拥有者想与其他用户共享其私有数据，但是不能泄露其身份应用场景。针对这个问题，他通过泛化与分解等方式对原始私有数据进行匿名化处理，有效地解决了隐私保护问题。k-匿名模型的核心思想是：要求发布的数据中每一条记录都要与其他至少 $k-1$ 条记录不可区分（称为一个等价类），则称该系统提供 k-匿名保护。当攻击者获得 k-匿名处理后的数据时，将至少得到 k 个不同人的记录，进而无法做出准确的判断。参数 k 表示隐私保护的强度，k 值越大，隐私保护的强度越强，但丢失的信息也就越多，数据的可用性随之降低。

2006 年，美国康奈尔大学的 Machanavajjhala 等人[86] 发现了 k-匿名模型的缺陷，即没有对敏感属性做任何约束，攻击者可以利用背景知识攻击、再识别攻击和一致性攻击等方法来确认敏感数据与个人的关系，导致隐私泄露。例如，攻击者获得的 k-匿名化的数据，如果被攻击者所在的等价类中都是艾滋病病人，那么攻击者很容易做出被攻击者肯定患有艾滋病的判断（上述就是一致性攻击的原理）。为了防止一致性攻击，他们以新的隐私保护模型——l-多样性（l-diversity）改进了 k-匿名模型，保证任意一个等价类中的敏感属性都至少有 l 个不同的值。

针对 k-匿名模型只保护身份信息，不能保护属性信息，Truta 和 Vinay[87] 提出 p-敏感 k-匿名（p-sensitive k-anonymity）模型。他们给出了实现 p-敏感 k-匿名性质的两个必要条件，并使用泛化和抑制实现了一个满足 p-敏感 k-匿名的算法。同一年，Wong 等人[88] 提出 (a,k)-匿名模型，使用 a 阈值对敏感属性进行约束，在 k-匿名的基础上，进一步保证每一个等价类中与任意一个敏感属性值相关记录的百分比不高于 a。

针对 l-多样性模型在一些特殊情况下不适用的问题，Li 等人[89] 提出了 t-近邻（t-closeness）模型。在 l-多样性模型的基础上，该模型要求所有等价类中敏感属性的分布尽量接近该属性的全局分布，即两个分布之间的距离应该不超过阈值 t。Xiao 等人[90]提出 m-不变性(m-invariance)匿名模型，在支持新增操作的同时，支持数据重发布对历史数据集的删除，有效地限制了重发布中的隐私泄露风险。所有匿名机制都试图尽量减少信息丢失，然而这种尝试却为攻击提供了漏洞，Wong 等人[91]称之为"最小性"攻击。他们提出的 m-机密性(m-confidentiality)模型可以在较小的开销和信息丢失情况下抵制此类攻击。Sun 等人[92]提出的 p^{+}-敏感 k-匿名(p^{+}-sensitive k-anonymity)(更多地关注值所属的类别)和(p,α)-敏感 k-匿名((p,α)-sensitive k-anonymity)(更多地关注特定的值)模型可以实现更有效的隐私保护并提高效率。Campan 等人[93]提出约束 p-敏感 k-匿名模型，并实现了一种生成约束 p-敏感 k-匿名的算法。Chen 等人[94]提出的局部抑制方法可以显著提高匿名轨迹数据中的数据效用。文献[95]提出如何使用微聚合来生成 k-匿名 t-近邻数据集。文献[96]用信息熵模型刻画属性的隐私程度，进而为信息泄露风险量化提供支撑。针对现有的 k-匿名模型中存在泛化属性选取不唯一和数据过度泛化的问题，宋明秋等人[97]引入属性近似度概念，提出多属性泛化的 k-匿名算法。

k-匿名模型及其改进方法存在两个主要的缺陷。

(1) 这些模型总是因为新型攻击方法的出现而需要不断改进，从而陷入一个无休止的循环中。

(2) 该类型的模型对攻击者的背景知识和攻击模型都给出了过多的假设，但这些假设在现实中往往并不完全成立，因此攻击者总是能够找到各种各样的攻击方法来进行攻击。其根本原因是无法提供一种有效且严格的方法来证明其隐私保护水平，无法对其隐私保护水平进行定量分析。

因此，研究者需要寻找一种新的、鲁棒性更好的隐私保护模型，能够在攻击者拥有最大背景知识的条件下抵抗各种形式的攻击。差分隐私保护模型就是在这样的需求下提出的。

差分隐私(Differential Privacy,DP)是微软研究院的 Dwork[98]在 2006 年提出的一种新的隐私保护模型。该方法能够解决传统隐私保护模型的两大缺陷，具体表现如下。

(1) 定义了一个严格的攻击模型，即使在最大背景知识假设，即攻击者已掌握除某一条记录之外的所有记录信息的情况下，仍然无法获取该记录的隐私信息。

(2) 对隐私保护水平给出了严格的数学证明和量化评估方法。她给出了一个数学描述来测量一个扰动机制究竟能够带来多大程度上的保密性，此后还给出了差分隐私保护模型的综述[99]。

差分隐私保护技术允许研究者在不泄露个体信息的前提下对一个数据集进行分析，即保证了一个数据集的每个个体信息都不被泄露，但数据集整体的统计学信息(比如均值、方差)却可以被外界了解。

差分隐私保护的目的是最小化隐私泄露并最大化数据效用。满足差分隐私的标准是：知道数据中的一条记录，整个数据的信息熵(不确定性)几乎没有改变，即得到的部分数据内容对于推测出更多的数据内容几乎没有帮助。因此，它具有信息论意义上的安全性。差分隐私(Differential Privacy,DP)的严格定义如下：

考虑两个相似的数据库 D 和 D'，其中只有一条记录的数据不同。对于任意参数 $\varepsilon>0$，一个查询函数 f 满足 ε-差分隐私，那么两个数据库 D 和 D' 的查询结果在概率上非常接近。即对于任意的查询结果集合 R，满足

$$Pr[f(D)\in R]\leqslant e^{\varepsilon}Pr[f(D')\in R]$$

既然一条记录的改变对于查询结果的影响不大，那么如果要从查询结果推测记录信息就是非常困难的。参数 ε 接近于 0 时，e^{ε} 接近于 1，则两个数据集的查询结果越接近相等；ε 越大，则查询结果的差异越大，越没有隐私，但查询结果也越精确。在差分隐私保护模型中，为了实现隐私保护，对数据加入了噪声，使得数据失真。因为在这种扰动机制下，D 中任何单独一行数据存在或不存在都几乎不影响结果。

正是由于差分隐私保护模型的诸多优势，使其一出现便迅速取代传统隐私保护模型，成为当前隐私保护研究的热点，并引起了计算机科学、密码学、数据库、数据挖掘、机器学习和人工智能等多个领域研究者的关注。

差分隐私保护是基于数据失真技术，在数据集中加入满足特定分布的随机噪声，从而达到隐私保护的目的。但所加入的噪声量与数据集大小无关，只与全局敏感性相关。因此，对大型数据集，仅通过添加少量的噪声就能达到高级别的隐私保护。常见的机制有拉普拉斯(Laplace)机制[100]、指数(exponential)机制[101]和数据库访问机制[102]。

值得一提的是，2015 年，Dwork 等人[103]提出应用差分隐私的思想可以解决机器学习的过度拟合(over-fitting)问题。她们的论文发表在了 2015 年的《科学》(*Science*)期刊上。

Havard 大学的差分隐私实验室，做了一个 DP 的原型实现(https://beta.dataverse.org/custom/DifferentialPrivacyPrototype/)，用户可以上传一个数据集，然后得到一个提供 DP 保护的加密过的新数据集。

由于在实际应用中要找到一个真正可信的第三方数据收集平台是很困难的，从而限制了中心化差分隐私技术的应用，因此一些研究者提出了本地化差分隐私(Local Differential Privacy)[104,105]保护技术。本地化差分隐私保护技术将数据的隐私化处理过程转移到每个用户上，让用户单独地处理和保护个人敏感信息。例如，苹果公司将本地化差分隐私保护技术应用在操作系统 iOS 10 上以保护用户的个人数据隐私，谷歌公司使用该技术从 Chrome 浏览器采集用户的行为统计数据[106]。

本地化差分隐私保护技术充分考虑任意攻击者的背景知识，并对隐私保护程度进行量化，同时在本地扰动数据，可以抵御来自不可信第三方数据收集者的隐私攻击。

文献[107]对本地化差分隐私保护技术做了综述。他们首先介绍了本地化差分隐私的原理与特性，并总结和归纳了该技术的当前研究工作，然后重点阐述了该技术的研究热点，包括本地化差分隐私下的频数统计、均值统计以及满足本地化差分隐私的扰动机制设计等。在对已有技术深入对比分析的基础上，他们指出了本地化差分隐私保护技术的未来研究挑战。

文献[108]分析了差分隐私保护模型相对于传统安全模型的优势，对差分隐私基础理论及其在数据发布与数据挖掘中的应用研究进行了综述。Zhu 等人[109]对差分隐私在数据发

布与数据分析两个领域的应用进行了综述。

具有量化特征以及强隐私保护特点的差分隐私保护机制，也存在一个弱点：由于对背景知识的假设很强，需要在查询结果中加入大量的随机化，导致数据的可用性急剧下降。

个性化推荐系统[110]可以为用户提供定制的内容或者个性化服务，但是需要用到一些用户的隐私信息。为了实现隐私保护，许多推荐系统采用了协同过滤技术，但是基于矩阵分解的技术[111]却是最成功的，已经在许多真实的推荐系统中得到了应用。此外，Hua 等人[112]提出了一种隐私保护的矩阵分解机制，考虑到实际的矩阵分解过程中用户动态加入与退出，以及推荐系统可信与不可信的情况，提出了可行的解决方案。

文献[113]对可穿戴设备的数据隐私保护技术进行了综述，他们以可穿戴健康跟踪设备 Fitbit 为对象，展开了可穿戴设备安全与隐私实例分析，总结了面向可穿戴设备的隐私保护的 8 条技术途径，并指出需进一步研究的热点问题。

对于位置信息隐私保护，可以分为以下几类。

(1) 基于虚假数据的位置信息隐私保护，将真实数据和虚假数据一起发送给服务提供者，让服务提供者即使分析位置信息也不能够区分真实数据和虚假数据。

(2) 基于限制的位置信息隐私保护，有选择地发布原始数据，限制某些数据项的发布，或者根据区域的敏感程度，一旦用户进入敏感区域，将限制或推迟其位置更新信息。

(3) 基于泛化的位置信息隐私保护，将所有位置点泛化为相对应的匿名区域，通过泛化与分解等方式对原始私有数据进行匿名化处理。

(4) 利用差分隐私的位置信息隐私保护，是现今地理位置隐私保护中最常用的技术。

关于隐私保护的研究工作非常丰富，读者可以参考文献[114-130]。

9.2.5 举例：健康医疗大数据安全保护

健康医疗大数据是指在人的全生命周期中，所有健康医疗活动产生的数据的集合，包括健康保障、医疗服务、疾病防控、养生保健以及食品安全等多方面的数据。

2016 年 6 月，国务院办公厅颁发《关于促进和规范健康医疗大数据应用发展的指导意见》(下简称《意见》)，提出“健康医疗大数据是国家重要的基础性战略资源，健康医疗大数据应用发展将带来健康医疗模式的深刻变化”，为健康医疗大数据的发展定下了基调。

《意见》中指出，针对法律法规和隐私安全问题，要求完善数据开放共享支撑服务体系，加快健康医疗数据安全体系建设，制定人口健康信息安全规划，强化国家、区域人口健康信息工程技术能力，注重内容安全和技术安全，确保国家关键信息基础设施和核心系统自主可控与安全稳定。

2016 年 10 月，中共中央、国务院印发了《“健康中国 2030”规划纲要》，提出加强健康医疗大数据应用体系建设，推进基于区域人口健康信息平台的健康医疗大数据开放共享、深度挖掘和广泛应用。

随着大数据、云计算、移动互联、人工智能等现代信息技术的高速发展，使得健康医疗大数据的采集、存储、管理和处理成为可能。健康医疗大数据作为国家重要的基础性战略资源，将带来健康医疗模式的深刻变革。充分挖掘并利用这些大数据资源，一个重要的基础就是要实行开放共享，同时确保国家关键信息基础设施和核心系统自主可控与安全稳定。

易观智库发布了《中国大数据市场年度综合报告 2016》，根据这份报告数据显示，2015 年中国大数据市场规模达到 105.5 亿元，同比增长 39.4%；预计未来 3～4 年，市场规模增长率将保持在 30%以上。

移动信息化研究中心对 2015—2020 年中国医疗健康大数据市场规模进行了统计与分析，如图 9-1 所示。预计到 2020 年，中国医疗健康大数据市场规模将达到 142.8 亿元，具有巨大的市场潜力。

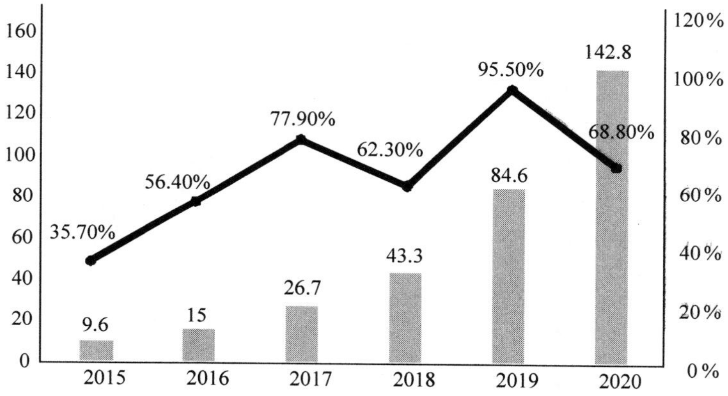

图 9-1 2015—2020 年中国医疗健康大数据市场规模
（单元：亿元。数据来源：移动信息化研究中心，2017 年 4 月）

实现健康医疗大数据的开放共享是健康医疗信息化发展的重要目标。自 2009 年以来，美国、英国等国家先后出台相关政策，建立国家统一数据开放平台。但数据开放共享也给个人隐私与数据安全带来严峻挑战，在开放共享的同时必须强化健康医疗信息安全的技术支撑。

一要加强健康医疗行业网络信息安全等级保护、网络信任体系建设，提高信息安全监测、预警和应对能力；二要建立信息安全认证审查机制、数据安全和个人隐私影响评估体系，以流程化、制度化确保信息安全；三要从技术上采取数据封装、数据分离、去除个人标识信息等措施以保护个人隐私。

目前，医疗和健康数据呈几何级数的增长，主要包括医学影像、病历、检查检验结果等诊疗数据，诊疗费用相关的支付和医保数据，还有基因测序等相关的患者和研发数据等。同时，疾病与患者的复杂性及诊疗的多样性导致医疗数据结构复杂多样，从病历检索到影像识别，大量非结构化的数据需要自动分析和特征提取，数据的处理与管理比较复杂。

在产业界，关于健康医疗大数据的平台有 Google 的 Google Health（https://www.google.com/health/）、微软的 HealthVault（http://www.healthvault.com/）和阿里巴巴的阿里健康云平台（http://www.alihealth.cn/）等。

2008年推出的Google Health，其功能主要包括建立用户的在线医疗档案、从医生和药房下载医疗档案、获得个性化的医疗指南、查询医生资质以及与家人或医护人员分享医疗信息等。由于缺乏医务人员的参与以及在个人隐私问题上遭到质疑，Google在2012年1月1日关闭了这项服务，但是Google在医疗健康应用、基因技术、医疗大数据、远程医疗以及智能穿戴等方面一直投入极大的研发经费。

虽然产业界投入了大量研发经费用于健康医疗领域，但到目前为止，还没有一个可以让所有个人用户和医疗机构都愿意共享其健康医疗数据的应用平台，其中个人隐私保护和数据安全仍是其主要阻碍因素之一。

舍恩伯格教授在其著作《大数据时代》[1]中表达的第一个核心观点就是：大数据即全数据(即 n=All)，旨在收集和分析与某事物相关的“全部”数据，而非“部分”数据。

近年来随着健康医疗信息化的发展，在科学研究、健康医疗服务和管理实践中形成了健康医疗大数据。利用好这些大数据对于优化健康医疗资源配置、节约信息共享成本、创新健康医疗服务的内容与形式、提供临床决策与精准医学研究等具有重要的价值，发展潜力巨大。举例而言，实施健康医疗大数据互通共享后，政府可以更好地了解居民的健康状况，规划区域医疗顶层设计，执行监管职能；医院可以提升运营效率，降低运营成本，规避医疗责任；医生可以提高医技，降低医疗事故风险；患者可以进行自我健康管理，精准用药，降低医疗支出；药企可以实现精准推广，辅助新药研发；医疗保险可以实现精准控费，以设计更好的产品，优化赔付流程。

然而，针对爆炸式增长且结构多样复杂的健康医疗大数据，为了收集尽可能全面的数据，以充分发挥这些数据的潜力与价值，在要求所有机构和个人开放共享这些数据的同时，如何保障个人隐私与数据安全，是当前健康医疗大数据面临的最大挑战。

在健康医疗领域，关于隐私保护的方案还比较缺乏。2016年，Lin等人[131]提出一种用于体域网(Body Area Networks，BANS)的差分隐私保护方案，用于保护可穿戴式传感器采集的大数据中的敏感信息。该方案引入了动态噪声阈值的概念，使其更适合于处理大数据。

针对分类相似攻击(Categorical Similarity Attack，CSA)，即攻击者能够识别敏感值类别之间的相似性时，p^+-敏感 k-匿名模型不能保护用户的隐私。对此，Anjum等人[132]提出一个保护PHRs敏感信息的平衡 p^+-敏感 k-匿名模型，并利用高级Petri网(High-Level Petri Nets，HLPN)对所提出的模型进行形式化分析，然后利用SMT LIB和Z3求解器来验证其性能，利用标准化指标来评估发布数据的效用。结果表明，该扩展的平衡 p^+-敏感 k-匿名模型能提供更好的隐私保护和效率。

另外，要完全实现健康医疗大数据的隐私保护，其重要一环就是访问控制与授权管理。目前存在以下几方面问题。

- 由于患者的哪部分临床数据能够被医生查看，需要专业的医学知识才能适当定义，所以在实际系统中，为了不影响医生的诊疗工作，往往给予尽量多的权限，即过度授权。这样便会出现好奇的医生可能访问对治疗过程无关的病人数据，从而造成患者隐私泄露。

- 缺乏有效的细粒度授权方式。比如在区域医疗及基层医疗信息系统中,“医疗缴费通知单”这个客体,有可能被收费员、药房护士、社保员工等多种用户访问,会造成不必要的患者隐私泄露。为了满足最小权限原则,需要合理的模型来描述大数据场景下复杂主体的多样化访问需求。

针对以上问题,Wang 等人[133]提出了一种基于风险的访问控制方案。该方案首先明确定义诚实医生与好奇医生的区别,即诚实医生只访问正常治疗过程所必需的病人数据,而好奇医生除了访问必需的病人数据外,还会访问一些额外的病人隐私数据。利用信息熵来描述医生访问行为时,好奇医生由于访问了更多病人数据而具有更高的熵值。系统将所有医生访问行为的熵作为可容忍的风险配额分配给每位医生,在治疗过程中,每位医生的访问行为都会被评估风险值,并在其风险配额中进行扣减。当一个医生的风险配额被扣为零时,则不能再进行数据访问。因而,好奇医生会由于经常窥探病人隐私而很快将风险配额消耗完,进而被管理员注意到并进行防范。

惠榛等人[134]则进一步采用了最大期望(EM)算法对所有医生的历史访问行为进行分析,区分了诚实医生和好奇医生访问行为的概率分布,并以诚实医生访问行为的熵作为系统可承受风险的基准值,进一步提高了风险评估和实施的准确性。

目前在医疗领域有很多癌症诊断方法,其中病理学活体检测被认为是最为可信的方法。但是,对病理学切片进行分析却是一件困难的事情,因为一个放大 40 倍的病理切片数字图像通常包含数十亿像素,病理学家要在这样大规模的数据里寻找微转移、肿瘤细胞细小群体等早期癌症征兆,需要对大量的图像数据进行分析处理。随着计算能力和深度学习算法的发展,研究者们提出多种基于深度学习算法的方法来帮助病理学家有效审查切片图像,但是已有的方法因为图像切片对周围图像缺少关联而导致检测结果存在假阳性。

2018 年,百度硅谷人工智能实验室(Baidu Silicon Valley Artificial Intelligence Lab)研究人员提出一种基于神经条件随机场(Neural Conditional Random Field,NCRF)的深度学习框架[135],用于检测全切片数字化图像(WSI)中的癌细胞转移。NCRF 通过一个直接位于 CNN 特征提取器上方的全连接 CRF,来考虑相邻图像块之间的空间关联。他们提出一种新的深度学习算法,不仅分析单个小图片,也将图片相邻的网格进行关联分析,将相邻切片之间的空间相关性通过特定类型的概率图形模型(条件随机场)进行建模。通过考虑相邻图片之间的相关性,新的算法可以极大地减少假阳性。

在 Camelyon16 挑战赛测试集上,百度的算法在癌症定位上的得分(FROC)为 0.8096,超越了专业的病理学家(0.7240)和前一个 Camelyon16 挑战赛冠军(0.8074)。并且百度还在 Github 上开源了此算法,希望能够促进病理分析与人工智能领域的研究。

最近,微软公司将人工智能技术引入到同态加密技术中,提出了在加密数据上的训练模型系统 CryptoNets[136],可以利用基于 RLWE 和 LWE 的 FHE 方案对数据进行加密,然后上传到云服务器。云服务器首先对人工前馈神经网络模型使用密文数据进行训练,而后就可以使用人工前馈神经网络对提交的密文进行预测分析。

现代医学是建立在实验基础上的循证医学,医生的诊疗结论必须建立在相应的诊断数据上，影像是重要的诊断依据，医疗行业 80%～90%的数据都来源于医学影像。人工智能的深度学习可以帮助医生完成对影像的分类、目标检测、图像分割与检索，还可以帮助医生对影像中的可疑位置进行标注以及定量分析，协助医生完成诊断、治疗工作。

那么，“人工智能＋医学影像＋密码学”是否可以帮助医生实现更好的诊疗，同时还能保护用户数据安全与隐私？作者认为这是一个值得研究的问题。

9.3 基于 NoSQL 的大数据云存储

大数据带来大机遇的同时，大数据的安全高效管理也面临更大的挑战，特别是当前半结构化数据与非结构化数据占据了绝对比例。

针对异构的、海量数据的大数据管理系统应具有以下几个特点。

- 高可扩展性，满足日益增长的数据管理需求。
- 高性能，满足数据读写的实时性和查询处理的高性能。
- 容错性，保证分布式系统的高可用性。
- 可伸缩性，可以按需分配资源。
- 尽可能低的运营成本。

由于传统的关系型数据库所固有的局限性，如峰值性能、伸缩性、容错性、可扩展性差等特性，已经很难满足当前海量数据的柔性管理需求。

NoSQL(Not Only SQL)数据存储系统[137,138]是指那些非关系型的、分布式的、不保证遵循 ACID 原则的数据存储系统。ACID 是指数据库事务正确执行的 4 个基本要素，即原子性(Atomicity)、一致性(Consistency)、隔离性(Isolation，又称独立性)、持久性(Durability)。NoSQL 数据库有 4 种类型：键值(Key-Value)数据库、文档型数据库、列存储数据库、图数据库。通常，这些数据库在存储、访问和数据结构设计方式上有所差异，但都针对不同的使用案例和应用程序进行了优化。

常用的 NoSQL 数据库有 Google 的 BigTable、Amazon 的 Dynamo、Apache 的 Cassandra、基于 Hadoop HDFS 的 HBase、CouchDB、MongoDB 和 Redis 等。

NoSQL 数据库具有以下优势。

- 易扩展性：去掉关系数据库的关系型特征，数据之间无关系，非常容易扩展，在架构层面具有高可扩展性。
- 高性能的大数据处理：没有关系型特征，数据库结构简单，其 Cache 是细粒度的记录级，读写效率很高。
- 灵活的数据模型：NoSQL 无须事先为要存储的数据建立字段，随时可以存储自定义的数据格式。而在关系数据库里，对于大数据量的表进行字段增删是一件开销极大的工作，在 NoSQL 中就没有这个问题。
- 高可用性：NoSQL 具有高可用的架构，也可以通过复制模型实现高可用性。

NoSQL 数据库的出现，弥补了关系数据库的不足，能极大地节省开发和维护成本。其中，文档型数据库旨在将半结构化数据存储为文档，通常采用JSON或XML格式，可以看作是键值数据库的升级版，允许文档之间嵌套键值，但文档型数据库比键值数据库的查询效率更高。下面以MongoDB文档型数据库为例介绍健康医疗数据的存储。

MongoDB是10gen公司开发的面向文档的开源的非关系型数据库(NOSQL)系统，采用C++语言编写，是当前最流行的NoSQL数据库。它具有高可用性、高性能、易于扩展的特点，并且提供了一种强大、灵活、可扩展的数据存储方式。与关系型数据库(RDBMS)相比，MongoDB存储方式具有很大的不同。其数据的逻辑结构对比如表9-1所示。其中，MongoDB集合类似于RDBMS的表，而文档则相当于RDBMS表中的记录。

表9-1 MongoDB数据库与RMDBS对比

数据库类型 / 项目	MongoDB	RDBMS
数据容器	数据库	数据库
数据集	集合	表
数据项	文档	记录
数据类型	插入文档	合并表
数据单元	域(Field)	列(Column)·
服务器	MongoDB-server	MySQL/Oracle

在MongoDB数据库中，文档是对数据的抽象，采用轻量级的二进制数据格式BSON(Binary JSON)存储。BSON只需要使用很少的空间，而且其编解码效率非常高，即使在最坏的情况下，BSON格式也比JSON格式在最好的情况下存储效率高。MongoDB数据库有以下优点。

- 强大的自动化shading功能。
- 采用内存文件映射机制实现对文档的读写操作，避免了频繁的磁盘IO，有很高的读写效率。
- 全索引支持，查询非常高效。
- 面向文档(BSON)存储，数据模式简单而强大。
- 支持动态查询，查询指令也使用JSON形式的标记，可轻易查询文档中内嵌的对象及数组。
- 支持JavaScript表达式查询，可在服务器端执行任意的JavaScript函数。

以健康医疗信息管理为例，个人健康记录(Personal Health Records，PHRs)数据往往是结构化和非结构化数据的混合体。在MongoDB数据库中，PHRs数据存储在一个由字段组成的集合中。这些字段由一个名称和一个可以是整数或字符串的值组成。表9-2所示为一个明文PHRs的示例，除了包括个人信息、疾病和电子诊断记录外，还可能包括活动模式、饮食习惯等信息。其中的病史和检查医学图像等以嵌套的方式存储在另外的文档中，对于超过4MB的大文件将使用GridFS文件规范进行分块存储。

表 9-2 PHRs 示例

个人信息				疾病	电子诊断记录		
姓名	年龄	性别	电话		病史	药物	检查医学图像
Mike	45	Male	*****	Hepatitis B	*****	*****	*****
Alice	24	Female	*****	Tuberculosis	*****	*****	*****
Bob	30	Male	*****	Cardiopathy	*****	*****	*****
Sara	16	Female	*****	Diabetes	*****	*****	*****

一个健康医疗信息管理系统由多个数据库(Database)组成,每个数据库由一组集合(Collection)组成,每个集合由任意个文档(Document)组成,而文档由一系列字段组成,每个字段是一个键值对,其中键是字段名称,值为对应的属性值。除了键值对,MongoDB 还支持数组这类复杂数据结构,使得文档可以嵌套子文档或者数组,因此可以不用像关系型数据库那样依靠外键关联其他的集合,提高了数据库的性能。MongoDB 的文档采用 JSON 的二进制结构,可以节省存储空间。但在某些情况下,可以牺牲额外的存储空间换取更高的传输速度。如图 9-2 所示为一个典型的 MongoDB 文档结构的例子。

```
{
  Name:"Bob",
  Address:{city:"Fuzhou",Country:"China"},
  Hobby:['Football','Chess','Basketball'],
  Grade:[{Lesson:"Computer",score:95},{Lesson:"Math",score:75}]
}
```

图 9-2 MongoDB 文档结构

MongoDB 数据库适用于以下场景。

- 适用于实时的插入、更新与查询,并具备应用程序实时数据存储所需的复制及高度伸缩性。
- 非常适合文档化格式的存储及查询。
- 高伸缩性的场景:MongoDB 非常适合由数十或者数百台服务器组成的数据库。
- 更加注重性能而非功能的应用场景。

Google Bigtable[139](https://cloud.google.com/bigtable/)是 Google 面向大数据领域的 NoSQL 数据库服务。它也是为 Google 搜索、Analytics(分析)、地图和 Gmail 等众多核心 Google 服务提供支撑的数据库。HBase(Hadoop Database)是 Apache 的 Hadoop 项目的子项目,是 Google Bigtable 在 Hadoop 上的开源实现。

Bigtable 中的所有数据在传输和存储时都会进行加密,用户可以使用项目级权限来控制谁有权访问 Bigtable 中存储的数据。Bigtable 的设计目标是低延迟、高吞吐量以及巨量工作负载,可以将 Bigtable 用作大规模、低延迟应用的存储引擎,也可将其用于吞吐量密集型数据处理和分析，是运营和分析型应用，如物联网分析和金融数据分析的理想平台。

Google Cloud Datastore（https://cloud. google. com/datastore/）是 Google 面向网页应用和移动应用的可大规模扩展的 NoSQL 数据库。Cloud Datastore 可自动处理分片和复制操作，提供一个具有高可用性且可自动扩展的持久数据库。

DynamoDB（https://aws. amazon. com/cn/dynamodb/）是 Amazon 的 NoSQL 云数据库服务，适用于高一致性与低延迟的应用场景。它是完全托管的云数据库，支持文档和键值存储模型。Amazon DynamoDB Accelerator（DAX）是一种完全托管且高度可靠的内存缓存，即使每秒钟的请求数量达到数百万，也可以将 Amazon DynamoDB 的响应时间从数毫秒缩短到数微秒。DynamoDB 与 AWS Identity and Access Management（IAM）集成，可以对组织内的用户实现精细的访问控制。

表格存储（Table Store）（https://www. alibabacloud. com/zh/product/table-store）是构建在阿里云飞天分布式系统之上的 NoSQL 数据存储服务，提供海量结构化和半结构化数据的存储和实时访问。表格存储以实例和表的形式组织数据，通过数据分片和负载均衡技术，达到规模的无缝扩展。Table Store 向应用程序屏蔽底层硬件平台的故障和错误，能自动从各类错误中快速恢复，提供了非常高的服务可用性。Table Store 管理的数据全部存储在 SSD 中并具有多个备份，提供了快速的访问性能和极高的数据可靠性。

杜小勇等人[140]对大数据管理系统的相关工作进行了综述，他们指出大数据管理技术正在经历以软件为中心到以数据为中心的计算平台的变迁，因此传统的关系型数据库管理系统已无法满足现在以数据为中心的大数据管理的需求。他们首先回顾了数据管理技术的发展历史，并从大数据管理的存储、数据模型、计算模式、查询引擎等方面分析了大数据管理系统的现状，指出当前大数据管理系统具有模块化和松耦合的特点。接着进一步介绍了大数据管理系统应具备的数据特征、系统特征和应用特征，指出大数据管理系统技术还在快速进化之中，预测未来的大数据管理系统应具备多数据模型并存、多计算模式融合、可伸缩调整、新硬件驱动、自适应调优等特点。

9.4 基于区块链的大数据云存储

因为比特币[141]的兴起，区块链（Blockchain）技术得到广泛关注并被应用于包括云存储与大数据在内的各个领域。区块链因其去中心化、不可篡改、可追溯等特征，可以为应用系统提供较好的安全性保障。本节首先对区块链技术进行概述，重点介绍一些基于区块链技术的存储系统。

9.4.1 区块链概述

2016 年 10 月由国家工信部信息化和软件服务业司指导编写的《中国区块链技术和应用发展白皮书》指出：“区块链是分布式数据存储、点对点传输、共识机制、加密算法等计算机技术在互联网时代的创新应用模式”。

区块链应用多种密码学技术，提供了一种去中心化、不可篡改、可追溯以及不可抵赖的网络平台，可在互不了解的多方间建立可靠的信任，在没有第三方中介机构的协调下，划时代地实现了可信的数据共享和点对点的价值传输。因为它具有很多优秀的特征，目前已得到产业界和学术界广泛关注并在各个领域均有应用。

区块链包含两个层面的含义：区块链网和"Token 经济学"。区块链网由一个分布式密码学共享账本和点对点网络构成，其本质是在一个没有信任的互联网上构建一个去中心的、可信任的网络。所谓"Token 经济学"，是指在区块链网之上构建以 Token 为手段的游戏规则和激励机制，鼓励区块链的参与者自组织地参与游戏，并按规则自动获得"收益"，多劳多得、少劳少得、惩恶扬善。

由于参与者身份不可抵赖，参与者之间达成的交易或记录不可篡改，参与者对系统的贡献和交易活动可完全由数字化 Token 方式计量，这大大降低了系统内的摩擦，使得交易更加高效，成本更加低廉。利用 Token 经济学中的激励机制，可以让区块链的所有用户按规则自动付出或者获得"收益"，实现用户之间的公平与公正，避免了云存储集中式环境下的恶意服务器返回错误的查询结果，仍然可以得到用户付出的薪酬。总之，利用区块链可以提高效率，实现参与方之间的公平性，减少中间环节，降低交易成本。

区块链具有在去中心的数字环境中共享信息、转移价值和记录交易的潜力，应用包括供应链管理、知识产权登记、数字支付、股权转让和数字货币等。

区块链技术可用于解决大数据共享中的价值激励与数据安全问题，因此在这方面也取得了丰富的研究成果。下面将对一些基于区块链技术的存储系统进行介绍。

9.4.2 基于区块链技术保障大数据安全

凭借着去中心化、不可篡改、可追溯以及不可抵赖等特性，区块链技术得到广泛关注，有一些存储系统开始采用区块链技术来保障大数据的存储安全。目前已经诞生了一大批基于区块链的存储系统。

与集中式存储技术不同，基于区块链的分布式存储技术通过 P2P 网络将数据存储在网络中的各个节点上，将这些分散的存储资源整合成一个虚拟的统一存储空间。

1. Storj

Storj(发音同 Storage)(https://storj.io/)是针对云存储领域开发的开源区块链项目，声称是未来的云存储，它能保证任何时候对用户上传到区块链的内容进行加密。Storj 主张要促进他们的云存储比传统云存储速度快 10 倍，但价格却要便宜 50%，同时使所有 Storj 用户更加分散、可访问和更加安全。Storj 是一个基于以太坊(Ethereum)的去中心化分布式云存储平台，它将文件加密，然后将加密文件分解成更小的数据块，分散地存储在网络上。

Storj 有一个中心化的奖励机制，即每个月 Storj 官方会根据每个用户的存储量来发放奖励。Storj 有多平台图形界面应用 DriveShare，让所有普通用户可以自由地分享他们的硬盘空间，而不需要任何特殊的 IT 技能。

Storjcoin X(SJCX)是 Storj 网络系统的一种代币，它可以像"燃料"一样允许用户在

DirveShare 的应用中使用，通过 SJCX 来租用或者购买存储空间。代币通常会优先提供给对社区有贡献的人，每个人都有机会通过贡献存储资源来赚取 SJCX，也可以阻止没有 SJCX 的恶意节点通过运作很多节点来攻击网络。

在 Storj 中，用户的数据会被自动分片存放在不同节点，通过端到端加密进行保护。这些分片可以实现"并行下载"，从而提高数据读取速度。若用户要从区块链上下载内容，就必须使用对应的私钥，从而保障区块链上数据的安全。事实上，作者在华中科技大学读研究生时，所在团队就开发了一个这样的应用，由所有加入共享系统的用户共享空闲磁盘，同时给予用户对应的权限，比如读取文件资源的权限。只是当时没有代币，好处是体现在用户可读取的资源上。

2. IPFS

星际文件系统（InterPlanetary File System，IPFS）（https://ipfs.io/）的提出者认为 HTTP 协议存在效率低下、服务器成本昂贵、中心化的网络存在瓶颈等诸多缺点，为此设计了 IPFS 来解决或者弥补 HTTP 的一系列弊端。因此，IPFS 是一个从基础层而不是应用层重新设计云存储的去中心化的云存储系统。

IPFS 旨在创建持久且分布式存储和共享文件的网络传输协议，实现内容可寻址的对等超媒体分发协议，可以让网络更快、更安全、更开放。IPFS 网络中的节点构成一个面向全球的、点对点的分布式版本文件系统，试图将所有具有相同文件系统的计算设备连接在一起。IPFS 可以从本质上改变网络数据的分发机制。

IPFS 中每个文件及其中的所有块都被赋予一个被称为加密散列的唯一指纹，用户可以通过该指纹查找文件。IPFS 通过计算可以判断哪些文件是冗余重复的，然后通过网络删除具有相同哈希值的文件，并跟踪每个文件的历史版本记录。

与 HTTP 相比较，IPFS 基于内容寻址，而非基于域名寻址。一个文件存入了 IPFS 网络，将基于文件内容被赋予唯一的加密哈希值；此外，IPFS 提供文件的历史版本控制器，让多节点使用保存不同版本的文件。

IPFS 网络使用区块链存储文件的哈希值表，用户通过查询区块链获取要访问文件的地址。IPFS 使用 FileCoin 作为代币，矿工通过为网络提供开放的硬盘空间获得 Filecoin，而用户则用 Filecoin 来支付在去中心化网络中存储加密文件的费用。

3. Sia

Sia（https://sia.tech/）是一种基于区块链技术的开源云存储系统，它是基于工作量证明来（Proof Of Work，POW）达成共识。

Sia 的主要目标是提供分散式的、激励性的拜占庭容错存储系统。Sia 支持块上的智能合约，由于智能的冗余管理，Sia 的存储比较便宜。

在 Sia 中，用户的数据会被加密并自动分片存放在不同节点，其存储与访问过程与 Storj 类似。Sia 网络的加密货币叫 Siacoin，被用来在 Sia 网络上购买存储空间，存储资源提供者也会收到 Siacoin 作为回报。

此外，MaidSafe（https://maidsafe.net/）也是一个实现与 Storj 及 Sia 类似功能的分布

式存储系统，它的代币是 Safecoin（http://www.safecoin.io）。

除了以上产业界的研究成果与产品，科研工作者也取得了丰硕的研究成果。

针对能源互联网企业内部与外部数据共享过程中，存在集中部署导致访问受限、标识不唯一、易被窃取或篡改等安全问题，文献[142]对基于区块链的数据安全共享网络体系展开研究，构建了基于区块链的数据安全共享网络体系，包括去集中化数据统一命名技术及服务、授权数据分布式高效存储和支持自主对等的数据高效分发协议。他们设计了开放式数据索引命名结构（Open Data Index Naming Structure，ODIN），阐述了 ODIN 运行机制，并且设计了基于 ODIN 的去中心化 DNS 的域名协议模块，为数据间 P2P 安全可信共享奠定了基础。最后，对去中心化 DNS 的功能进行验证，为实现企业内部及企业间的数据安全共享构建了一种可信的网络环境。

现有数据共享模型存在如下缺陷。

① 以关键字为基础的数据检索无法高效发现可连接数据集。

② 数据交易缺乏透明性，无法有效检测及防范交易参与方串谋等舞弊行为。

③ 数据所有者失去数据的控制权、所有权，数据安全无法保障。

针对这些问题，文献[143]利用区块链技术建立了一种全新的去中心化数据共享模型。他们首先从共享数据集中提取多层面元数据信息，通过各共识节点建立域索引以解决可连接数据集的高效发现问题；然后从交易记录格式及共识机制入手，建立基于区块链的数据交易，实现交易的透明性及防串谋等舞弊行为；最后依据数据需求方的计算需求编写计算合约，借助安全多方计算及差分隐私技术保障数据所有者的计算和输出隐私。实验表明，他们所提出的域索引机制在可接受的召回率范围内，连接数据集查准率平均提高 22%。

随着以比特币为代表的区块链技术的蓬勃发展，区块链开始逐步超越可编程货币而进入智能合约时代。智能合约（Smart Contract）是一种由事件驱动的具有状态的代码合约，它利用协议和用户接口完成合约过程，允许用户在区块链上实现个性化的代码逻辑。

文献[144]对基于区块链的智能合约技术与应用进行了综述。他们首先阐述了智能合约技术的基本概念、全生命周期、基本分类、基本架构、关键技术、发展现状以及智能合约的主要技术平台；然后探讨了智能合约技术的应用场景以及发展中所存在的问题；最后，基于智能合约理论，他们搭建了以太坊实验环境并开发了一个智能合约系统。

文献[145]对区块链技术的架构及进展进行了综述，他们结合比特币、以太坊和 Hyperledger Fabric 等区块链平台，提出了区块链系统的体系架构，从区块链数据、共识机制、智能合约、可扩展性、安全性几个方面阐述了区块链的原理与技术，通过与传统数据库的对比总结了区块链的优势、劣势及发展趋势。

文献[146]对区块链安全研究进行了综述。他们分层介绍了区块链的基本技术原理，并从算法、协议、使用、实现、系统的角度出发，对区块链技术存在的安全问题做了分模块阐述。他们讨论了区块链面临的安全问题的本质原因，主要分析协议安全性中的共识算法问题、实现安全性中的智能合约问题，以及使用安全性中的数字货币交易所安全问题。最后，他们分析了现有区块链安全保护措施存在的缺陷，给出了区块链安全问题的解决思路，并明确了区块链安全的未来研究方向。

文献[147]介绍了区块链理论研究进展,他们先从比特币区块链的视角出发,通过了解其运行机制、基本特征、关键技术、技术挑战等,建立起对区块链的直观感受;然后给出区块链的形式化定义,并总结目前区块链在相关密码技术、安全性分析、共识机制、隐私保护、可扩展性等方面的最新研究进展。

文献[148]阐述了区块链技术及其在信息安全领域的研究进展,从区块链的基础框架、关键技术、技术特点、应用模式、应用领域这5个方面介绍了区块链的基本理论与模型;然后从区块链在当前信息安全领域研究现状的角度出发,综述了区块链应用于认证技术、访问控制技术、数据保护技术的研究进展,对比了各类研究的特点;最后,分析了区块链技术的应用挑战,对区块链在信息安全领域的发展进行了总结与展望。

文献[149]对区块链隐私保护研究工作进行了综述,他们定义了区块链技术中身份隐私和交易隐私的概念,分析了区块链技术在隐私保护方面存在的优势和不足,并分类描述了现有研究中针对区块链隐私的攻击方法,例如交易溯源技术和账户聚类技术;然后详细介绍针对区块链网络层、交易层和应用层的隐私保护机制,包括网络层恶意节点检测和限制接入技术、区块链交易层的混币技术、加密技术和限制发布技术,以及针对区块链应用的防御机制;最后,分析了现有区块链隐私保护技术存在的缺陷,展望了未来发展方向。

此外,还有一些关于区块链的可扩展性研究[150]、数据分析[151]、医疗数据共享模型[152]以及综述[153]。

9.5 存在的问题和未来发展方向

大数据带来大挑战,虽然在产业应用与科研方面已经取得了丰富的研究成果,但仍然存在一些有待解决的问题,主要包括以下几个方面。

1. 因果逻辑或相关性

大数据时代,到底是寻求因果逻辑,还是找到相关性?“世间万物皆有定数,万物皆有因,万般皆有果”“种瓜得瓜,种豆得豆”,这是因果论的思想,认为事物都有一定的因果关系。

在现实生活中,有一些复杂的问题,找到因果逻辑的难度非常大。因此,在大数据时代,即使没有找到原因,却能够从大量的数据中直接找到答案,即从大数据中找到相关性进而寻求答案,这也是大数据思维的核心。

正如吴军在《智能时代》[154]中所说,在今天的搜索引擎中,都有一个度量用户点击数据和搜索结果相关性的模型,通常称之为“点击模型”。随着数据量的积累,点击模型对搜索结果排名的预测越来越准确,其重要性也越来越大,在搜索引擎中已至少占到70%~80%的权重,所有其他因素加起来都没有它重要。一个搜索引擎使用的时间越长,数据的积累就越充分,才能够有足够多的数据来训练模型,对于那些不太常见的搜索就越准确。使用“点击模型”可以有效地提高搜索的准确率,而这种方法说不上有什么因果逻辑,但却实实在在地对用户有益。

采用大数据时代的方法论或大数据思维，一些公司可以不用花大量的时间和资源来寻找确定的因果关系，而是通过从大量的数据中挖掘相关性，从而改进其产品，因此产品更新更快。

在无法确定因果关系时，数据为我们提供了解决问题的新方法。数据中所包含的信息可以帮助我们消除不确定性，而且数据之间的相关性在某种程度上可以取代原来的因果关系，帮助我们找到答案，这就是大数据思维的核心。从这个角度来说，因果关系已经没有数据的相关性重要了。

但是李开复在《人工智能》[155]一书中提到："实用主义意味着不求甚解。即便一个深度学习模型已经被训练得非常'聪明'，可以非常好地解决问题，但很多情况下，连设计整个水管网络的人也未必能说清楚，为什么管道中每一个阀门要调节成这个样子。也就是说，人们通常只知道深度学习模型是否工作，却很难说出模型中某个参数的取值与最终模型的感知能力之间，到底有怎样的因果关系。"

"由此引发的一个哲学思辨是，如果人们只知道计算机学会了做什么，却说不清计算机在学习过程中掌握的是一种什么样的规律，那这种学习本身会不会失控?"

欧洲核子研究中心(CERN)的大型强子对撞机用于发现希格斯玻色子，从而获得有史以来最大规模的单位时间数据。这项研究的目的就是为了回答关于因果关系最伟大的问题：希格斯玻色子是否存在，我们的宇宙是否有可能用标准模型刻画。这是对人类起源的因果逻辑的探索!

正如《大数据时代》[156]的译者所说，"认为相关重于因果，是某些有代表性的大数据分析手段(譬如机器学习)里面内禀的实用主义的魅影，绝非大数据自身的诉求。从小处讲，(《大数据时代》)作者试图避免的'数据的独裁'和'错误的前提导致错误的结论'，其解决之道恰在于挖掘因果逻辑而非相关性；从大处讲，放弃对因果性的追求，就是放弃了人类凌驾于计算机之上的智力优势，是人类自身的放纵和堕落。如果未来某一天机器和计算完全接管了这个世界，那么这种放弃就是末日之始。"

本书作者亦认为，虽然大数据思维可以从数据的相关性中得到很多意想不到的结果，也可以帮助人们解决很多实际的生活难题，但这并不能让我们忘记初心，放弃对事物本原的探索，去追寻一切事物的前因后果。也正如著名物理学家张首晟教授所言："如今，我们生存的周围世界复杂而多变，但若是能够对万物寻根溯源，我们就可以用简单对抗复杂，赢得效率的提高。"

因为这是研究大数据的一个基本问题，可以引发无穷的思考，同时也需要在做任何大数据的研究时，需要记住的一个基本原则，所以在此特别指出。

2. 数据真伪难辨是大数据应用的最大挑战

李建中等人[157]介绍了大数据可用性的研究进展，在数据可用性的表达机理、数据可用性判定的理论和算法、数据错误检测与修复的理论与方法、高质量数据获取的理论与方法、弱可用数据近似计算的理论与方法等方面取得了大量研究结果，也有一些数据错误检测和修复系统。他们首先给出了数据可用性的基本概念，然后讨论数据可用性的挑战与研究问题并综述了数据可用性方面的研究成果，最后总结了大数据可用性的未来研究方向。

在文中，他们也通过统计数据指出数据真伪难辨是大数据应用的最大挑战。国外权威机构的统计数据表明：美国的企业信息系统中，1%～30%的数据存在各种错误和误差[158]；美国的医疗信息系统中，13.6%～81%的关键数据不完整或陈旧[159]。国际著名的科技咨询机构 Gartner 的调查结果显示，全球财富 1000 强企业中，超过 25%的企业信息系统中存在数据错误[160]。

而数据可用性问题及其所导致的知识和决策错误则带来巨大的经济损失。在医疗方面，美国由于数据错误引发的医疗事故每年导致的患者死亡人数高达 98000 名以上[161]。在工业方面，错误和陈旧的数据每年给美国的工业企业造成约 6110 亿美元的损失[162]。在商业方面，美国的零售业中，每年仅错误标价这一种数据可用性问题的诱因就导致了 25 亿美元的损失[163]。在金融方面，仅在 2006 年，在美国的银行业中，由于数据不一致而导致的信用卡欺诈失察就造成 48 亿美元的损失[164]。在数据仓库开发过程中，30%～80%的开发时间和开发预算花费在清理数据错误方面[165]。数据可用性问题给每个企业增加的平均成本是产值的 10%～20%[166]。

以上数据表明，数据真伪难辨是大数据应用的最大挑战。因此，大数据对其数据可用性的保障提出了迫切需求。关于数据可用性，有很多度量指标，文献[167]列出了 20 个数据可用性指标；文献[168]归纳了 40 个数据可用性指标；文献[169]则提取了 5 个实际可行的度量指标，即数据一致性、数据精确性、数据完整性、数据时效性与实体同一性。

对数据真伪的辨识还有待进一步的研究。

3. “不可篡改”特征与“被遗忘权”的冲突

区块链技术被认为是下一代互联网的核心技术，可以帮助解决很多数据安全与隐私保护问题。不过，与所有其他技术一样，它也是一柄双刃剑。它具有“不可篡改”的特征，可以有效地溯源并实现不可抵赖，但同时也带来了数据“被遗忘权”问题。因为数据一旦上链，将永久不可删除与修改，那么数据也将永久不可遗忘。

个人信息的不可遗忘将带来隐私安全问题，而在现实金融应用中，数据修改与交易撤销都是常见的操作，而区块链的“不可篡改”特征却使这样习以为常的操作变得困难。

4. 密态计算的效率问题

为了保障大数据安全，数据以密态存储。为了实现大数据的价值，需要对这些密态数据进行分析处理。而无论是同态加密技术还是安全多方计算，都存在诸多问题，其中效率问题最为突出。大数据的数据体量大，对其明文进行分析处理已经非常耗时，而对其密文的处理在目前来说还未达到实用的阶段。

同态加密技术采用的加密方法和公钥加密方法一样，需要执行大量复杂的指数运算，大大降低了数据的处理效率，因此目前的同态加密技术还不支持对海量数据的快速处理。

最近，微软公司将人工智能技术引入到同态加密技术中，提出训练加密数据的模型系统 CryotoNets[136]，可以利用人工前馈神经网络模型对同态加密算法处理后的密文数据进行训练，而后就可以使用人工前馈神经网络对提交的密文进行预测分析。这是一种新的结合人工智能提高密态数据处理效率的思路。

同态加密技术和安全多方计算将是实现大数据共享与隐私保护的核心技术，而当前最重要的问题是使其计算效率能达到实用的水平。

此外，如何在保证数据隐私的前提下，进一步提高隐私保护后的数据效用，即如何平衡数据隐私与效用？而因为差分隐私可以实现定量的评估，其在各个应用领域的发展有待进一步的研究。

以上问题为未来发展方向指明了道路，所有有待解决的问题都是未来需要重点研究并解决的问题。

9.6 本章小结

本章主要介绍大数据时代的数据存储安全。首先从大数据的概念、应用价值到大数据带来的数据存储挑战说起，分析大数据环境下云存储安全问题。为了保障数据安全，数据以密态存储，因此重点对密态计算、安全多方计算以及隐私保护技术进行了阐述。然后介绍了基于 NoSQL 与区块链的大数据云存储系统，两者都是云计算与云存储时代的最新技术，也是解决大数据存储的核心技术。最后指出当前大数据仍然存在的问题以及未来发展方向。

参考文献

[1] Viktor Mayer-Schönberger, Kenneth Cukier. Big Data: A Revolution That Will Transform How We Live, Work, and Think [M]. Boca Raton: CRC Press, 2014.

[2] Geoff Brumfiel. High-energy Physics: Down the Petabyte Highway [J]. Nature 469, 2011: 282-83.

[3] Rivest R, Adleman L, Dertouzos M. On Data Banks and Privacy Homomorphisms [C]. In Proc. of the IEEE 17th Annual Symposium on Foundations of Computer Science (FOCS1978), Ann Arbor, Michigan, USA, 1978: 169-177.

[4] Gentry C. Fully Homomorphic Encryption Using Ideal Lattices [C]. In Proc. of the 41st ACM Symposium on Theory of Computing (STOC 2009), Bethesda, Maryland, USA, 2009: 169-178.

[5] Gentry C. Computing Arbitrary Functions of Encrypted Data [J]. Communications of the ACM, 2010, 53(3): 97-105.

[6] Marten van Dijk, Craig Gentry, Shai Halevi, et al. Fully Homomorphic Encryption over the Integers [C]. In Proc. of the 29th Annual international conference on Theory and Applications of Cryptographic Techniques (EUROCRYPT '10), 2010: 24-43.

[7] Smart N P, Vercauteren F. Fully Homomorphic Encryption with Relatively Small Key and Ciphertext Sizes [C]. In Proc. of the 13rd International Conference on Practice and Theory in Public Key Cryptography (PKC2010), Paris, France, 2010: 420-443.

[8] Gentry C and Halevi S. Implementing Gentry'S Fully Homomorphic Encryption Scheme [C]. In Proc. of the EUROCRYPT 2011, Tallinn, Estonia, 2011: 129-148.

[9] Stehle D, Steinfeld R. Faster Fully Homomorphic Encryption [C]. In Proc. of the ASIACRYPT 2010, Singapore, 2010: 377-394.

[10] Andrej Bogdanov, Chin Ho Lee. Homomorphic Encryption from Codes [EB/OL]. 2011[2018-10-15]. https://arxiv.org/pdf/1111.4301.pdf.
[11] Yagisawa M. Fully Homomorphic Encryption without Bootstrapping [J]. ACM Transactions on Computation Theory, 2015, 6(3): 1-36.
[12] Chillotti I, Gama N, Georgieva M, et al. Faster Fully Homomorphic Encryption: Bootstrapping in Less Than 0.1 Seconds [C]. In Proc. of the Advances in Cryptology-ASIACRYPT 2016, 2016: 3-33.
[13] Regev O. On Lattices, Learning with Errors, Random Linear Codes, and Cryptography [C]. In Proc. of the 37th ACM Symposium on Theory of Computing (STOC2005), Baltimore, MD, USA, 2005: 84-93.
[14] Brakerski Z, Vaikuntanathan V. Efficient Fully Homomorphic Encryption from (standard) LWE [C]. In Proc. of the IEEE 52nd Annual Symposium on Foundations of Computer Science (FOCS2011), Palm Springs, CA, USA, 2011: 97-106.
[15] Zvika Brakerski, Vinod Vaikuntanathan. Fully Homomorphic Encryption from Ring-LWE and Security for Key Dependent Messages [C]. In Proc. of the Advances in Cryptology-CRYPTO 2011, 2011: 505-524.
[16] Brakerski Z, Gentry C, Vaikuntanathan V. Fully Homomorphic Encryption without Bootstrapping [C]. In Proc. of the Innovations in Theoretical Computer Science 2012, Cambridge, MA, USA, 2012: 309-325.
[17] Gentry C, Halevi S, Smart N P. Fully Homomorphic Encryption with Polylog Overhead [C]. In Proc. of the EUROCRYPT 2012, Canbridge, UK, 2012: 465-482.
[18] Gentry C, Halevi S, Smart N. Better Bootstrapping in Fully Homomorphic Encryption [C]. In Proc. of the 15th International Conference on Practice and Theory in Public Key Cryptography, Darmstadt, Germany, 2012: 1-16.
[19] Boneh D, Gentry C, Halevi S, et al. Private Database Queries Using Somewhat Homomorphic Encryption [C]. In Proc. of the Applied Cryptography and Network Security (ACNS 2013), 2013: 102-118.
[20] 蒋林智,许春香,王晓芳,等.(全)同态加密在基于密文计算模型中的应用[J]. 密码学报,2017,4(6): 596-610.
[21] 李增鹏,马春光,周红生. 全同态加密研究[J]. 密码学报,2017,4(6): 561-578.
[22] Craig Gentry, Amit Sahai, Brent Waters. Homomorphic Encryption from Learning with Errors: Conceptually-simpler, Asymptotically-faster, Attribute-based [C]. In Proc. of the Advances in Cryptology (CRYPTO 2013), 2013: 75-92.
[23] 李宗育,桂小林,顾迎捷,等. 同态加密技术及其在云计算隐私保护中的应用[J]. 软件学报,2018,29(7): 1830-1851.
[24] 王小云,刘明洁. 格密码学研究[J]. 密码学报,2014,1(1): 13-27.
[25] Oded Goldreich, Rafail Ostrovsky. Software Protection and Simulation on Oblivious RAMs [J]. Journal of the ACM (JACM), 1996, 43(3): 431-473.
[26] Gentry C, Goldman K A, Halevi S, et al. Optimizing ORAM and Using It Efficiently for Secure Computation [C]. In Proc. of the International Symposium on Privacy Enhancing Technologies, 2013: 1-18.
[27] Gentry C, Halevi S, Raykova M, et al. Outsourcing Private RAM Computation [C]. In Proc. of the

55th Annual Symposium on Foundations of Computer Science (FOCS 2014),2014: 404-413.
[28] Craig Gentry, Shai Halevi, Charanjit Jutla, et al. Private Database Access with He-Over-ORAM Architecture [C]. In Proc. of the International Conference on Applied Cryptography and Network Security (ACNS 2015),2015: 172-191.
[29] Srinivas Devadas, Marten van Dijk, Christopher W. Fletcher, et al. Onion ORAM: A Constant Bandwidth Blowup Oblivious RAM [C]. In Proc. of the Theory of Cryptography Conference (TCC 2016),2016: 145-174.
[30] KaiMin Chung, Yael Kalai, Salil Vadhan. Improved Delegation of Computation Using Fully Homomorphic Encryption [C]. In Proc. of the Advances in Cryptology (CRYPTO 2010),2010: 483-501.
[31] Boaz Barak, Oded Goldreich, Russell Impagliazzo, et al. On the (Im) possibility of Obfuscating Programs [C]. In Proc. of the Advances in Cryptology (CRYPTO 2001),2001: 1-18.
[32] Sanjam Garg, Craig Gentry, Shai Halevi, et al. On the Implausibility of Differing-Inputs Obfuscation and Extractable Witness Encryption with Auxiliary Input [C]. In Proc. of the Advances in Cryptology (CRYPTO 2014),2014: 518-535.
[33] Craig Gentry, Allison Lewko, Amit Sahai, et al. Indistinguishability Obfuscation from the Multilinear Subgroup Elimination Assumption [C]. In Proc. of the 56th Annual Symposium on Foundations of Computer Science (FOCS 2015),2015: 151-170.
[34] Shai Halevi, Victor Shoup. Faster Homomorphic Linear Transformations in HElib [DB/OL]. Cryptology ePrint Archive: Report 2018/244, 2018 [2018-10-15]. http://eprint. iacr. org/2018/244.
[35] Andrew C. Yao. Protocols for Secure Computations [C]. In Proc. of the 23rd IEEE Annual Symposium on Foundations of Computer Science (FOCS 1982), Chicago, IL, USA, 1982: 160-164.
[36] Andrew C. Yao. How to Generate and Exchange Secrets [C]. In Proc. of the 27th IEEE Annual Symposium on Foundations of Computer Science (FOCS 1986), Toronto, ON, Canada, 1986: 162-167.
[37] Vladimir Kolesnikov, Thomas Schneider. Improved Garbled Circuit: Free XOR Gates and Applications [C]. In Proc. of the 35th International Colloquium on Automata, Languages and Programming, Part II (ICALP '08),2008: 486-498.
[38] Kolesnikov V, Mohassel P, Rosulek M. FleXOR: Flexible Garbling for XOR Gates That Beats Free-XOR [C]. In Proc. of the Advances in Cryptology (CRYPTO 2014),2014: 440-457.
[39] Moni Naor, Benny Pinkas, Reuban Sumner. Privacy Preserving Auctions and Mechanism Design [C]. In Proc. of the 1st ACM conference on Electronic commerce (EC '99), NY, USA, 1999: 129-139.
[40] Benny Pinkas, Thomas Schneider, Nigel P. Smart, et al. Secure Two-Party Computation Is Practical [C]. In Proc. of the 15th International Conference on the Theory and Application of Cryptology and Information Security: Advances in Cryptology (ASIACRYPT '09),2009: 250-267.
[41] Zahur S, Rosulek M, Evans D. Two Halves Make a Whole [C]. In Proc. of the Advances in Cryptology (EUROCRYPT 2015),2015: 220-250.
[42] Gilad Asharov, Abhishek Jain, Adriana LópezAlt, et al. Multiparty Computation with Low Communication, Computation and Interaction via Threshold FHE [C]. In Proc. of the Advances in Cryptology (EUROCRYPT 2012),2012: 483-501.

[43] Ronald Cramer, Ivan Damgård, Jesper B. Nielsen. Multiparty Computation from Threshold Homomorphic Encryption [C]. In Proc. of the Advances in Cryptology (EUROCRYPT 2001), 2001: 280-300.
[44] Sanjam Garg, Craig Gentry, Shai Halevi, et al. Two-round Secure MPC from Indistinguishability Obfuscation [C]. In Proc. of the Theory of Cryptography Conference (TCC 2014), 2014: 74-94.
[45] Gordon S D, Liu F H, Shi E. Constant-round MPC with Fairness and Guarantee of Output Delivery [C]. In Proc. of the Advances in Cryptology (CRYPTO 2015), 2015: 63-82.
[46] Adriana López-Alt, Eran Tromer, Vinod Vaikuntanathan. On-the-fly Multiparty Computation on the Cloud via Multikey Fully Homomorphic Encryption [C]. In Proc. of the 44th Annual ACM Symposium on Theory of Computing, 2012: 1219-1234.
[47] Pratyay Mukherjee, Daniel Wichs. Two Round Multiparty Computation via Multi-Key FHE [C]. In Proc. of the Advances in Cryptology (EUROCRYPT 2016), 2016: 735-763.
[48] Michael Clear, Ciarán McGoldrick. Multi-identity and Multi-Key Leveled FHE from Learning with Errors [C]. In Proc. of the Advances in Cryptology (CRYPTO 2015), 2015: 630-656.
[49] Zvika Brakerski, Renen Perlman. Lattice-based Fully Dynamic Multi-key FHE with Short Ciphertexts [C]. In Proc. of the Advances in Cryptology (CRYPTO 2016), 2016: 190-213.
[50] Chris Peikert, Sina Shiehian. Multi-key FHE from LWE, Revisited [C]. In Proc. of the Theory of Cryptography Conference (TCC 2016), 2016: 217-238.
[51] 李顺东，王道顺. 基于同态加密的高效多方保密计算[J]. 电子学报，2013，41(4)：798-803.
[52] Yevgeniy Dodis, Shai Halevi, Ron D. Rothblum, et al. Spooky Encryption and Its Applications [C]. In Proc. of the Advances in Cryptology (CRYPTO 2016), 2016: 93-122.
[53] Cleve R. Limits on the Security of Coin Flips When Half the Processors are Faulty [C]. In Proc. of the 18th STOC, 1986: 364-369.
[54] Asokan N, Schunter M, Waidner M. Optimistic Protocols for Fair Exchange [C]. In Proc. of the ACM Conference on Computer & Communications Security, 1997: 7-17.
[55] Dan Boneh, Moni Naor. Timed Commitments [C]. In Proc. of the International Cryptology Conference on Advances in Cryptology (Crypto 2000), 2000: 236-254.
[56] Jonathan Katz. On Achieving the "Best of Both Worlds" in Secure Multiparty Computation [C]. In Proc. of the Thirty-Ninth Annual ACM Symposium on Theory of Computing (STOC), 2007: 11-20.
[57] Gordon D S, Katz J. Partial Fairness in Secure Two-Party Computation [C]. In Proc. Advances in Cryptology (EUROCRYPT 2010), 2010: 157-176.
[58] Gordon D S, Carmit H, Katz J, et al. Complete Fairness in Secure Two-Party Computation [C]. In Proc. of the Fortieth Annual ACM Symposium on Theory of Computing (STOC '08), ACM, New York, NY, USA, 2008: 413-422.
[59] 田有亮，彭长根，马建峰，等. 通用可组合公平安全多方计算协议[J]. 通信学报，2014，35(2)：54-62.
[60] 李顺东，亢佳，杨晓艺，等. 多个字符排序的安全多方计算[J]. 计算机学报，2018，41(5)：1172-1188.
[61] 张兴兰，郑炜. 基于博弈论的安全多方计算的研究[J]. 网络与信息安全学报，2018(1)：52-56.
[62] 陈振华，李顺东，黄琼，等. 两个保密位置判断问题的新解法[J]. 计算机学报，2018，41(2)：336-348.
[63] 陈振华，李顺东，黄琼，等. 非加密方法安全计算两种集合关系[J]. 软件学报，2018，29(2)：

473-482.

[64] 窦家维，李顺东. 数据相等问题的安全多方计算方案研究[J]. 电子学报，2018，46(5)：1107-1112.

[65] 尹鑫，田有亮，王海龙. 面向大数据定价的委托拍卖方案[J]. 电子学报，2018，46(5)：1113-1120.

[66] 王伊蕾，徐秋亮. 理性安全多方计算研究[J]. 密码学报，2014，1(5)：481-490.

[67] 蒋瀚，徐秋亮. 实用安全多方计算协议关键技术研究进展[J]. 计算机研究与发展，2015，52(10)：2247-2257.

[68] 蒋瀚，徐秋亮. 基于云计算服务的安全多方计算[J]. 计算机研究与发展，2016，53(10)：2152-2162.

[69] Carmit Hazay, Emmanuela Orsini, Peter Scholl, et al. TinyKeys: A New Approach to Efficient Multi-Party Computation [C]. In Proc. of the 38th Annual International Cryptology Conference (CRYPTO 2018), Santa Barbara, CA, USA, 2018: 3-33.

[70] Koji Chida, Daniel Genkin, Koki Hamada, et al. Fast Large-Scale Honest-Majority MPC for Malicious Adversaries [C]. In Proc. of the 38th Annual International Cryptology Conference (CRYPTO 2018), Santa Barbara, CA, USA, 2018: 34-64.

[71] Elette Boyle, Ran Cohen, Deepesh Data, et al. Must the Communication Graph of MPC Protocols be an Expander? [C]. In Proc. of the 38th Annual International Cryptology Conference (CRYPTO 2018), Santa Barbara, CA, USA, 2018: 243-272.

[72] Sanjam Garg, Peihan Miao, Akshayaram Srinivasan. Two-Round Multiparty Secure Computation Minimizing Public Key Operations [C]. In Proc. of the 38th Annual International Cryptology Conference (CRYPTO 2018), Santa Barbara, CA, USA, 2018: 273-301.

[73] Ignacio Cascudo, Ronald Cramer, Chaoping Xing, et al. Amortized Complexity of Information-Theoretically Secure MPC Revisited [C]. In Proc. of the 38th Annual International Cryptology Conference (CRYPTO 2018), Santa Barbara, CA, USA, 2018: 395-426.

[74] Prabhanjan Ananth, Arka Rai Choudhuri, Aarushi Goel, et al. Round-Optimal Secure Multiparty Computation with Honest Majority [C]. In Proc. of the 38th Annual International Cryptology Conference (CRYPTO 2018), Santa Barbara, CA, USA, 2018: 395-424.

[75] Saikrishna Badrinarayanan, Vipul Goyal, Abhishek Jain, et al. Promise Zero Knowledge and Its Applications to Round Optimal MPC [C]. In Proc. of the 38th Annual International Cryptology Conference (CRYPTO 2018), Santa Barbara, CA, USA, 2018: 459-487.

[76] Shai Halevi, Carmit Hazay, Antigoni Polychroniadou, et al. Round-Optimal Secure Multi-Party Computation [C]. In Proc. of the 38th Annual International Cryptology Conference (CRYPTO 2018), Santa Barbara, CA, USA, 2018: 488-520.

[77] Ivan Damgård, Claudio Orlandi, Mark Simkin. Yet Another Compiler for Active Security or: Efficient MPCover Arbitrary Rings [C]. In Proc. of the Annual International Cryptology Conference (CRYPTO 2018), Santa Barbara, CA, USA, 2018: 799-829.

[78] Assi Barak, Martin Hirt, Lior Koskas, et al. An End-to-End System for Large Scale P2P MPC-as-a-Service and Low-Bandwidth MPC for Weak Participants [C]. In Proc. of the ACM SIGSAC Conference on Computer and Communications Security (CCS 2018), Toronto, ON, Canada, 2018: 695-712.

[79] Ruiyu Zhu, Darion Cassel, Amr Sabry, et al. nanoPI: Extreme-Scale Actively-Secure Multi-Party Computation [C]. In Proc. of the ACM SIGSAC Conference on Computer and Communications Security (CCS 2018), Toronto, ON, Canada, 2018: 862-879.

[80] Xiao Wang, Samuel Ranellucci, Jonathan Katz. Global-Scale Secure Multiparty Computation [C]. In

Proc. of the ACM SIGSAC Conference on Computer and Communications Security (CCS 2017), Dallas, TX, USA, 2017: 39-56.

[81] Ruiyu Zhu, Yan Huang, Darion Cassel. Pool: Scalable On-Demand Secure Computation Service Against Malicious Adversaries [C]. In Proc. of the ACM SIGSAC Conference on Computer and Communications Security (CCS 2017), Dallas, TX, USA, 2017: 245-257.

[82] Yehuda Lindell, Ariel Nof. A Framework for Constructing Fast MPC over Arithmetic Circuits with Malicious Adversaries and an Honest-Majority [C]. In Proc. of the ACM SIGSAC Conference on Computer and Communications Security (CCS 2017), Dallas, TX, USA, 2017: 259-276.

[83] Nishanth Chandran, Juan Garay, Payman Mohassel, et al. Efficient, Constant-Round and Actively Secure MPC: Beyond the Three-Party Case [C]. In Proc. of the ACM SIGSAC Conference on Computer and Communications Security (CCS 2017), Dallas, TX, USA, 2017: 277-294.

[84] Cox L H. Suppression Methodology and Statistical Disclosure Control [J]. Journal of the American Statistical Association, 1980, 75(370): 377-385.

[85] Latanya Sweeney. K-Anonymity: A Model for Protecting Privacy [J]. International Journal of Uncertainty, Fuzziness and Knowledge-Based Systems, 2002, 10(5): 557-570.

[86] Machanavajjhala A, Gehrke J, Kifer D, et al. L-diversity: Privacy beyond K-Anonymity [C]. In Proc. of the 22nd International Conference on Data Engineering (ICDE '06), Atlanta, GA, USA, 2006: 24-24.

[87] Truta T M, Vinay B. Privacy Protection: p-Sensitive k-Anonymity Property [C]. In Proc. of the 22nd International Conference on Data Engineering Workshops (ICDEW '06), Atlanta, GA, USA, 2006: 94-94.

[88] Raymond Chi-Wing Wong, Jiuyong Li, Ada Wai-Chee Fu, et al. (α, k)-Anonymity: An Enhanced K-Anonymity Model for Privacy Preserving Data Publishing [C]. In Proc. of the 12nd ACM SIGKDD International Conference on Knowledge Discovery and Data Mining (KDD '06), ACM, NY, USA, 2006: 754-759.

[89] Li N, Li T, Venkatasubramanian S. t-Closeness: Privacy beyond k-Anonymity and l-Diversity [C]. In Proc. of the 23rd International Conference on Data Engineering, Istanbul, 2007: 106-115.

[90] Xiaokui Xiao, Yufei Tao. M-invariance: Towards Privacy Preserving Re-Publication of Dynamic Datasets [C]. In Proc. of the ACM SIGMOD International Conference on Management of Data (SIGMOD '07), ACM, New York, NY, USA, 2007: 689-700.

[91] Raymond Chi-Wing Wong, Ada Wai-Chee Fu, Ke Wang, et al. Minimality Attack in Privacy Preserving Data Publishing [C]. In Proc. of the 33rd International Conference on Very Large Data Bases (VLDB '07), 2007: 543-554.

[92] Xiaoxun Sun, Lili Sun, Hua Wang. Extended k-Anonymity Models Against Sensitive Attribute Disclosure [J]. Computer Communications, 2011, 34(4): 526-535.

[93] Alina Campan, Traian Marius Truta, Nicholas Cooper. P-Sensitive K-Anonymity with Generalization Constraints [J]. Transactions on Data Privacy, 2010, 3(2): 65-89.

[94] Rui Chen, Benjamin C. M. Fung, Noman Mohammed, et al. Privacy-preservingTrajectory Data Publishing by Local Suppression [J]. Information Sciences, 2013, 231: 83-97.

[95] Soria-Comas J, Domingo-Ferrer J, Sánchez D, et al. t-Closeness through Microaggregation: Strict Privacy with Enhanced Utility Preservation [J]. IEEE Transactions on Knowledge and Data Engineering, 2015, 27(11): 3098-3110.

[96] 彭长根,丁红发,朱义杰,等. 隐私保护的信息熵模型及其度量方法[J]. 软件学报,2016,27(8):1891-1903.

[97] 宋明秋,王琳,姜宝彦,等. 多属性泛化的K-匿名算法[J]. 电子科技大学学报,2017,46(6):896-901.

[98] Cynthia Dwork. Differential Privacy [C]. In Proc. of the 33rd International Colloquium on Automata,Languages and Programming (ICALP 2006),2006:1-12.

[99] Cynthia Dwork. Differential Privacy: A Survey of Results [C]. In Proc. of the Theory and Applications of Models of Computation,2008:1-19.

[100] Cynthia Dwork,Frank McSherry,Kobbi Nissim,et al. Calibrating Noise to Sensitivity in Private Data Analysis [C]. In Proc. of the TCC,2006:265-284.

[101] McSherry F, Talwar K. Mechanism Design via Differential Privacy [C]. In Proc. of the 48th Annual IEEE Symposium on Foundations of Computer Science (FOCS '07),2007:94-103.

[102] Cynthia Dwork,Kobbi Nissim. Privacy-Preserving Datamining on Vertically Partitioned Databases [C]. In Proc. of the CRYPTO,2004:528-544.

[103] Cynthia Dwork,Vitaly Feldman,Moritz Hardt,et al. The Reusable Holdout: Preserving Validity in Adaptive Data Analysis [J]. Science,2015:349(6248):636-638.

[104] Kasiviswanathan S P,Lee H K,Nissim K,et al. What Can We Learn Privately [C]. In Proc. of the 49th Annual IEEE Symp. on Foundations of Computer Science (FOCS),2008:531-540.

[105] Duchi J C,Jordan M I,Wainwright M J. Local Privacy and Statistical Minimax Rates [C]. In Proc. of the 54th Annual IEEE Symp. On Foundations of Computer Science (FOCS),2013:429-438.

[106] Erlingsson Ú,Pihur V,Korolova A. Rappor: Randomized Aggregatable Privacy-Preserving Ordinal Response [C]. In Proc. of the ACM SIGSAC Conf. on Computer and Communications Security,2014:1054-1067.

[107] 叶青青,孟小峰,朱敏杰,等. 本地化差分隐私研究综述[J]. 软件学报,2018,29(7):1981-2005.

[108] 熊平,朱天清,王晓峰. 差分隐私保护及其应用[J]. 计算机学报,2014,37(1):101-122.

[109] Zhu T,Li G,Zhou W et al. Differentially Private Data Publishing and Analysis: A Survey [J]. IEEE Transactions on Knowledge and Data Engineering,2017,29(8):1619-1638.

[110] John Canny. Collaborative Filtering with Privacy [C]. In Proc. of the IEEE Symposium on Security and Privacy (SP '02),Washington,DC,USA,2002:45-57.

[111] Yehuda Koren,Robert Bell,Chris Volinsky. Matrix Factorization Techniques for Recommender Systems [J]. Computer,2009,42(8):30-37.

[112] Jingyu Hua,Chang Xia,Sheng Zhong. Differentially Private Matrix Factorization [C]. In Proc. of the 24th International Conference on Artificial Intelligence,2015:1763-1770.

[113] 刘强,李桐,于洋,等. 面向可穿戴设备的数据安全隐私保护技术综述[J]. 计算机研究与发展,2018,55(1):14-29.

[114] 中国科协学会学术部. 大数据时代隐私保护的挑战与思考[M]. 北京:中国科学技术出版社,2015.

[115] 冯登国等. 大数据安全与隐私保护[M]. 北京:清华大学出版社,2018.

[116] 张啸剑,孟小峰. 面向数据发布和分析的差分隐私保护[J]. 计算机学报,2014,(4):927-949.

[117] 黄刘生,田苗苗,黄河. 大数据隐私保护密码技术研究综述[J]. 软件学报,2015,26(4):945-959.

[118] 熊金波,王敏燊,田有亮,等. 面向云数据的隐私度量研究进展[J]. 软件学报,2018,29(7):1963-1980.

[119] 魏凯敏,翁健,任奎. 大数据安全保护技术综述[J]. 网络与信息安全学报,2016,2(4): 1-11.

[120] 仝伟,毛云龙,陈庆军,等. 抗大数据分析的隐私保护: 研究现状与进展[J]. 网络与信息安全学报,2016,2(4): 44-55.

[121] 任奎. 云计算中图像数据处理的隐私保护[J]. 网络与信息安全学报,2016,2(1): 12-17.

[122] 丁丽萍. 大数据环境下的隐私保护技术[J/OL]. 中国网信网,2015[2018-10-15]. http://www.cac.gov.cn/2015-06/01/c_1115473995.htm.

[123] 刘雅辉,张铁赢,靳小龙,等. 大数据时代的个人隐私保护[J]. 计算机研究与发展,2015,52(1): 229-247.

[124] 曹珍富,董晓蕾,周俊,等. 大数据安全与隐私保护研究进展[J]. 计算机研究与发展,2016,53(10): 2137-2151.

[125] 孟小峰,张啸剑. 大数据隐私管理[J]. 计算机研究与发展,2016,52(2): 265-281.

[126] 张宏磊,史玉良,张世栋,等. 一种基于分块混淆的动态数据隐私保护机制[J]. 计算机研究与发展,2016,53(11): 2454-2464.

[127] 李凤华,李晖,贾焰,等. 隐私计算研究范畴及发展趋势[J]. 通信学报,2016,37(4): 1-11.

[128] 万盛,李凤华,牛犇,等. 位置隐私保护技术研究进展[J]. 通信学报,2016,37(12): 124-141.

[129] 高志强,王宇涛. 差分隐私技术研究进展[J]. 通信学报,2017,38(a1): 151-155.

[130] 高志强,崔翛龙,周沙,等. 本地差分隐私保护及其应用[J]. 计算机工程与科学,2018,40(6): 1029-1036.

[131] Chi Lin,Zihao Song,Houbing Song,et al. Differential Privacy Preserving in Big Data Analytics for Connected Health [J]. Journal of Medical Systems,2016,40(4): 1-9.

[132] Adeel Anjum,Saif ur Rehman Malik,Kim-Kwang Raymond Choo,et al. An Efficient Privacy Mechanism for Electronic Health Records [J]. Computers and Security,2018,72(C): 196-211.

[133] Qihua Wang,Hongxia Jin. Quantified Risk-Adaptive Access Control for Patient Privacy Protection in Health Information Systems [C]. In Proc. of the 6th ACM Symposium on Information, Computer and Communications Security (ASIACCS '11),New York,NY,USA,2011: 406-410.

[134] 惠榛,李昊,张敏,等. 面向医疗大数据的风险自适应的访问控制模型[J]. 通信学报,2015,36(12): 190-199.

[135] Yi Li,Wei Ping. Cancer Metastasis Detectionwith Neural Conditional Random Field [C]. In Proc. of the 1st Conference on Medical Imaging with Deep Learning (MIDL 2018), Amsterdam, Netherlands,2018: 1-9.

[136] Downlin N,Bachrach RG,Laine K,et al. CryptoNets: Applying Neural Networks to Encrypted Data with High Throughput and Accuracy [R]. Microsoft Research Technical Report,MSR-TR-2016-3,2016.

[137] 申德荣,于戈,王习特,等. 支持大数据管理的 NoSQL 系统研究综述[J]. 软件学报,2013,24(8): 1786-1803.

[138] 李绍俊,杨海军,黄耀欢,等. 基于 NoSQL 数据库的空间大数据分布式存储策略[J]. 武汉大学学报·信息科学版,2017,42(2): 163-169.

[139] Chang F,Dean J,Ghemawat S,et al. Bigtable: A Distributed Storage System for Structured Data [C]. In Proc. of the OSDI,2006: 205-218.

[140] 杜小勇,卢卫,张峰. 大数据管理系统的历史、现状与未来[J]. 软件学报,2019,30(1): 1-15.

[141] Satoshi Nakamoto. Bitcoin: A Peer-To-Peer Electronic Cash System [EB/OL]. 2008[2018-10-15]. https://bitcoin.org/bitcoin.pdf.

[142] 王继业，高灵超，董爱强，等. 基于区块链的数据安全共享网络体系研究[J]. 计算机研究与发展，2017，54(4)：742-749.

[143] 董祥千，郭兵，沈艳，等. 一种高效安全的去中心化数据共享模型[J]. 计算机学报，2018，41(5)：1021-1036.

[144] 贺海武，延安，陈泽华. 基于区块链的智能合约技术与应用综述[J]. 计算机研究与发展，2018，55(11)：2452-2466.

[145] 邵奇峰，金澈清，张召，等. 区块链技术：架构及进展[J]. 计算机学报，2018，41(5)：969-988.

[146] 斯雪明，徐蜜雪，苑超. 区块链安全研究综述[J]. 密码学报，2018，5(5)：458-469.

[147] 单进勇，高胜. 区块链理论研究进展[J]. 密码学报，2018，5(5)：484-500.

[148] 刘敖迪，杜学绘，王娜，等. 区块链技术及其在信息安全领域的研究进展[J]. 软件学报，2018，29(7)：2092-2115.

[149] 祝烈煌，高峰，沈蒙，等. 区块链隐私保护研究综述[J]. 计算机研究与发展，2017，54(10)：2170-2186.

[150] 潘晨，刘志强，刘振，等. 区块链可扩展性研究：问题与方法[J]. 计算机研究与发展，2018，55(10)：2099-2110.

[151] 陈伟利，郑子彬. 区块链数据分析：现状、趋势与挑战[J]. 计算机研究与发展，2018，55(9)：1853-1870.

[152] 薛腾飞，傅群超，王枞，等. 基于区块链的医疗数据共享模型研究[J]. 自动化学报，2017，43(9)：1555-1562.

[153] 袁勇，王飞跃. 区块链技术发展现状与展望[J]. 自动化学报，2016，42(4)：481-494.

[154] 吴军. 智能时代[M]. 北京：中信出版社，2016：137-138.

[155] 李开复，王咏刚. 人工智能[M]. 北京：文化发展出版社，2017：75-77.

[156] 维克托·迈尔-舍恩伯格. 大数据时代[M]. 盛扬燕，周涛，译. 杭州：浙江人民出版社，2013.

[157] 李建中，王宏志，高宏. 大数据可用性的研究进展[J]. 软件学报，2016，27(7)：1605-1625.

[158] Redman T. The Impact of Poor Data Quality Onthe Typical Enterprise [J]. Communications of the ACM，1998，41(2)：79-82.

[159] Miller D W，Yeast J D，Evans R L. Missing Prenatal Records at a Birth Center：A Communication Problemquantified [C]. In Proc. of the AMIA Annual Symp. Bethesda：American Medical Informatics Association，2005：535-539.

[160] Swartz N. Gartner Warns Firms of Dirty Data [J]. Information Management Journal，2007，41(3)：1-6.

[161] Committee on Quality of Health Care in America. To ERR is Human：Building a Safer Health System [M]. Washington：National Academies Press，2000.

[162] Wayne W. Eckerson. Data Warehousing Special Report：Data Quality and the Bottom Line [J/OL]. Applications Development Trends，2002[2018-10-15]. https://adtmag.com/articles/2002/05/01/data-warehousing-special-report-data-quality-and-the-bottom-line_633729392210484545.aspx.

[163] English L P. Improving Data Warehouse and Business Information Quality：Methods for Reducing Costs and Increasing Profits [M]. New York：Wiley，1999.

[164] Woolsey B，Schulz M. Credit Card Statistics，Industry Facts，Debt Statistics [J]. Google Search Engine，2010.

[165] Shilakes C，Tylman J. Enterprise Information Portals [M]. New York：Merrill Lynch，1998.

[166] Rahm E，Do H H. Data Cleaning：Problems and Current Approaches [J]. IEEE Data Engineering

Bulletin,2000,23(4): 3-13.

[167] Wang R Y,Strong D M. Beyond Accuracy: What Data Quality Means to Data Consumers [J]. Journal of Management Information Systems,1996,12(4): 5-34.

[168] Sidi F,Panahy P H S,Affendey L S,et al. Data Quality: A Survey of Data Quality Dimensions [C]. In Proc. of the International Conference on Information Retrieval & Knowledge Management, Kuala Lumpur,2012: 300-304.

[169] 李建中,刘显敏. 大数据的一个重要方面：数据可用性[J]. 计算机研究与发展,2013,50(6): 1147-1162.

图书资源支持

感谢您一直以来对清华版图书的支持和爱护。为了配合本书的使用，本书提供配套的资源，有需求的读者请扫描下方的“清华电子”微信公众号二维码，在图书专区下载，也可以拨打电话或发送电子邮件咨询。

如果您在使用本书的过程中遇到了什么问题，或者有相关图书出版计划，也请您发邮件告诉我们，以便我们更好地为您服务。